保安林制度の手引き

目　次

JN081441

凡　　　　例

法令等の名称は、次の略号を用いた。

○森林法（昭26. 6 . 26. 法律249号）…………法

○森林法施行令（昭26. 7 . 31 政令276号）…………令

○森林法施行規則（昭26. 8 . 1 省令54号）…………規則

○森林の保健機能の増進に関する特別措置法（平元 .12. 8 法律第71号）…………増進法

○森林法に基づく保安林及び保安施設地区関係事務に係る処理基準について（平12年 4 月27日
　付け12林野治第790号農林水産事務次官依命通知）…………処理基準

○保安林及び保安施設地区の指定、解除等の取扱いについて（昭45年 6 月 2 日付け45林野治第
　921号林野庁長官通知）…………基本通知

○森林管理局長が行う保安林及び保安施設地区の指定、解除等の手続について（昭和45年 8 月
　 8 日付45林野治第1552号林野庁長官通知）…………局長通知

○開発行為の許可制に関する事務の取扱いについて（平成14年 3 月29日付け13林整治第2396号
　農林水産事務次官依命通知）の別記「開発行為の許可基準の運用について」………運用基準

○開発行為の許可基準の運用細則について（平成14年 5 月 8 日付け14林整治第25号林野庁長官
　通知）…………運用細則

第1節　保安林制度の意義及び特性

1　保安林制度の意義

　保安林制度は、水源のかん養、災害の防備、生活環境の保全・形成、保健休養の場の提供、その他公共の目的を達成するために、特定の森林を保安林として指定し、その森林の保全とその森林における適切な施業を確保することによって森林のもつ公益的機能を維持増進するための制度であり、保安林における特定の行為についての不作為義務と作為義務を内容としている。

　不作為義務としては、立木の伐採の制限（法第34条第1項、第34条の2、第34条の3）と立竹の伐採、立木の損傷、家畜の放牧、開墾その他の土地の形質の変更等の制限（法第34条2項）があり、作為義務としては、植栽の義務（法第34条の4）がある。

　保安林制度の法律的性格は、公益上必要な森林の保全のためにその森林の所有権に加えられる公法上の制限であり、公用制限の一種である。

　(注)　公用制限（我妻栄編　新法律学辞典）

　　　特定の公益事業の需要を充たすために特定の財産権に加えられる公法上の制限。

　　　公用制限の対象となる権利の物体たる財産は不動産たることがあり（沿道沿岸土地の制限、保安林の制限）、動産たることもあり（重要文化財）、また無体財産たることもある（特許権の制限）。これらのうち土地に対する公用制限が最も普通の例である。これを公用地役という。制限の内容からいえば、作為を内容とするもの（造林義務）、不作為を内容とするもの（保安林の伐採禁止）、受忍を内容とするもの（土地の立入、障害物除去の受忍）等がある。

2　保安林の特性

以上によって、指定される保安林の特性を列挙すると次のようになる。

（1）　保安林は、公益的機能をもった森林である。

　　　保安林の公益性は広義であるが、直接的である。そして、この公益性にもとづく保安林指定についての価値判断は、受益対象との関係において相対的になされる。

（2）　保安林は、法律（森林法）に基づく一定の行政処分により指定された森林である。

　　　いかに公益的に重要な森林であっても、保安林指定の手続を経なければ、保安林にはなりえない。

（3）　保安林の内容的特性は、法律によってその私有財産権が制約される点にある。

法律によって制約されるということは、社会的な必要を国家が認めているということである。

（4）　保安林は、単純な区域概念ではない。

保安林は、森林であり、不動産登記法（旧土地台帳法）上では地目の扱いを受けている。

3　森林計画制度等との相違

森林法においては、保安林制度のほか、森林計画等（第2章）、営林の助長及び監督（第2章の2）についても規定している。森林計画は、森林の整備及び保全に関するマスタープランとして、保安林を含む関連施策の方向を明らかにするものであり、望ましい森林施業の指針が示されている。また、保安林以外の民有林の開発許可制度のほか、営林の助長・監督として、施業の勧告や、保安林以外の民有林における伐採及び伐採後の造林の届出等が措置されている。

これらの措置は、全ての森林は、程度の差こそあれ多面的な機能を有していることから、その機能の維持増進のため、財産権に内在する責務の範囲で森林の土地の利用の適正化を図るとともに、広く森林所有者等の自発的意思による適切な森林施業の実施を促進しようとするものである。

一方、保安林制度は、特定の公益目的達成のために特に重要な森林に限って規制措置を講ずるものであり、これらが相まって、森林法の目的たる「国土の保全と国民経済の発展」に重要な役割を果たしているといえる。

第2節　保安林制度の沿革

1　森林法制定以前

保安林に相当する森林の歴史は、非常に古く、平安時代には既に、水源のかん養や風致の保護を目的とする禁伐林が存在し、江戸時代においては留林、御留山、水止山等類似のものがみられる。明治維新以後において官有林のうち国土保全上必要なものを禁伐林とする等の措置が行われた。

2　森林法制定以後

○1897年（明治30年）

　（第1次）「森林法」が、法律第46号として制定公布され、翌31年1月1日から施行された。これが保安林制度の創設であり、このとき、ほぼ今日の保安林制度が確立された。なお、従来の禁伐林、風致林及び伐木停止林は、全て保安林とされた（法第30条）。また、このとき以来、保安林制度は森林法の中核をなしている。

○1907年（明治40年）

　（第2次）「森林法」が、法律第43号として制定公布され、翌41年1月1日から施行された。

　この（第2次）森林法で、保安林における皆伐禁止の規定及び保安林買上げの規定が廃止された。

○1911年（明治44年）

　森林法の一部改正があり、保安林に関する大臣の権限の一部を地方長官に委任することができるようになり、民有林に対する編入または不編入の処分権限が委任された。（異議意見書が提出されたもの及び地方長官と地方森林会の意見が一致しないものを除く。）

　（注）現行法では、保安林の「指定」というが、旧法では「編入」といった。また委任の内容も異なっている。

○1944年（昭和19年）

　戦時特例として、国有地、御料地以外の保安林編入及び特定の解除に係るもの等の権限が地方長官に委譲された。

○1948年（昭和23年）

　戦時特例が廃止され、権限関係も旧に復した。

○1951年（昭和26年）

　（第3次）「森林法」が、6月26日法律第249号として制定され、8月1日から施行された。

保安林制度については、趣旨においては従来と変更はなく、保安林種の追加、編入（指定）、解除の権限委任関係その他手続関係において若干の改正があった。この内容がほとんど現在まで引継がれている。

　改正の要点は次のとおり。

1）　保安林指定の対象地を「森林」に限り、新たに保安施設地区制度を設ける。

2）　従来の土砂扞止林を土砂流出防備林と土砂崩壊防備林に改める。

3）　従来の水源涵養林を流域保全を目的とする水源かん養林と局所的な用水源の保全を目的とする干害防備林に区分する。

4）　従来の衛生林を保健林に改める。

5）　防霧林、防火林を新設する。

6）　異議意見に対しては公開による聴聞を行うこととする。

7）　森林法第25条第1項第4号から第11号までに掲げる目的を達成するための民有保安林の指定、解除の権限を都道府県知事に委任する。（令第5条）

○1954年（昭和29年）

「保安林整備臨時措置法」（以下「措置法」という。）が、10年間の時限として公布（5月1日、法律第84号）され、保安林整備計画の作成、同計画の実施に必要な森林計画の変更、国による保安林等の買入れが規定された。同年10月、同法第2条の保安林整備計画が定められ、実施に入った。

○1962年（昭和37年）

「森林法の一部を改正する法律」（4月、法律第68号）により、森林法の一部が改正され、7月2日から施行された。保安林制度に関する改正点は、次のとおり。

1）　森林計画制度による伐採許可制度を廃止し、保安林制度による指定施業要件の指定及びこれに基づく許可に改める。（法第33条、第34条第1項）

2）　制限事項に、下草、落葉、落枝の採取を追加する。（法第34条第2項）

3）　保安林における植栽の義務を明定し、違反者には造林命令が出されることになる。（法第34条の2、第38条第3項）

4）　民有の保安林、保安施設地区の標識設置を都道府県知事の義務とし、国有のそれを農林水産大臣の義務とする。（法第39条、第44条）

5）　保安林台帳、保安施設地区台帳の調整、保管を都道府県知事の義務とする。（法第39条の2、第46条の2）

6）　保安林の適正な管理について農林水産大臣及び都道府県知事の責任を明確にする。（法第39条の3）

○1964年（昭和39年）

措置法の一部が改正（4月、法律第70号）され、従来の有効期間（10年）が、10年延長され通算20年（昭和49年4月30日まで）となった。

同12月、保安林整備計画の改訂計画が定められ、実施に入った。

○1967年（昭和42年）

昭和37年の改正森林法による指定施業要件の指定事務を完結した。（最終指定7月1日）

○1971年（昭和46年）

「環境庁設置法」（昭和46年5月31日法律第88号）附則第16条（森林法の一部改正）及び第17条（措置法の一部改正）により、国有林に係る保健又は風致の保存を目的とする保安林の指定又は解除をしようとするとき（保安林整備計画について協議をしている場合を除く。）及び同目的の保安林について保安林整備計画を定めようとするときにおける、環境庁長官への協議が義務付けされた。

○1972年（昭和47年）

自然環境保全法（昭和47年6月22日法律第85号）附則第6条（森林法の一部改正）により、保安林と原生自然環境保全地域の指定は、重複できないこととなった。

○1974年（昭和49年）

1）措置法の一部が改正（4月、法律第38号）され、従来の有効期間（20年）が更に10年延長され通算30年（昭和59年4月30日まで）となった。

2）「森林法及び森林組合合併助成法の一部を改正する法律」（5月、法律第39号）により、森林法の一部が改正され、民有林において1haを超える開発行為をする場合は、原則として都道府県知事の許可が必要となった（林地開発許可制度）。

ただし、保安林及び保安施設地区内の森林については対象外である。

○1984年（昭和59年）

措置法の一部が改正（4月、法律第22号）され、従来の有効期間（30年）が更に10年延長され通算40年（平成6年4月30日まで）となった。保安林としての所期の機能を十全に発揮していないものについて、早急に森林の整備措置を講じ、保安林機能の回復を図るため、特定保安林制度が創設され、整備計画事項として特定保安林の指定に関する事項が定められた（措置法第2条第2項第5号、第8条〜第11条）。

○1989年（平成元年）

「森林の保健機能の増進に関する特別措置法」（12月、法律第71号）により、保安林の区域内において森林保健施設を整備するために行う立木等の伐採は保安林における制限（法第34条第1項、第34条の2第1項、第34条の3第1項、第34条の4第1項、第34条第2項）の規定は適用しないこととなった。

○1994年（平成6年）

　措置法の一部が改正（4月、法律第31号）され、有効期間が、平成16年3月31日までとなった。

○1996年（平成8年）

　「木材の安定供給の確保に関する特別措置法」（平成8年法律第47号）第9条に定める要件を満たすとして都道府県知事が認定した計画に基づいて保安林の区域内の立木を伐採する場合には、特例として許可（法第34条第1項）がなされたものとみなすこととされた。

○1998年（平成10年）

　1）「森林法等の一部を改正する法律」（10月、法律第139号）により、森林法が改正され、保安林における間伐について、都道府県知事の許可制から都道府県知事への届出制にされた。

　2）　また、同法により、措置法も改正され、保安林の要整備森林に対する施業の勧告について、従来どおり都道府県知事が行うこととされた。

○1999年（平成11年）

　1）「地方分権の推進を図るための関係法律の整備等に関する法律」（7月、法律第87号）により森林法の一部が改正され、農林水産大臣が指定する重要流域以外の流域に存する1〜3号民有保安林については、その指定・解除の権限を都道府県に移譲（法定受託事務）することとされた。また、4号以下の民有保安林については自治事務とされた。

　2）　同法により、措置法の一部も改正され、農林水産大臣は、措置法による保安林整備計画を実施するため特に必要があると認められる場合は、都道府県知事に対し指定又は解除に関し必要な指示をすることができることとされた。これに伴い、森林法施行令の一部（12月、政令第416号）、森林法施行規則の一部（平成12年2月、省令第11号）が改正された。

○2001年（平成13年）

　森林及び林業を巡る情勢の変化を踏まえ、「森林・林業基本法」が制定（7月、法律107号）され、新たな理念の下に森林の整備を推進することとし、保安林については、森林・林業基本計画（10月閣議決定）において、森林の保全の確保のため、保安林の指定の推進と指定施業要件の見直しを行うこととした。

　このため、218流域全ての第5期保安林整備計画を一斉に変更し、保安林の指定計画を見直すとともに、保安林における森林施業の方法等を見直した（平成14年3月）。

　また、平行して、森林法施行令の一部（9月、政令第304号）、森林法施行規則の一部（11月、省令第141号）改正等により指定施業要件の基準の見直しを行った。

○2003年（平成15年）

「森林法の一部を改正する法律」（5月、法律第53号）により、森林法の一部が改正され、保安林における人工林の択伐による立木の伐採手続きを許可制から事前届出制へと簡素化するとともに、全国森林計画及び地域森林計画の計画事項の見直し（基本的事項に森林の保全を追加）が行われた。

○2004年（平成16年）

措置法が平成15年度末をもって失効。このため、「森林法の一部を改正する法律」（3月、法律第20号）により森林法の一部が改正され、特定保安林制度の恒久化・拡充がなされた。

○2006年（平成18年）

新たな森林・林業基本計画（9月閣議決定）において、天然力を活用した森林整備を円滑に推進することができるよう、保安林制度の運用を見直すこととした。これを踏まえ、森林法施行規則の一部を改正（平成19年3月、省令第24号）し、植栽義務に係る運用の見直しを行った。

○2011年（平成23年）

1）「森林法の一部を改正する法律」（4月、法律第20号）により森林法の一部が改正され、森林の土地の所有者となった旨の届出、保安林に係る権限の適切な行使、地方公共団体が行う保安林等の買入に係る財政措置、罰金の上限引上げ等が措置された。

2）「東日本大震災復興特別区域法」（平成23年法律第122号。以下「復興特区法」という。）第46条第1項に規定する復興整備事業の実施に係る保安林の指定及び解除（法第25条の2及び第26条の2に係るものに限る。）並びに保安林における立木の伐採等の許可（法第34条第1項、第34条第2項）について復興特区法に規定する復興整備計画に記載し、所定の手続を経て当該計画が公表されたときは、特例として当該許可等がなされたものとみなすこととされた。

○2012年（平成24年）

「福島復興再生特別措置法」（平成24年法律第25号。以下「福島特措法」という。）第66条に規定する地熱資源開発事業の実施に係る保安林の指定及び解除並びに保安林における立木の伐採等の許可（法第34条第1項、第34条第2項）について福島特措法に規定する地熱資源開発計画に記載し、所定の手続を経て当該計画が公表されたときは、特例として当該許可等がなされたものとみなすこととされた。

○2013年（平成25年）

1）「大規模災害からの復興に関する法律」（平成25年法律第55号）第10条第2項第4号に規定する復興整備事業の実施に係る保安林の指定及び解除（法第25条の2及び第26条の2に係るものに限る。）並びに保安林における立木の伐採等の許可（法第34条第1項、第34条第2項）について同法に規定する復興計画に記載し、所定の手続を経て当該計画が

公表されたときは、特例として当該許可等がなされたものとみなすこととされた。

2）「農林漁業の健全な発展と調和のとれた再生可能エネルギー電気の発電の促進に関する法律」（平成25年法律第81号。以下「農山漁村再エネ法」という。）第7条に規定する再生可能エネルギー発電設備の整備に係る保安林における立木の伐採等の許可（法第34条第1項、第34条第2項）について、農山漁村再エネ法に規定する設備整備計画に記載し、所定の手続を経て当該計画が認定されたときは、特例として当該許可がなされたものとみなすこととされた。

○2016年（平成28年）

1）「森林法等の一部を改正する法律」（5月、法律第44号）により森林法の一部が改正され、特定保安林制度における立木所有権の移転等の協議勧告の対象として地方公共団体及び森林研究・整備機構が位置付けられるとともに、違法な森林の土地の開発に係る罰則（法206条）が改正された（「150万円以下の罰金」を「3年以下の懲役又は300万円以下の罰金」に強化。）。

2）同法により「木材の安定供給の確保に関する特別措置法」の一部が改正され、第4条に規定する事業計画に基づいて保安林の土地の形質変更を行う場合には、特例として許可（法第34条第2項）がなされたものとみなすこととされた。

3）「地域の自主性及び自立性を高めるための改革の推進を図るための関係法律の整備に関する法律」（5月、法律第47号）により森林法の一部が改正され、治山事業施行地を含む4〜11号保安林の解除を行う場合の農林水産大臣への同意協議を、同意を要さない協議へと見直した。

4）平成27年1月の「平成26年度の地方からの提案等に関する対応方針」（閣議決定）を受け、平成28年3月31日付けで「森林法第25条第1項の規定に基づき農林水産大臣の指定する重要流域を指定する件」（平成12年2月24日付け農林水産省告示第282号）の一部を改正し、日高川流域及び日置川流域について重要流域の指定を外すことにより、当該流域の指定・解除の権限を両県知事に移譲した。

○2017年（平成29年）

「平成26年の地方からの提案等に関する対応方針」（平成27年1月30日閣議決定）を受け、「森林法第25条第1項の規定に基づき農林水産大臣の指定する重要流域を指定する件」（平成29年3月21日付け農林水産省告示第401号）により、岩手県境から北上川まで流域については岩手県知事及び宮城県知事に、酒匂川流域については神奈川県知事及び静岡県知事に、それぞれ当該流域の指定・解除の権限を移譲した。

○2020年（令和2年）

規制改革実施計画（令和2年7月17日閣議決定）において、所管する行政手続等の押印見直

しが求められたことから、森林法施行規則の一部（12月、省令第83号）、森林法施行規則の規定に基づき申請書等の様式を定める件の一部（12月、告示第2445号）改正等により、各種様式等の署名押印を廃止した。

○2021年（令和3年）

1）「地球温暖化対策の推進に関する法律」（平成10年法律第117号）（以下「温対法」という。）が一部改正され、温対法第22条の2に規定する地域脱炭素化促進事業に係る保安林の立木伐採等の許可（森林法第34条第1項、第34条第2項）について、温対法に規定する地域脱炭素化促進事業計画に記載し、所定の手続を経て当該計画が認定されたときは、特例として当該許可がなされたものとみなすこととされた。

2）「森林・林業基本計画」（令和3年6月15日閣議決定）において、保安林の解除に係る事務の迅速化・簡素化等を行い、森林の公益的機能の発揮と調和する再生可能エネルギーの利用促進を図ることとされ、また、「規制改革実施計画」（令和3年6月18日閣議決定）においては、保安林の解除事務の見える化を通じた迅速化・簡素化のため、事前相談等の事務手続の流れの再整理等を行うこととされたことを踏まえ、保安林の指定の解除に係る手続等の見直しを行った。

○2022年（令和4年）

「森林法施行令」、「森林法施行規則」が一部改正された（令和5年4月1日から施行）。これにより、林地開発許可制度の規制対象に「太陽光発電設備の設置を目的とする行為については、土地の面積の0.5haを超えるもの」が追加された。

また、保安林の指定施業要件の植栽の基準について「満1年未満の苗」や「植栽本数」の取扱いが見直された。

地方分権一括法による森林法の改正の概要（平成11年）

1　保安林関係

（1）　民有林の1～3号保安林（重要流域を除く。）の指定・解除権限を都道府県知事に移譲するとともに、機関委任事務を廃止し、事務区分を以下のとおり見直す。（法第25条、第25条の2、第26条、第26条の2）

（現行）

保安林の区分		権限・事務区分
民有林	1～3号	農林水産大臣 （国の直接執行）
	4号以下	都道府県知事 （機関委任事務）
国有林		農林水産大臣 （国の直接執行）

（改正後）

保安林の区分			権限・事務区分
民有林	1～3号	重要流域	農林水産大臣 （国の直接執行）
		重要流域以外	都道府県知事 （法定受託事務）
	4号以下		都道府県知事 （自治事務）
国有林			農林水産大臣 （国の直接執行）

注）1.「1～3号」は法第25条第1項第1号から第3号まで、「4号以下」は同項第4号から11号までに掲げる目的を達成するための保安林。

　　2.「重要流域」とは、二以上の都府県にわたる流域その他の国土保全上又は国民経済上特に重要な流域で農林水産大臣が指定するもの（法第25条第1項）。

　　3.指定施業要件の変更に係る事務についても同様の区分である。

（2）　保安林の指定・解除以外の次に掲げる事務については、機関委任事務を廃止し、事務区分を以下のとおり見直す。（法第30条、第30条の2、第34条、第39条の2ほか）

　　・保安林予定森林等の告示

　　・立木伐採許可及び土地の形質変更許可

　　・保安林台帳の調整・保管等

（現行）

保安林の区分	権限・事務区分
民有林	都道府県知事 （機関委任事務）
国有林	

（改正後）

保安林の区分		権限・事務区分
民有林	1～3号	都道府県知事（法定受託事務）
	4号以下	都道府県知事（自治事務）
国有林		都道府県知事（法定受託事務）

（3）　保安林の損失補償の事務について、都道府県を補償主体として追加する。（法第35条）

2　保安施設地区関係

　保安施設地区関係に係る次に掲げる事務については、機関委任事務を廃止して、都道府県の法定受託事務とする。（法第44条、第46条の2）

　　・保安施設地区において保安林の規定を準用する行為規制等の事務

　　・保安施設地区台帳の調整及び保管

第3節　保安林制度と行政の概要

1　保安林指定・解除の意義

　保安林の指定・解除は、農林水産大臣又は都道府県知事が行う行政処分である。

　保安林の指定は、公益目的を達成するために本来自由であるべき森林の経営に制限を課すもので、これによって普通林よりも厳しい制約が生ずる。

　保安林の解除は、保安林であるために存在する一切の制約が解消されることである。

　保安林の指定・解除が行政処分として有効に成立するためには、その主体、内容、手続、形式等の全ての点について法の定める要件に適合しなければならない。

　すなわち、保安林の指定・解除は、森林法及びその関係法令に従って、その権限を有する者（農林水産大臣及び都道府県知事）によりその権限内の事項について行われることが必要であり、その内容については、指定にあっては、指定しようとする森林が法第25条第1項に定められた目的に合致し、解除にあっては、法第26条及び法第26条の2に定められた条件に適合することが必要であり、その手続においては、法の定める一定の手続を踏み、その形式においては、法の定める文書の形式による等一定の形式をもってしなければならない。

2　保安林の指定

　保安林の指定は、行政処分であるからその根拠法規に適合し、かつ、行政目的に合致することが必要である。

　保安林指定の要件を森林法に即して摘記すれば、次のとおりとなる。

①　指定が権限を有する者によって行われること。

②　指定の目的が法第25条第1項に列挙された目的であること。

③　指定の必要性が存在すること。

④　指定の対象地が法第2条で規定している森林であってその範囲が特定していること。

⑤　海岸法（昭和31年法律第101号）による海岸保全区域内の森林については、海岸管理者に協議したものであること。

⑥　自然環境保全法による原生自然環境保全地域内の森林でないこと。

⑦　国有林に係る保健及び風致の保存を目的とする指定にあっては、環境大臣に協議したものであること。

⑧　森林法に定められた手続が適正に行われること。

重要流域区分図

No.	流域名（番号）	関係都道府県	No.	流域名（番号）	関係都道府県
1	檜山地区	北海道	38	多摩川～相模川	神奈川
2	尻別川	〃	39	相模川	神奈川・山梨
3	鵜川	〃	40	酒匂川	神奈川・静岡
4	沙流川	〃	41	関川	新潟・長野
5	石狩川	〃	42	姫川	新潟・長野
6	留萌地区	〃	43	新潟県境～黒部川	新潟・富山
7	天塩川	〃	44	黒部川	富山
8	十勝川	〃	45	常願寺川	〃
9	釧路川	〃	46	神通川	富山・岐阜
10	網走川	〃	47	庄川	富山・岐阜
11	常呂川	〃	48	庄川～石川県境	富山
12	湧別川	〃	49	手取川	石川
13	渚滑川	〃	50	手取川～福井県境	〃
14	岩木川	青森	51	頭竜川	福井・岐阜
15	駒込川～奥入瀬川	〃	52	九頭竜川～京都府境	福井
16	奥入瀬川～五戸川	青森・秋田	53	富士川	長野・山梨・静岡
17	馬淵川	青森・岩手	54	矢作川	長野・岐阜・愛知
18	新井田川	青森・岩手	55	庄内川	岐阜・愛知
19	米代川	岩手・秋田	56	木曽川	長野・岐阜・愛知・三重
20	北上川	岩手・宮城	57	北伊豆	静岡
21	岩手県境～北上川	岩手・宮城	58	安倍川	〃
22	鳴瀬川	宮城	59	大井川	〃
23	名取川	宮城	60	大井川～天竜川	〃
24	阿武隈川	宮城・山形・福島	61	天竜川	静岡・愛知・長野
25	雄物川	秋田	62	豊川～矢作川	愛知
26	子吉川	秋田	63	鈴鹿川	三重
27	最上川	山形	64	鈴鹿川～宮川	〃
28	荒川	山形・新潟	65	宮川	〃
29	宮城県境～請戸川	宮城・福島	66	宮川～熊野川	三重・奈良
30	夏井川～茨城県境	福島・茨城	67	熊野川	三重・奈良・和歌山
31	久慈川	福島・茨城・栃木	68	淀川	滋賀・京都・奈良・大阪・三重
32	阿賀野川	福島・群馬・新潟	69	由良川	京都・兵庫
33	那珂川	茨城・栃木	70	神崎川	京都・大阪・兵庫
34	利根川	茨城・栃木・群馬・長野・埼玉・千葉	71	大和川	奈良・大阪
35	信濃川	長野・群馬・新潟	72	加古川	兵庫
36	荒川	埼玉・東京	73	揖保川	〃
37	多摩川	東京・山梨	74	円山川	〃

75	紀ノ川	奈良・和歌山	99	仁淀川	愛媛・高知
76	日高川	奈良・和歌山	100	物部川	高知
77	日置川	奈良・和歌山	101	物部川～徳島県境	高知・徳島
78	千代川	鳥取	102	山国川	福岡・大分
79	天神川	〃	103	遠賀川	福岡
80	日野川	〃	104	矢部川	福岡・熊本
81	斐伊川	島根	105	筑後川	福岡・佐賀・熊本・大分
82	江の川	島根・広島	106	川上川	佐賀
83	高津川	島根	107	川上川～長崎県境	〃
84	吉井川	岡山	108	佐賀北部	〃
85	旭川	〃	109	中半島部	長崎
86	高梁川	岡山・広島	110	菊池川	熊本・大分
87	芦田川	岡山・広島	111	白河	熊本
88	太田川	広島	112	緑川	熊本
89	太田川～山口県境	広島・山口	113	球磨川	熊本・宮崎・鹿児島
90	厚東川～佐波川	山口	114	大分川	大分
91	錦川	山口・島根	115	大野川	大分・熊本
92	吉野川	高知・愛媛・徳島	116	番匠川	大分
93	那賀川	徳島	117	北川	大分・宮崎
94	香川地区	香川	118	五ヶ瀬川	熊本・宮崎
95	重信川	愛媛	119	一ッ瀬川	宮崎
96	肱川	〃	120	大淀川	宮崎・熊本・鹿児島
97	四万十川～愛媛県境	愛媛・高知	121	川内川	宮崎・熊本・鹿児島
98	四万十川	愛媛・高知	122	肝属川～宮崎県境	鹿児島

注1：平成28年4月1日に、76日高川流域及び77日置川流域について、当該流域の指定・解除の権限を奈良県知事及び和歌山県知事に移譲した。
注2：平成29年4月1日に、21岩手県境から北上川まで流域については岩手県知事及び宮城県知事に、40酒匂川流域については神奈川県知事及び静岡県知事に、それぞれ当該流域の指定・解除の権限を移譲した。

（1）指定の権限

　保安林指定の権限は、農林水産大臣（法第25条第1項）及び都道府県知事（法第25条の2第1項、第2項）にある。

　すなわち、その指定流域、目的及び指定対象地の所有形態^(注)（民有林であるか、国有林であるか）によってその権限が異なる。つまり、民有林の場合は、重要流域の水源涵養、土砂流出防備、土砂崩壊防備のための保安林については農林水産大臣、重要流域以外の水源涵養、土砂流出防備、土砂崩壊防備のための保安林については都道府県知事、更に、全ての流域のその他の保安林（飛砂防備、防風、水害防備、潮害防備、干害防備、防雪、防霧、なだれ防止、落石防止、防火、魚つき、航行目標、保健、風致のためのもの）については都道府県知事の権限であ

り、国有林の場合は、指定目的にかかわらず全てが農林水産大臣の権限である。

　この権限の配分は、民有林については国土保全の基幹的な部分を占めるいわゆる流域保全のための保安林のうち、重要流域内の保安林に関しては農林水産大臣に、重要流域以外の保安林及び比較的局所的な影響にとどまる保安林に関しては都道府県知事にされたものである。

（注）森林法上の民有林、国有林

　　森林法において「国有林」とは、国が森林所有者である森林及び国有林野の管理経営に関する法律（昭和26年法律第246号）第10条第1号に規定する分収林である森林をいい、「民有林」とは、国有林以外の森林をいうと定義されている（法第2条第3項）。

　　すなわち、民有林、国有林の区分は、分収林に関する例外を除けば森林所有者が国であるか、国以外であるかによってなされる。また、「森林所有者」については、同条第2項に規定され「権原に基き森林の土地の上に木竹を所有し、及び育成することができる者をいう。」としている。

　　国有林野の管理経営に関する法律に規定する分収林については、国以外の者である分収契約者の相手方も森林所有者であることから、観念の重複を整理する見地で、森林法においては、これを国有林の範疇に含ませ、民有林と区分することとしている。

　　なお、公有林野等官行造林法（大正9年法律第7号）に基づく官行造林地については、木竹の育成の権原は国に属するため、国有林である。

　　従来、国有林の扱いをすべきか民有林の扱いをすべきかという点について照会が行われたものに、官地民木林（昭和27. 8. 6・27林野第11, 271号青森局経営部長あて林野庁指導部長回答）及び国有林野内の植樹敷貸地（昭和26. 10. 25・26林野13, 327号秋田局長あて林野庁長官から回答）があるが、これらはいずれも民有林として扱われる。

（2）指定の目的

　保安林の指定は、公益目的の達成のために行なわれるものであるが、その目的は限定されており、法第25条第1項第1号から第11号までに列記されている。

　第1号から第3号までは、水源の涵養、国土の荒廃を予防して洪水等の災害を防止するのが目的であり、第4号から第7号までは比較的局所的な災害予防を目的とし、第8号及び第9号は産業保護を目的とし、更に、第10号及び第11号は国民生活の向上に資するための生活環境保全・形成及び森林レクリエーションの場の提供ないし風致の保存等を目的としている。

　保安林の指定がなされると、これらの保安林は、指定目的を冠して「○○保安林」と呼ばれるが、その種類は17種である（保安林及び保安施設地区の指定、解除等の取扱いについて（昭和45年6月2日付け45林野治第921号。以下「基本通知」という。）、森林法に基づく保安林及び保安施設地区関係事務に係る処理基準について（平成12年4月27日付け12林野治第790号。以下「処理基準」という。））。

　法第25条第1項に列挙された目的と保安林の種類を対比すると、次表のとおりである。

法第25条第1項に列記する目的		保安林の種類	
第1号	水源のかん養	1	水源かん養保安林
2	土砂の流出の防備	2	土砂流出防備保安林
3	土砂の崩壊の防備	3	土砂崩壊防備保安林
4	飛砂の防備	4	飛砂防備保安林
5	風害 ⎫	5	防風保安林
	水害 ⎪	6	水害防備保安林
	潮害 ⎪	7	潮害防備保安林
	干害 ⎬ の防備	8	干害防備保安林
	雪害 ⎪	9	防雪保安林
	霧害 ⎭	10	防霧保安林
6	なだれ ⎫ の危険の防止	11	なだれ防止保安林
	落石 ⎭	12	落石防止保安林
7	火災の防備	13	防火保安林
8	魚つき	14	魚つき保安林
9	航行の目標の保存	15	航行目標保安林
10	公衆の保健	16	保健保安林
11	名所又は旧跡の風致の保存	17	風致保安林

（3）指定の必要性（保安林の種類とその機能）

　保安林の指定は、法第25条第1項第1号から第11号までに掲げる目的を達成するために、森

林の公益的機能を発揮させることが特に必要である場合に行われ、指定が必要であるかどうかの判断は、指定権限を有する農林水産大臣又は都道府県知事の公益判断に委ねられている。

　以下、保安林の指定は、いかなる公益的機能を期待してなされるものであるかについて、保安林の種類ごとに略述する。

　なお、保安林の種類別の面積の現況は、16－別表（P97参照）を参照されたい。

（注）2以上の目的のために指定された保安林（兼種保安林）

　　　ひとつの森林に2以上の保安機能を発揮させる必要がある場合には、2以上の目的をもつ保安林として指定され、この保安林を実務上、「兼種保安林」という。この場合の指定は、それぞれの目的ごとに独立したものとして指定される。

1）水源かん養保安林

　流域保全上重要な地域にある森林の河川流量調節機能を高度に保ち、その他の森林の機能とあいまって、洪水及び渇水を緩和し、または各種用水を確保する。

2）土砂流出防備保安林

　下流に重要な保全対象がある地域のはげ山及び崩壊地又はこれらを含む土砂流出の著しい地域、あるいは地形、地質等の関係から崩壊、流出のおそれがある区域において林木及び地表植生その他の地被物の直接間接の作用によって林地の表面侵食及び崩壊による土砂の流出を防止する。

3）土砂崩壊防備保安林

　崩落土砂による被害を受け易い道路、鉄道その他の公共施設等の上方において、主として林木の根系の緊縛その他の物理的作用によって林地の崩壊の発生を防止する。

4）飛砂防備保安林

　海岸の砂地を森林で被覆することにより砂面に対する風衝を緩和して飛砂の発生を防止する場合と、飛砂が海岸から内陸に進入するのを遮断防止する場合があり、共に内陸部における土地の高度利用、住民の生活環境の保護をはかる。

5）防風保安林

　林冠をもって障壁を形成して風に抵抗してそのエネルギーを減殺し、これを防止撹乱して風下、風上に渦動流を生じしめ風速を緩和して風害を防止する。

6）水害防備保安林

　河川の洪水時における氾濫にあたって、主として樹幹による水制作用及び濾過作用ならびに樹根による侵食防止作用によって水害の防止軽減をはかる。

7）潮害防備保安林

　津波又は高潮に際して、主として林木の樹幹によって波のエネルギーを減殺してその被害を防ぐほか、風波の強い海岸において主として林冠によって強風による空気中の海水微粒子を捕

捉するとともに風速を緩和して海水塩分による被害を防止する。

8）干害防備保安林

洪水及び渇水を緩和し、または各種用水を確保する森林の水源涵養機能により、局所的な用水源を保護する。昭和26年の森林法（現行法）が制定されるまでは、水源涵養林の名で設けられてきたもので、現行法では流域の保全のために必要なものを水源かん養保安林として局所的なものと区別することになった。

9）防雪保安林

飛砂防備および防風保安林の項で述べたと同様な機能によって吹雪（気象用語では「飛雪」という。）を防止する。

10）防霧保安林

森林によって空気の乱流を発生せしめて霧の移動を阻止し、又、林木の枝葉によって霧粒を捕捉して霧の害を防止する。

11）なだれ防止保安林

森林によって雪崩の原因となる雪庇ができるのを防ぎ、又、山腹斜面の摩擦抵抗を大きくして雪がすべり出すのを防ぎ、あるいは一旦滑動したものの勢いを弱め、又は、方向を変えて無害なところへ誘導する等により雪崩を防止する。

12）落石防止保安林

林木の根系によって岩石を緊結固定して崩壊、転落を防止し、又、転落する石塊を山腹で阻止して、落石による危険を防止する。

13）防火保安林

耐火樹又は防火樹からなる防火樹帯により火炎に対して障壁を作り、火災の延焼を防止する。

14）魚つき保安林

水面に対する森林の陰影の投影、魚類等に対する養分の供給、水質汚濁の防止等の作用により魚類の生息と繁殖を助ける。

15）航行目標保安林

海岸又は湖岸の付近にある森林で地理的目標に好適なものを、主として付近を航行する漁船等の目標に供する。

16）保健保安林

森林の持つレクリエーション等の保健、休養の場としての機能や、局所的な気象条件の緩和機能、塵埃、煤煙等の濾過機能を発揮することにより、公衆の保健、衛生に貢献する。

17）風致保安林

名所や旧跡の趣きのある景色が森林によって価値づけられている場合に、これを保存する。

（4）指定の対象地（森林）

　保安林指定の対象は、森林法上の森林に限られる。森林の定義は法第2条に定められているが、木竹が集団して生育している土地（いわゆる林地）とその土地の上にある立木竹（いわゆる林木）とを包括して「森林」というとともに、皆伐跡地の様に現に木竹が生育していなくとも、それが木竹の集団的な生育に供される土地であると客観的に認められるものは、「森林」に含まれる。

　一般的な森林の概念は上述のとおりであるが、以上の考え方からは「森林」に該当する場合であっても、「主として農地^(注1)又は住宅地若しくはこれに準ずる土地^(注2)として使用される土地及びこれらの上にある立木竹」については「森林」から除外されている（法第2条第1項ただし書）。これは、その土地についての土地利用その他の人為活動が、いわゆる明らかに森林経営以外のものである場合に、これを森林法の対象として扱うことがむしろ不適当であるとの趣旨によるものである。

　また、森林法の適用を厳密に解すれば、岩盤露出箇所等は、森林の定義からは外れるが、森林法の趣旨及び現地を特別に区画して管理する必要性、実益並びに保安林管理上の実害、実益等を考慮して個々に判断するものとし、敢えて一律に潔癖に除外する必要はないものとしている。

（注）1．主として農地として使用される土地

　　　　リンゴ畑、ミカン畑等を意味する。なお、自作農創設特別措置法（この法律は、昭和27年に廃止され、現在では農地法に吸収されている。）その他関係法令に基づき買収された森林の取扱いについては開拓計画によって開拓すべきものと定められたものはこの範疇として扱われる。

　　　　なお、森林と牧野との関係については、森林と牧野とは互いに相排斥する概念ではないという考え方を採り、牧野であるものであっても森林法の定義の上から森林の範囲に入るべきものはやはり牧野であると同時に森林として取扱うこととしている。（改正森林法の施行に関する件、昭和26年8月15日、26林野第10953号、林野庁長官通達）。

　　　2．住宅地若しくはこれに準ずる土地として使用される土地

　　　　市街地にある小規模な公園、官公庁舎、学校等の公共施設及び工場その他事業所の敷地、宗教法人法（昭和26年法律第126号）第3条第2号及び第3号に掲げる神社、寺院等をめぐる一画の土地及び参道として用いられる土地、墓地等である（改正森林法の施行に関する件、（前出））。

（5）海岸保全区域に対する保安林の指定

　海岸法第3条の規定により指定される海岸保全区域については、原則として、保安林の指定をすることができない（法第25条第1項ただし書）。ただし、農林水産大臣は、特別の必要があると認めるときは、海岸管理者に協議して海岸保全区域内の森林を保安林として指定することができる（法第25条第2項）。

これは、海岸保全を目的とする行政が同一の土地に重複して行われることによる非能率、国民への迷惑の除去、行政責任の明確化等の見地から不必要な制限を省こうとする趣旨であるが、実際の処理においては、「特別の必要」についての考え方が問題になる。

　「特別の必要」があるかどうかは、海岸法による海岸保全事業を実施すれば保安林は要らなくなるかどうかということと同じである。例えば、海岸堤防によって海岸侵食や超波が防止されたとしても背後に対する潮風等を防ぐ防潮林の整備が必要となる場合もあるだろう。また、保安林が侵食されつつあるとき、ここに海岸堤防が必要となる場合もあるだろう。このような問題が生じたときに、具体的な対策として、海岸法に基づいて行うか、森林法に基づいて（保安施設事業として）行うかについて、その適正な実施のために両者が協議することになっているのである。

　海岸法第3条には、保安林又は保安施設地区に対しては、特別の必要がない限り海岸保全区域の指定をしない旨の規定がある。^(注)

（注）保安林、保安施設地区に対する海岸保全区域の指定

　　　　特別の必要がない限り、海岸保全区域を保安林に指定しないと同様、保安林、保安施設地区に対する海岸保全区域についても、特別の必要がある場合に限り、都道府県知事から農林水産大臣（森林法第25条の2の規定により都道府県知事が指定した保安林については、当該保安林を指定した都道府県知事）に協議して指定することができる（海岸法第3条第1項、第2項）。

　　　　なお、この協議に対する農林水産省の方針及び協議事項については、林野庁長官通知「保安林又は保安施設地区に係る海岸保全区域に関する協議について（昭和32年8月12日、32林野第10847号）」で示されているが、農林水産省の方針は次のとおり。海水の侵入又は海水による侵食を防止するため特に必要があり、かつ、次の条件に該当する場合には、原則として、海岸保全区域として指定することに同意する。

　　　（1）　施行を予定している海岸保全区域と同程度の機能を有する森林法第41条に規定する保安施設事業の実務計画がたてられていないとき

　　　（2）　指定しようとする海岸保全区域が、施行を予定している工作物の敷地及びその周辺5m程度の区域の範囲内にあるとき

（6）原生自然環境保全地域に対する保安林の指定の除外

　自然環境保全法第14条第1項の規定により指定される原生自然環境保全地域については指定することができない（法第25条第1項ただし書き）。

　自然環境保全法（第14条第1項）には、原生自然環境保全地域の指定は保安林を除く旨の規定がある。

（7）　保健保安林等の指定に関する環境大臣への協議

　農林水産大臣は、国有林に係る保健保安林及び風致保安林の指定をしようとするときは、環

境大臣に協議しなければならない（法第25条第3項）。

（8） 林政審議会への諮問

　農林水産大臣は、保安林の指定をしようとするときは、林政審議会に諮問することができる（法第25条第4項）。

　これは、保安林の指定が一般公共の目的のためにする財産権の制限を伴うものであるから、その必要と公平に関する判断を適正にするために、農林水産大臣が必要と認めた場合には諮問を認められているものである。

　都道府県知事の権限に属するものについては、都道府県知事は都道府県森林審議会へ諮問することができる（法第25条の2第3項）。

3　指定施業要件

　保安林の指定目的を達成するためには、その森林の公益的機能を維持し又は向上させるために必要な施業が確保されなければならない。そのため、保安林指定の処分の内容として「指定施業要件」を定め、立木の伐採許可申請等に対する許可の基準としている（法第33条）。また、その後の状況の変化があった場合には、これに即応し得るように指定施業要件を変更することができることとしている（法第33条の2、第33条の3）。

　指定施業要件として定めるべき事項は①立木の伐採の方法、②立木の伐採の限度、③立木を伐採した後において当該伐採跡地について行う必要のある植栽の方法、期間及び樹種についてである（法第33条第1項）。

（1） 指定施業要件の指定基準

　指定施業要件の内容は、その指定によって生ずべき制限が、その保安林の指定目的を達成するために必要最小限度のものとなることを旨とし、政令で定める基準に準拠して定めなければならない（法第33条第5項）。この「政令で定める基準」は、令第4条及び同別表第2であるが、政令では原則的な点について定め、その細目を省令（規則第53条～第57条）、処理基準及び基本通知で定めている。

　以下、令別表第2の順序に従って説明する。

（2） 伐採の方法

　主伐と間伐に分けて定める。主伐に関しては、伐採種（主伐における伐採方式）と伐採することができる立木の年齢を定める。間伐に関しては、間伐をすることができる箇所を定める。

「基本通知」 別表1

保安林の種類	伐採の方法
水源かん養保安林	1　林況が粗悪な森林並びに伐採の方法を制限しなければ、急傾斜地、保安施設事業の施行地等の森林で土砂が崩壊し、又は流出するおそれがあると認められるもの及びその伐採跡地における成林が困難になるおそれがあると認められる森林にあっては、択伐（その程度が特に著しいと認められるものにあっては、禁伐） 2　その他の森林にあっては、伐採種を定めない。
土砂流出防備保安林	1　保安施設事業の施行地の森林で地盤が安定していないものその他伐採すれば著しく土砂が流出するおそれがあると認められる森林にあっては、禁伐 2　地盤が比較的安定している森林にあっては、伐採種を定めない。 3　その他の森林にあっては、択伐
土砂崩壊防備保安林	1　保安施設事業の施行地の森林で地盤が安定していないものその他伐採すれば著しく土砂が崩壊するおそれがあると認められる森林にあっては、禁伐 2　その他の森林にあっては、択伐
飛砂防備保安林	1　林況が粗悪な森林及び伐採すればその伐採跡地における成林が著しく困難になるおそれがあると認められる森林にあっては、禁伐 2　その地表が比較的安定している森林にあっては、伐採種を定めない。 3　その他の森林にあっては、択伐
防風保安林 防霧保安林	1　林帯の幅が狭小な森林（その幅がおおむね20メートル未満のものをいうものとする。）その他林況が粗悪な森林及び伐採すればその伐採跡地における成林が困難になるおそれがあると認められる森林にあっては、択伐（その程度が特に著しいと認められるもの（林帯については、その幅がおおむね10メートル未満のものをいうものとする。）にあっては、禁伐） 2　その他の森林にあっては、伐採種を定めない。
水害防備保安林 潮害防備保安林 防雪保安林	1　林況が粗悪な森林及び伐採すればその伐採跡地における成林が著しく困難になるおそれがあると認められる森林にあっては、禁伐 2　その他の森林にあっては、択伐
干害防備保安林	1　林況が粗悪な森林並びに伐採の方法を制限しなければ、急傾斜地等の森林で土砂が流出するおそれがあると認められるもの及び用水源の保全又はその伐採跡地における成林が困難になるおそれがあると認められる森林にあっては、択伐（その程度が特に著しいと認められるものにあっては、禁伐） 2　その他の森林にあっては、伐採種を定めない。
なだれ防止保安林 落石防止保安林	1　緩傾斜地の森林その他なだれ又は落石による被害を生ずるおそれが比較的少ないと認められる森林にあっては、択伐 2　その他の森林にあっては、禁伐
防火保安林	禁伐
魚つき保安林	1　伐採すればその伐採跡地における成林が著しく困難になるおそれがあると認められる森林にあっては、禁伐 2　魚つきの目的に係る海岸、湖沼等に面しない森林にあっては、伐採種を定めない。 3　その他の森林にあっては、択伐

航行目標保安林	1　伐採すればその伐採跡地における成林が著しく困難になるおそれがあると認められる森林にあっては、禁伐 2　その他の森林にあっては、択伐
保健保安林	1　伐採すればその伐採跡地における成林が著しく困難になるおそれがあると認められる森林にあっては、禁伐 2　地域の景観の維持を主たる目的とする森林のうち、主要な利用施設又は眺望点からの視界外にあるものにあっては、伐採種を定めない。 3　その他の森林にあっては、択伐
風致保安林	1　風致の保存のため特に必要があると認められる森林にあっては、禁伐 2　その他の森林にあっては、択伐

1）　主伐関係

ア　伐採種

　　令別表第2では保安林種別に伐採方法の原則が示されているが、その運用については基本通知別表1によることになっている。つまり、原則を踏まえつつ、必要に応じて、現地の森林の実情に適合するような指定施業要件を定めることができるようになっている。

　　なお、保安林制度で用いている伐採種の区分は、「伐採種の指定をしない[注1]」、「択伐[注2]」、「禁伐」の3種である。

　　令別表第2で、保安林の種類（以下「保安林種」という。）ごとに定めている伐採種の原則は、次のとおりである。

伐採種を指定しない（皆伐を許容する。）水源かん養、防風、干害防備及び防霧保安林

択伐　土砂流出防備、土砂崩壊防備、飛砂防備、水害防備、潮害防備、防雪、魚つき、航行目標、保健及び風致保安林

禁伐　なだれ防止、落石防止及び防火保安林

　　　保安施設地区内の森林

（注）1．伐採種を指定しない

　　　　「伐採種」というのは、主伐をする場合の伐採方式をいうが、これを定めない。つまり、自由な伐採方式を採ってもよい、という意味である。ところで、保安林制度の伐採制限では、「伐採種を定めないもの」、「択伐によるもの」、「伐採を禁止する（禁伐とする）もの」の3種に区分して規制を行っているので、伐採種を定めないものについては皆伐による伐採をしてもよいことになり、伐採の限度を定めるに当たっては、皆伐されることを予定して「皆伐による伐採の限度」を設けている。しかしながら、このことは、皆伐を強制しているものではないのは当然である。したがって、「択伐による伐採の限度」の範囲内の伐採については、「択伐」として取り扱うこととなる。

（注）2．択伐

　　　　ここでいう「択伐」とは、森林の構成を著しく変化させることなく、逐次更新を確保することを旨として行なう主伐であって、次に掲げるものをいう。

（ア）伐採区域の立木をおおむね均等な割合で単木的に又は10m未満の幅の帯状に選定する伐採

（イ）樹群を単位とする伐採で、その伐採によって生ずる無立木地の面積が0.05ha未満であるもの

　令別表第2で定められた保安林種ごとの伐採種の原則を保安林の状況に応じて例外的な適用を含めてやや具体的に定めたのが基本通知別表1である。以下にこれを掲げるが、伐採種については、このほか、更に例外として次項ウで述べる「樹種、林相の改良のための特例による指定」がされることがある。

イ　伐期齢

　主伐についての基準としては、「伐採種」のほか「伐期齢」の規定がある。令別表第2には、「伐採の禁止を受けない森林につき伐採することができる立木は、原則として、標準伐期齢以上のものとする。」とあり、実際においてもこの原則を具体的に示して定めることとしている（基本通知）。

(注) 標準伐期齢は、法第10条の5第2項第2号にて、市町村森林整備計画の中で定めるべき事項として揚げられている。

　　市町村森林整備計画は、民有林についての計画であるが、その内容の一つである標準伐期齢については、国有保安林にも適用される。標準伐期齢は明確でない場合には、近傍類似の民有林について定められている標準伐期齢による。

ウ　樹種・林相の改良のための特例による指定

　以上の原則及びその運用方針にかかわらず、どんな種類の保安林にも伐採種及び伐期齢について、樹種、林相の改良のための伐採に関する特例を定めることができる（基本通知）。ただし、これは、保安林の公益的機能の維持又は強化を図るためにそうすることが現に必要であり、かつ、指定目的達成上支障を及ぼさないと認められるときに限って許される特別措置であるから、指定は現に必要なものに限って指定後10年以内に行われるものについて定め、これによる実行（伐採の許可）についても厳格にすることとされている。

　また、特例とはいっても、本則からの著しい隔絶はありえないわけで、禁伐を指定する森林については、皆伐をすることを定めることはできない（基本通知）。

2）　間伐関係

　間伐関係の基準としては、保安林種を問わず、全て、次によることとなっている。

（ア）　主伐のできる森林については間伐もできる。

　　間伐できる箇所は、原則として樹冠疎密度が8／10以上の箇所とする。この場合の樹冠疎密度は、規則第53条に定められており、「おおむね20メートル平方の森林の区域に係る

樹冠投影面積を当該区域の面積で除して算出する」とされている。

「おおむね20メートル平方」というのは、森林における樹群の構成単位を意味している。

なお、「主伐のできる森林」とは、伐採種を指定しない森林と択伐を指定する森林とであるが、本来、間伐できるのは前者である。択伐を指定する森林において間伐を認めるのは、択伐林型を造成するために必要な場合に限られる。例えば、海岸砂地造林による造林地などで一斉林型を択伐林型に誘導しようとする場合は、これに該当する（基本通知）。

（イ）　主伐禁止の森林では、原則として間伐も禁止する。

　　　ただし、保育間伐をしなければ当該保安林の指定の目的を達成することが困難な場合は、これを認める（基本通知）。

（3）伐採の限度

伐採の限度は、主伐についてはそれぞれ伐採種に応じて、間伐については間伐を許容される森林がある場合に指定される。

伐採の限度の基準についての細部運用関係は、規則第55条、第56条並びに処理基準及び基本通知に定められている。

1）　主伐関係

ア　皆伐面積の限度

　　皆伐面積の限度としては2種類の限度を定める。すなわち、その1は、同一の単位とされる保安林等[注1]における伐採年度ごとに皆伐による伐採をすることができる面積の合計であり、その2は皆伐による伐採の1箇所あたりの面積の限度である。更に、防風保安林、防霧保安林における残存林帯に関する皆伐の限度がある。

（ア）　同一の単位とされる保安林等における伐採年度ごとの皆伐面積の合計

　　　立木の伐採限度については、指定目的と受益対象とが同一の保安林又はその集団を単位として定めることができる（法第33条第4項）が、同一単位の保安林又はその集団について認められる皆伐面積の合計の限度についての基準が示されている。

　　　更に、令別表第2に表現されていることを具体的に（基本通知）で指示しているが、分かりやすいように算式で説明する。

$$A = \frac{F}{u} + \alpha$$

　　A：1伐採年度（毎年4月1日から翌年3月31日までの期間をいう。以下同じ。）における皆伐面積の合計[注2]

　　F：同一の単位とされている保安林又はその集団のうち、択伐又は禁伐とされている

森林以外のものの面積の合計

　ただし、樹種又は林相を改良するため伐採方法の特例として皆伐が許容されている森林を含む。

u：伐採の限度を算出する基礎となる伐期齢[注3]

　その保安林の指定目的達成のため適当と認められる樹種について、法第10条の5第2項第2号の標準伐期齢を基準として（標準伐期齢を下らない範囲内で指定目的・生育状況などを考慮して）定める伐期齢に相当する数——実際には各樹種の平均の標準伐期齢

α：（前伐採年度の総年伐面積）－（前伐採年度における法第34条第1項の許可をした面積）

　ただし、前伐採年度の総年伐面積 $= \dfrac{F'}{u'}$

F′：前年度における前掲のFに相当するもの

u′：前年度における前掲のuに相当するもの

(注)　1．同一の単位とされる保安林等

　　　　同一の単位とされる保安林等とは、「同一の単位とされる保安林若しくはその集団又は保安施設地区若しくはその集団の森林」をいう（令第4条の2第4項）が、指定施業要件を定める場合又は伐採の限度を定める場合に一括するための範囲として用いられる。

　　　　ここで「保安林」というのは、ある同一の時期に同一の目的で保安林に指定された森林を指し、これらが2以上あるときには「保安林の集団」という。

　　　　このように、指定施業要件又は伐採の限度を定めるのに、個々の保安林を単位とせず、これらを一括して単位とする理由は、保安林の施業制限は、受益物件を中心として総合的見地に立って行うことが必要であるからである。

　　　　なお、水源かん養保安林については、水系を単位に受益対象を捉えて同一の単位を定める必要があり、これは、あらかじめ区画することが可能なので、指定施業要件の指定を円滑、適正にするために、全国について同一の単位とすべき保安林又はその集団の範囲を定めている（昭和37.11.13.37林野治第1498号）（この単位区域の数は全国計で571である。）。

　　　　単位区域は、本来、保安林の指定目的ごとに設けられるものであるが、特に土砂流出防備保安林については、流域保全の性格が強いことから、特別に不適当でない限りあらかじめ定められた水源かん養保安林の単位区域を用いることにしている。

(注)　2．1伐採年度における皆伐面積の合計

　　　　民有林、国有林合計の限度であり、伐採規制の目安として内訳をするのは認められるとしても、厳格にそれぞれの限度として運用するのは縮減（令第4条の3）の場合以外は許されない。

　　　　要するに、基本的な考え方は、毎年度、$\dfrac{全面積}{伐期齢}$の限度で皆伐を許容して保続をはかってゆくということである。そして、前年度の伐採許可面積が基準的面積より少ない場合には、その分だけ許可

能な限度面積が大きくなる。ただし、翌年度に繰越して加算されるのは、総年伐面積に達しなかった面積であるから、翌年度の限度として公表される面積は、常に$\frac{F}{u} \times 2$より大きくなることはない。

(注) 3．伐採の限度を算出する基礎となる伐期齢は、指定施業要件において植栽の樹種が定められている森林にあっては当該樹種の標準伐期齢とし、それ以外の森林にあっては更新期待樹種の標準伐期齢とするものとする。ただし、同一の単位とされる保安林に樹種が2以上ある場合には、次式によって算出して得た平均年齢とし、当該年齢は整数にとどめ小数点以下は四捨五入するものとする。

$$u = a_1 u_1 + a_2 u_2 + a_3 u_3 + \cdots\cdots$$

u：平均年齢

u_1、u_2、u_3：各樹種の標準伐期齢

a_1、a_2、a_3：各樹種の期待占有面積歩合

（イ）　皆伐することができる1箇所(注)当たりの面積

　　地形・気象・土壌等の状況により特に保安機能の維持又は強化を図る必要がある森林について、1箇所当たりの皆伐面積の限度を指定することとしている。そして、その限度は、20haを超えない範囲内において、当該森林の地形、気象、土壌等を勘案して状況に応じて定める（規則第55条）ことになっている（限度を定めるとすれば、20ha以下であり、それ以上の限度指定はしない）。

　　この基準の運用方針としては、水源かん養保安林のうち急傾斜地の森林及び保安施設事業の施行地等の森林その他森林施業上当該森林と同一の取扱いをすることが適当と認められる森林、土砂流出防備保安林、飛砂防備保安林、干害防備保安林及び保健保安林については、原則として1箇所当たりの面積の限度を設け、水源かん養保安林のうち上記以外の部分、防風保安林、防霧保安林及び魚つき保安林については、必要があるものに限り1箇所当たりの面積を設ける。また、指定するときには、原則として、水源かん養保安林、防風保安林、防霧保安林及び魚つき保安林については20ha以下、その他の保安林にあっては10ha以下の範囲内において定める。なお、ここで注意することは、上記の限度は、同一の単位とされる保安林について必ずしも同一とする必要はないことである（基本通知）。

（ウ）　防風保安林又は防霧保安林における皆伐についての残存林分の条件

　　これらの保安林の皆伐については、原則として、その保安林のうちその立木の全部又は相当部分がおおむね標準伐期齢以上である部分が幅20m以上にわたり帯状に残存することとなるようにすることとしている。

　　(注)　皆伐することができる「1箇所」の定義

　　　　令別表第2の第2号（1）ロの1箇所とは、立木の伐採により生ずる連続した伐採跡地（連続しない伐

採跡地があっても、相隣する伐採跡地で当該伐採跡地間の距離（当該伐採跡地間に介在する森林（未立木地を除く。）又は森林以外の土地のそれぞれについての距離をいう。）が20メートル未満に接近している部分が20メートル以上にわたっているものを含む。）をいう。（例1）

　ただし、形状が一部分くびれている伐採跡地でそのくびれている部分の幅が20メートル未満であり、その部分の長さが20メートル以上にわたっているものを除く。（例2）

　なお、形状が細長い伐採跡地であらゆる部分の幅が20メートル未満であるもの及びその幅が20メートル以上の部分があってもその部分の長さが20メートル未満であるものについては、令別表第2の第2号（1）ロの規定は適用されないものとする。（例3）

例1 （1箇所となるもの）

例2 （1箇所とならないもの）

例3 （1箇所当たりの皆伐限度面積の適用が除外されるもの）

　イ　択伐の限度

　　　伐採年度ごとに択伐による伐採をすることができる立木の材積は、原則として、次の数
　　に相当する材積を超えてはならないこととしている。

伐採限度材積＝〔現有蓄積〕－〔前回の伐採後の立木材積〕

　ただし、基本通知で、この前回の伐採は通常の森林施業として行われるものをさし、前回の伐採が規則第60条第１項第１号から第９号までに掲げる伐採に当たる場合には、それ以前の伐採後の立木材積を用いて算出するとの運用方針が定められている。

　上記の省令の規定は、規則第56条において、既に択伐林として施業されている森林と保安林指定後最初に択伐を行う森林とにわけて、択伐率の算出方法を指示している。

（ア）　保安林指定後最初に択伐を行う森林についての択伐率算出方法

　　３／10（植栽義務が定められている森林については４／10）×（係数）

　ただし、植栽義務が定められている森林につき、算出された率が（ウ）の算式により算出された率を超えるときは、（ウ）の算式により算出された率とする。なお、上式の係数は、当該森林の立木の材積その他立木の構成状態に応じて、指定施業要件を定める者が定める。

　この係数については、基本通知で次の運用方針が示されている。

　(a)　標準伐期齢以上の立木の材積が全体の立木の材積の30％（植栽義務が定められている森林については40％）以上である森林はその森林の立木度をもって係数とする。

　　ただし、この場合の立木度は、現実の林分蓄積とその林分の林齢に相応する期待蓄積とを対比して10分率をもって表わすものとし、蓄積を掲上するに至らない幼齢林分においては、蓄積にかえて本数を用いて対比する（(b)についても同じ。）

　(b)　その他の森林

　その森林の標準伐期齢以上の立木の材積が全立木材積の30％（植栽義務が定められている森林については40％）以上となる時期において推定される立木度とし、それに将来の成長状態を加味して±１／10の範囲内で調整して定める。

　　なお、この関係を具体例で説明すると、例えば、標準伐期齢が40年とされている現在15年生の一斉林について、最初に行う択伐率を定めるには、25年後の立木度を推定して求め、これを係数として用いる。この場合に、25年後の立木度は、現在の立木度に基づいて将来の成長状態を予測して±１／10の範囲内で調整する。例えば、現在の立木度が0.8であり、将来もこの状態で推移すると見込まれる場合には、立木度に基づいて将来の成長状態は0.8となり、また将来の成長が期待され立木度が増加

すると見込まれる場合には、その分を調整して増すのであるが、いかに将来が期待される場合においても0.1しか加算できないので、0.9が係数となる。

（イ）　植栽義務が定められていない森林についての保安林に指定後第２回以後の択伐をす

る場合の択伐率算出方法

$$\frac{\text{現有蓄積} - \text{前回の伐採後の立木材積}}{\text{現有蓄積}}$$

上記によって算出するが、その値が3／10を超えるときは3／10とする。

（ウ）　植栽義務が定められている森林についての保安林に指定後第2回以後の択伐をする
　　　場合の択伐率

　　　上記（イ）により算出された率又は次の算式により算出された率のいずれか小さい率
とする。ただし、その率が4／10を超えるときは、4／10とする。

$$\frac{Vo - Vs \times \frac{7}{10}}{Vo}$$

　　　Voは、当該伐採年度の初日における当該森林の立木の材積

　　　Vsは、当該森林と同一の樹種の単層林が標準伐期齢に達しているものとして算出される当該単層林の立木の材積

　　　なお、指定施業要件としては以上の旨を定めるにとどめ、具体的な数量は伐採の実施（許可申請又は協議）の時点で、現地調査（適否判定調査）の際に確定されるが、前回の伐採後の立木材積が不明である場合には、（イ）の式に代えて、年成長率（年成長率が不明な場合は、当該伐採年度の初日におけるその森林の立木の立木材積に対する当該森林の総平均成長量の比率）に前回の伐採後の年度数を乗じた択伐率を用いる。

２）　間伐関係

　伐採年度ごとに伐採をすることができる立木の材積は、原則として、当該伐採年度の初日におけるその森林の立木の材積の10分の3.5を超えず、かつ、その伐採によりその森林に係る樹冠疎密度が10分の8を下ったとしても当該伐採年度の翌伐採年度の初日から起算しておおむね5年後においてその森林の当該樹冠疎密度が10分の8以上に回復することが確実であると認められる範囲内の材積を超えないものとする。

（4）　植栽関係

　植栽については、立木を伐採した後において当該伐採跡地が植栽によらなければ的確な更新が困難と認められるものについて指定することとしている（法第33条第1項・令別表第2の注）。

　なお、法第34条第2項の許可又は規則第63条第1項第5号の協議の同意を伴う場合において、保安機能の維持上問題がないと認められるときは、当該許可又は当該同意の際に条件として付した行為の期間内に限り植栽の指定を定めることを要しないものとしている（基本通知）。

ア　植栽の方法

満１年以上の苗(注)を、おおむね、１ヘクタール当たり伐採跡地につき的確な更新を図るために必要なものとして農林水産省令で定める植栽本数以上の割合で均等に分布するように植栽するものとしている。

(注) 令和４年９月の「森林法施行令」、「森林法施行規則」の改正により「満１年未満の苗にあっては、同一の樹種の満１年以上の苗と同等の根元径級及び苗長を有するものを含む。」こととなった。以下、同じ。

ここで、農林水産省令で定める植栽本数とは、

①保安林又は保安施設地区内の森林において植栽する樹種ごとに、次の算式により算出された本数とする。ただし、その算出された本数が3,000本を超えるときは、3,000本とする。

$$3,000 \times \left[\frac{5}{V} \right]^{2／3}$$

Ｖは、当該森林において、植栽する樹種ごとに、同一の樹種の単層林が標準伐期齢に達しているものとして算出される１ヘクタール当たりの当該単層林の立木の材積を標準伐期齢で除して得た数値。

(注) 令和４年９月の「森林法施行規則」の改正により、「ただし、その算出された本数が三千本を超えるときは、三千本とする。」が、「ただし、次の各号のいずれかに該当する場合は、この限りではない。

一　その算出された本数が三千本を超える場合

二　地盤が安定し、土砂の流出又は崩壊その他の災害を発生させるおそれがなく、かつ、自然的社会的条件からみて効率的な施業が可能である場合」　となった。以下同じ。

②択伐による伐採をすることができる森林についての植栽本数は、①にかかわらず、①により算出された本数に、当該伐採年度の初日における当該森林の立木の材積から当該択伐を終えたときの当該森林の立木の材積を減じて得た材積を当該伐採年度の初日における当該森林の立木の材積で除して得られた率を乗じて得た本数とする。

なお、植栽本数の定め方については、基本通知で次の運用方針が定められている。

上式のＶは、原則として、当該森林の森林簿又は森林調査簿（以下「森林簿等」という。）に示されている植栽する樹種に係る地位級（樹種別に伐期総平均成長量を㎥単位の等級に区分したものをいう。以下同じ。）（当該森林の森林簿等に植栽する樹種に係る地位級が示されていない場合には、近傍類似の森林の森林簿等に示されている当該樹種又は当該樹種と同等の生育が期待される樹種に係る地位級）をもって表すこととする。

なお、上式の算出結果は、次のとおりである。

規則付録第8の算式による植栽本数

V	5	6	7	8	9	10	11	12	13	14	15	16	17	18	19	20
$(5/V)^{2/3}$	1.000	0.886	0.800	0.732	0.676	0.630	0.592	0.558	0.529	0.504	0.481	0.461	0.443	0.426	0.411	0.397
植栽本数	3,000	2,700	2,400	2,200	2,100	1,900	1,800	1,700	1,600	1,600	1,500	1,400	1,400	1,300	1,300	1,200

イ 期　間

　　伐採が終了した日を含む伐採年度の翌伐採年度の初日から起算して2年以内に植栽するものとする。

ウ 樹　種

　　樹種については、保安機能の維持又は強化を図り、かつ経済的利用に資することができる樹種として指定施業要件を定める者が指定する樹種を植栽することとしている。

　　なお、樹種については、基本通知で、当該保安林の指定目的、地形、気象、土壌等の状況及び樹種の経済的特性等を踏まえて、木材生産に資することができる樹種に限らず、幅広い用途の経済性の高い樹種を定めることができるとの運用方針が定められている。

（5）　指定施業要件の定め方の実際

　指定施業要件は、現況を正しく把握して、これに基づき正しく指定基準に準拠したものでなければならないとともに、これによって生ずる制限が指定目的を達成するために必要最小限度のものでなければならないことが法律（法第33条第5項）に明示されている。

　指定施業要件は告示で表示されるが、実際の書式を例示すると次のとおりである。

　前述したとおり、指定施業要件は、保安林指定の一内容として定められるものであるが、処分書類（告示及び告示附属明細書）において、これに多くのスペースをさいている。告示という限られたスペースで要点を多数の人に知らせるとともに、より詳しいもの（告示附属明細書）を縦覧に供するという方法をとっているので告示と告示附属明細書が合体してはじめて告示としての形式が整うことになる。

保安林の指定に関する法第33条第1項の規定による告示の文例

〇農林水産省告示第　　号

森林法（昭和二十六年法律第二百四十九号）第二十五条第一項の規定により、次のように保安林の指定をする。

平成　年　月　日

農林水産大臣　氏　名

一、保安林の所在場所

〇〇県〇〇郡〇〇町大字〇〇字長谷一から九まで、一五、一六、一八、二〇、字城山八、九、一三、二〇（次の図に示す部分に限る。）

二、指定の目的

土砂の流出の防備

三、指定施業要件

(一)　立木の伐採の方法

1.　次の森林については、主伐に係る立木の伐採を禁止する。

字城山八

2.　次の森林については、主伐は、択伐による。

字城山九、十三（次の図に示す部分に限る。）、二〇

3.　その他の森林については、主伐に係る伐採種を定めない。

4.　主伐として伐採をすることができる立木は、当該立木の所在する市町村に係る市町村森林整備計画で定める標準伐期齢以上のものとする。

5.　間伐その他特別の場合の伐採に係るものは、次のとおりとする。

(二)　立木の伐採の限度並びに植栽の方法・期間及び樹種

次のとおりとする。

（「次の図」及び「次のとおり」は、省略し、その図面及び関係書類を〇〇県庁及び〇〇町役場に備え置いて縦覧に供する。）

— 35 —

保 安 林 指 定 告 示 附 属 明 細 書

（平成　　年　　月　　日　都道府県告示第　号附属）

1　保安林の所在場所

　　○○県○○郡○○町大字○○字長谷1から9まで、15、16、18、20、字城山8、9、

　13、20（次の図に示す部分に限る。）

2　指定の目的

　　土砂の流出の防備

3　指定施業要件

　（1）　立木の伐採の方法

　　ア　次の森林については、主伐に係る伐採を禁止する

　　　　字城山8所在の森林

　　イ　次の森林については、択伐による。

　　　　字城山9、13、20（次の図に示す部分に限る。）所在の森林

　　ウ　その他の森林については、主伐に係る伐採種を定めない。

　　エ　主伐に係る伐採をすることができる立木は、当該立木が所在する市町村に係る市
　　　町村森林整備計画で定める標準伐期齢以上のものとする。

　　オ　次の森林については、保安林の機能の維持又は強化を図るために樹種又は林相を
　　　改良することが必要であり、かつ、当該改良のためにする伐採が当該保安林の指定
　　　の目的の達成に支障を及ぼさないと認められるときは、平成　年3月31日までに行
　　　う伐採については、ア及びエにかかわらず択伐による伐採をすることができる。

　　　　字城山8　　所在の森林

　　カ　次の森林については、保安林の機能の維持又は強化を図るために……認められる
　　　ときは、平成　年3月31日までに行う伐採については、イ及びエにかかわらず主伐
　　　に係る伐採をすることができる。

　　　　字城山13　　所在の森林

　　キ　次の森林については、保安林の機能の維持又は強化を図るために……認められる
　　　ときは、平成　年3月31日までに行う伐採については、エにかかわらず伐採をする
　　　ことができる。

　　　　字長谷15　　所在の森林

　　ク　間伐に係る伐採をすることができる箇所は、ア及びイに掲げる森林（字城山13を
　　　除く。）以外の森林のうち樹冠疎密度が10分の8以上の箇所とする。

　（2）　立木の伐採の限度

　　ア　伐採年度ごとに皆伐をすることができる面積の限度は、○○川下流（○○市、○

— 36 —

○郡○○町、○○郡○○町、○○郡、○○町、○○町、○○町、○○町、○○町、○○町の地域をいう。）の土砂の流出の防備のために指定された保安林（当該保安林が２以上あるときはその集団。以下アにおいて同じ。）のうちその立木の伐採につき択伐が指定されている森林（保安林の機能の維持又は強化を図るために皆伐による伐採をすることができるものを除く。）及び主伐に係る伐採の禁止を受けている森林以外の森林の面積を当該保安林についての植栽の指定に係る樹種又は更新期待樹種の標準伐期齢（これらの樹種が２以上あるときはそれらの標準伐期齢の面積加重平均年齢）に相当する数で除して得た面積（以下「総年伐面積」という。）に前伐採年度における伐採につき森林法第34条第１項の許可をした面積が当該前伐採年度の総年伐面積に達していない場合にはその達するまでの部分の面積を加えて得た面積とする。

イ　伐採年度ごとに皆伐による伐採をすることができる一箇所当たりの面積の限度は、10ヘクタールとする。

ウ　伐採年度ごとに択伐による伐採をすることができる立木の材積の限度は、当該伐採年度の初日におけるその森林の立木の材積に択伐率（当該伐採年度の初日における当該森林の立木の材積から前回の択伐を終えたときの当該森林の立木の材積を減じて得た材積を当該伐採年度の初日における当該森林の立木の材積で除して得た割合をいい、その割合が10分の３を超えるときは、10分の３とする。）を乗じた材積とする。

　　ただし、保安林の指定後最初に行う択伐による伐採にあっては、次に掲げる森林ごとにそれぞれ次に掲げる率を乗じた材積とする。

　　宇城山18、20所在の森林　　100分の21

　　宇城山13、20所在の森林　　100分の27

エ　上記ウにかかわらず、（３）に定める森林についての伐採年度ごとに択伐による伐採をすることができる立木の材積の限度は、当該伐採年度の初日におけるその森林の立木の材積に択伐率（当該伐採年度の初日における当該森林の立木の材積から前回の択伐を終えたときの当該森林の立木の材積を減じて得た材積を当該伐採年度の初日における当該森林の立木の材積で除して得た割合又は次の算式により算出された割合のいずれか小さい割合をいい、その割合が10分の４を超えるときは、10分の４とする。）を乗じた材積とする。

　　ただし、保安林の指定後最初に行う択伐による伐採にあっては、次に掲げる森林ごとにそれぞれ次に掲げる割合（（３）に定める森林につきその割合が次の算式により算出された割合を超える場合には、次の算式により算出された割合）を乗じた

材積とする。

　　宇長谷1から9、15、16　所在の森林　100分の36

　　宇城山9　所在の森林　100分の28

$$\frac{Vo-Vs\times\frac{7}{10}}{Vo}$$

　　Voは、当該伐採年度の初日における当該森林の立木の材積

　　Vsは、当該森林と同一の樹種の単層林が標準伐期齢に達しているものとして算
出される当該単層林の立木の材積

　オ　伐採年度ごとに間伐に係る伐採をすることができる立木の材積の限度は、原則と
して、当該伐採年度の初日における森林の立木の材積の10分の3.5を超えず、か
つ、その伐採によりその森林に係る樹冠疎密度が10分の8を下ったとしても当該伐
採年度の翌伐採年度の初日から起算しておおむね5年後においてその森林の当該樹
冠疎密度が10分の8までに回復することが確実であると認められる範囲内の材積と
する。

（3）　植　　栽

　ア　次の森林については、伐採が終了した日を含む伐採年度の翌伐採年度の初日から
起算して2年以内に、それぞれ、次に掲げる樹種の満1年生以上の苗を、おおむね
1ヘクタール当たり次に定める植栽本数以上の割合で均等に分布するように植栽す
るものとする。

　　ただし、立竹を伐採し、立木を損傷し、家畜を放牧し、下草、落葉若しくは落枝
を採取し、又は土石若しくは樹根の採掘、開墾その他の土地の形質を変更する行為
について、都道府県知事の許可又は国有林を管理する国の機関があらかじめ都道府
県知事に協議し当該協議の同意（以下「当該許可等」という。）がなされた場合に
おいて、当該許可等がなされた区域内において、当該許可等の際に条件として付し
た行為の期間に限り、植栽することを要しないものとする。

　　宇長谷1から9まで（次の図に示す部分に限る。）所在の森林

　　スギ（2,100本）、ヒノキ（2,200本）又はヤマザクラ（3,000本）

　　宇長谷15、16所在の森林アカマツ（2,700本）

　イ　択伐により伐採をすることができる次の森林については、伐採が終了した日を含
む伐採年度の翌伐採年度の初日から起算して2年以内に、それぞれ、次に掲げる樹
種の満1年生以上の苗を、おおむね、1ヘクタール当たり次に定める植栽本数に、

当該伐採年度の初日における当該森林の立木の材積から当該択伐を終えたときの当該森林の立木の材積を減じて得た材積を当該伐採年度の初日における当該森林の立木の材積で除して得られる率を乗じて算出される植栽本数以上の割合で均等に分布するように植栽するものとする。

　ただし、立竹を伐採し、立木を損傷し、家畜を放牧し、下草、落葉若しくは落枝を採取し、又は土石若しくは樹根の採掘、開墾その他の土地の形質を変更する行為について、都道府県知事の許可又は国有林を管理する国の機関があらかじめ都道府県知事に協議し当該協議の同意（以下「当該許可等」という。）がなされた場合において、当該許可等がなされた区域内において、当該許可等の際に条件として付した行為の期間に限り、植栽することを要しないものとする。

　　宇城山9所在の森林　スギ（3,000本）、ヒノキ（3,000本）又はケヤキ（3,000本）

　　宇長谷1から9まで（次の図に示す部分に限る。）所在の森林

　　スギ（2,100本）、ヒノキ（2,200本）又はヤマザクラ（3,000本）

　　宇長谷15、16所在の森林アカマツ（2,700本）

　　（「次の図」は、保安林指定調査地図のとおり。）

注意事項

1　保安林指定告示附属明細書は、指定に係る保安林ごとに作成する。

2　地番の一部について指定をする場合において記載する「（次の図に示す部分に限る。）」は、当該地番が2以上あるときは、当該末尾の地番の次に「（以上の○筆について次の図に示す部分に限る。）」と記載する。

3　国有林の保安林の所在場所は、地番の次に「（国有林）」と記載する。この場合において、地番が2以上であるときは、当該末尾の地番の次に「（以上○筆国有林）」と記載する。

4　その保安林の全部が禁伐であるときは、本文の3の（1）から（3）までにかかわらず、指定施業要件として「立木の伐採を禁止する。」と記載する。

5　その保安林の全部が択伐又は伐採種を定めないものであるときは、本文の3の（1）のアからウにかかわらず、立木の伐採方法として「主伐は、択伐による。」又は「主伐に係る伐採種を定めない。」と記載する。

6　その保安林の全部について、機能の維持上問題があると認められるときは、本文の3の（3）のア及びイのただし書を記載しない。

7　択伐による伐採をすることができる保安林の全部につき、（3）の植栽の方法、期間及び樹種を指定するときは本文の3の（2）のウを、その保安林の全部につき、（3）の植栽の方法、期間及び樹種を指定しないときは本文の3の（2）のエ本文ただし書中の

括弧書並びに（3）を記載しない。

8 樹種又は林相を改良するための特例の期限は、指定の日に属する伐採年度から起算して10年目に当たる伐採年度の年度末となるようにする。（この場合における指定の日は、原則とし、予定告示の日から90日後とする。）

ただし、標準伐期齢に達するまでの期間が10年未満である森林について伐期齢に関する特例のみを定める場合の期限は、当該標準伐期齢に達する前伐採年度の年度末となるようにする。

（2）指定施業要件の変更

（1）に準ずるものとする。

（6）　指定施業要件の変更

農林水産大臣又は都道府県知事は、保安林について、当該保安林に係る指定施業要件を変更しなければその保安林の指定目的を達成することができないと認められるに至ったとき、又は当該保安林に係る指定施業要件を変更してもその保安林の指定の目的に支障を及ばさないと認められるに至ったときは、当該指定施業要件を変更することができる（法第33条の2第1項）。指定施業要件の変更についても申請の途が開かれており、申請をすることができる者及び変更の手続等については、保安林の指定、解除と同様の手続による（法第33条の2第2項、第33条の3）。

保安林の指定施業要件は、保安林の現況と保安林の受益対象との関係において内容が定まるが、その後、このいずれかに変化ができたことによって指定施業要件を是正する必要が生じた場合に変更されるものである。

4　保安林の解除

（1）　解除の要件

保安林解除の要件は、1）保安林の指定理由が消滅したとき（法第26条第1項、法第26条の2第1項）、2）公益上の理由により必要が生じたとき（法第26条第2項、法第26条の2第2項）の二つの場合であり、これ以外の理由で保安林の解除が行われることはない。

（2）　解除の権限

保安林解除の権限は、保安林指定の場合と全く同様で、重要流域以外の民有林の1～3号保安林と全ての流域の民有林の4号以下保安林の解除については都道府県知事であり、それ以外

の保安林については全て農林水産大臣である（法第26条、第26条の２）。

（３） 解除の適否判定

１）指定理由の消滅による解除

　　農林水産大臣又は都道府県知事は、保安林について、その指定の理由が消滅したとき
は、遅滞なくその部分につき保安林の指定を解除しなければならない（法第26条第１項、
法第26条の２第１項）。

　　保安林の指定は、指定時の森林の状況その他の事情等を総合的に勘案して公益上の必要
から財産権に制限を課すものであるから、指定後の状況の変化によって保安林の指定の必
要がなくなった場合には、私的財産権の尊重の立場から、農林水産大臣又は都道府県知事
は遅滞なくその指定を解除する法律的義務を負うこととされている。

　　これに該当するのは、おおむね次の場合である。

　（ア）　受益の対象が消滅したとき

　　　　例えば、道路がその受益の対象となっている土砂崩壊防備保安林において、路線
　　　変更により道路が他に移転した場合等がこれに該当する。

　（イ）　自然現象等により保安林が破壊され、かつ、森林に復旧することが著しく困難と
　　　認められるとき

　　　　例えば、潮害防備保安林において、地盤沈下による海没等により保安林が消滅し
　　　た場合がこれに該当する。

　（ウ）　当該保安林の機能に代替する機能を果たすべき施設等（以下「代替施設」とい
　　　う。）が設置されたとき又はその設置が極めて確実と認められるとき

　（エ）　森林施業を制限しなくても受益の対象を害するおそれがないと認められるとき
　　　　例えば、森林所有者と受益者が完全に一致する場合がこれに該当する。

２）　公益上の理由による解除

　　農林水産大臣又は都道府県知事は、公益上の理由により必要が生じたときは、その部分
につき保安林の指定を解除することができる（法第26条第２項、法第26条の２第２項）。

　　これに該当する場合としては、森林を保安林として存置し、森林の保安的機能その他を
十分に活用するという公益上の必要と、保安林として存置することをやめて他の公益目的
に利用することとの比較衡量をした結果に従うことになるが、具体的には、保安林を次に
掲げる事業の用に供する必要が生じたときである。

　ア　土地収用法（昭和26年法律第219号）その他の法令により土地を収用し又は使用で
　　きることとされている事業のうち、国等（国、地方公共団体、地方公共団体の組合、
　　独立行政法人、地方独立行政法人、地方住宅供給公社、地方道路公社及び土地開発公

社をいう。以下同じ。）が実施するもの

イ　国等以外の者が実施する事業のうち、別表（注）に掲げる事業に該当するもの

ウ　ア又はイに準ずるもの

(注) 別表については処理基準及び基本通知の別表3を参照すること。

　　　この場合、注意を要するのは、例えば、ある事業が公益事業であるといっても直ちに保安林の解除を要す
　るものではない。保安林も公益のために存在するものであるから、所定の要件を備えるものでなければ解除
　すべきではない。この要件については、次の「転用のための保安林解除」を参照されたい。

3）　転用のための保安林解除

　　保安林解除の理由となり得るのは、前掲の指定理由の消滅又は公益上の理由により必要
　が生じた場合のいずれかであり、これは、解除の事案を権限者が審査して法律的に認定す
　ることであるが、角度をかえて、事案の内容を解除後の利用目的別に見ると、将来とも森
　林のまま維持するものと森林以外の用途に供する（転用する）ものとの2種に分けること
　ができる。そして、この転用のための保安林解除の要請の増大は、我が国の経済の発展と
　用地事情の窮迫がもたらしたものであるが、保安林解除の取扱いにおいても転用のための
　保安林解除を他のものと区別して取扱う必要があるとされ、昭和36年5月「保安林の転用
　にかかる解除の取扱いについて」（36林野治第420号、林野庁長官通知）が定められ、以
　来、転用のための保安林解除という処理の一分野が形成され、昭和43年7月の森林法施行
　規則の改正（農林省令第51号）においては申請書の添付書類を整備するための改正も行わ
　れた。

　　昭和49年5月法律第39号により森林法の一部改正が行われ、保安林等以外の民有林につ
　いは、林地開発許可制度が導入されたことに伴い、前記通知（36林野治第420号）が廃止
　され、法第25条第1項第1号から第7号までに掲げる目的を達成するため指定された保安
　林についての転用に係る解除については、新たに「保安林の転用に係る解除の取扱いにつ
　いて」（昭和49年10月31日付け49林野治第2527号林野庁長官通知）が定められた。

　　更に、我が国の経済・社会の発展に伴い、森林の保全と森林の適切な土地利用との調整
　がより重要な課題となっていく中で、極力森林の機能を維持していくため、前記通達（49
　林野治第2527号）が廃止され、新たに「保安林の転用に係る解除の取扱い要領の制定につ
　いて」（平成2年6月11日付け2林野治第1868号林野庁長官通知）が定められ、より厳正
　かつ適切な処理が図られている。

ア　解除の方針

　　保安林は、制度の趣旨からして森林以外の用途への転用を抑制すべきものであり、転
　用のための保安林の解除に当たっては、保安林の指定の目的並びに国民生活及び地域社
　会に果たすべき役割の重要性にかんがみ、地域における森林の公益的機能が確保される

よう森林の保全と適正な利用との調整を図る等厳正かつ適切な措置を講ずるとともに、当該転用が、保安林の有する機能に及ぼす影響の少ない区域を対象とするよう指導するものとする。

第1級地については、「公益上の理由」による解除のうち、転用の態様、規模等からみて国土の保全等に支障がないと認められるものを除き、原則として解除は行わないものとする。

第2級地については、地域における保安林の配備状況等及び当該転用の目的、態様、規模等を考慮の上、やむを得ざる事情があると認められ、かつ、当該保安林の指定の目的の達成に支障がないと認められる場合に限って転用に係る解除を行うものとする。

(ア) 第1級地

次のいずれかに該当する保安林とする。

ア) 法第10条の15第4項第4号に規定する治山事業の施行地（これに相当する事業の施行地を含む。）であるもの（事業施行後10年（保安林整備事業、防災林造成事業等により森林の整備を実施した区域にあっては事業施行後20年（法第39条の7第1項の規定により保安施設事業を実施した森林にあっては事業施行後30年））を経過し、かつ、現在その地盤が安定しているものを除く。）

イ) 傾斜度が25度以上のもの（25度以上の部分が局所的に含まれている場合を除く。）その他地形、地質等からして崩壊しやすいもの

ウ) 人家、校舎、農地、道路等国民生活上重要な施設等に近接して所在する保安林であって、当該施設等の保全又はその機能の維持に直接重大な関係があるもの

エ) 海岸に近接して所在するものであって、林帯の幅が150メートル未満（本州の日本海側及び北海道の沿岸にあっては250メートル未満）であるもの

オ) 保安林の解除に伴い残置し又は造成することとされたもの

(イ) 第2級地

第1級地以外の保安林とする。

イ 転用を目的とする解除の要件

保安林の転用に係る保安林の解除については、次の要件を備えなければならない。

(ア) 「指定理由の消滅」による

ア) 用地事情等

保安林の転用の目的に係る事業又は施設の設置（以下「事業等」という。）による土地利用が、その地域における公的な各種土地利用計画に即したものであり、かつ、当該転用の目的、その地域における土地利用の状況等からみて、その土地以外に他に適地を求めることができないか、又は著しく困難であること。

ただし、都道府県が事業主体となり製造場を整備する事業で保安林の指定の解除を伴うもののうち、一定の要件を満たすものについては、これを適用しないものとする。

イ）　面積

　　保安林の転用に係る土地の面積が、次に例示するように当該転用の目的を実現する上で必要最小限度のものであること。

①　法令等により基準が定められている場合には、当該基準に照らし適正であること。

②　大規模、かつ、長期にわたる事業等のための転用に係る解除の場合には、当該事業等の全体計画及び期別実施計画が適切なものであり、かつ、その期別実施計画に係る転用面積が必要最低限度のものであること。

ウ）　実現の確実性

　　次の事項の全てに該当し、申請に係る事業等を行うことが確実であること。

①　事業等に関する計画の内容が具体的であり、当該計画どおり実施されることが確実であること。

②　事業等を実施するもの（以下「事業者」という。）が当該保安林の土地を使用する権利を取得しているか、又は取得することが確実であること。

③　事業者が事業等を行うため当該保安林と併せて使用する土地がある場合において、その土地を使用する権利を取得しているか、又は取得することが確実であること。

④　②及び③の土地の利用、又は事業等について、法令等による許認可等を必要とする場合には、当該許認可等がなされているか、又はなされることが確実であること。

⑤　事業者に当該事業等を遂行するのに十分な信用、資力及び技術があることが確実であること。

エ）利害関係者の意見

　　転用の目的を実現するため保安林を解除することについて、当該保安林の解除に利害関係を有する市町村の長の同意及びその解除に直接の利害関係を有する者の同意を得ているか又は得ることができると認められるものであること。

オ）その他の満たすべき基準

①　保安林の転用に当たっては、当該保安林の指定の目的の達成に支障のないよう代替施設（規則第48条第2項第2号に掲げる施設をいう。）の設置等の措置が講じられたか、又は確実に講じられることについて、（ウ）の規定による都

道府県知事の確認があること。

②　①の代替施設の設置等については、当該施設の設置に係る転用が開発行為の許可制に関する事務の取扱いについて（平成14年３月29日付け13林整治第2396号農林水産事務次官依命通知。）別記の開発行為の許可基準の運用について（以下「開発許可運用基準(注)」という。）の第２から第５まで及び開発行為の許可基準の運用細則について（平成14年５月８日付け14林整治第25号林野庁長官通知。以下「運用細則」という。）に示す基準に適合するものであること。

<small>（注）第３節における「開発許可運用基準」は、第７節　林地開発許可制度においては「運用基準」という。</small>

③　②のほか、事業等に係る転用に伴う土砂の流出又は崩壊その他の災害の防止、周辺の環境保全等については、当該事業等に係る転用が、開発許可運用基準及び運用細則に示す基準に適合するものであること。

ただし、転用に係る保安林の面積が５ヘクタール以上である場合又は事業者が所有権その他の当該土地を使用する権利を有し事業等に供しようとする区域（以下「事業区域」という。）内の森林の面積に占める保安林の面積の割合が10パーセント以上である場合（転用に係る保安林の面積が１ヘクタール未満の場合を除く。）には、運用細則の第２の１及び同細則の表４に代えて別表１に示す基準に適合するものであること。

④　転用に係る保安林の面積が③のただし書に相当する場合であって、水資源のかん養又は生活環境の保全形成等の機能を確保するため代替保安林の指定を必要とするものにあっては、原則として、当該転用に係る面積以上の森林が確保されるものであること

（イ）「公益上の理由」による解除

要件は、前記（ア）のア）〜オ）と同様であるが、国等が実施する場合に限り、（ア）のウ）実現の確実性の⑤（信用、資力及び技術の審査）及びエ）利害関係者の意見は不要である。

（ウ）　代替施設の設置等の確認に関する措置

ア）確認

①　都道府県知事は、解除予定保安林について、法第30条又は法第30条の２第１項の告示の日から40日を経過した後（法第32条第１項の意見書の提出があったときは、これについて同条第２項の意見の聴取を行い、法第29条に基づき通知した内容が変更されない場合又は法第30条の２第１項に基づき告示した内容を変更しない場合に限る。）に、事業者に対し、イの（ア）のオ）の代替施設の

設置等を速やかに講じるよう指導するとともに、当該施設の設置等が講じられたか、又は確実に講じられることについて確認を行うものとする。

　ただし、製造場整備事業が、一定の要件を満たすことを都道府県知事が確認したときは、当該確認を要せず、代替施設の設置等を速やかに講じるよう指導するものとする。

　また、法第32条第2項の意見の聴取を行い、法第29条に基づき通知した内容が変更される場合又は法第30条の2第1項に基づき告示した内容を変更する場合には、法第29条又は法第30条の2第1項に基づき改めて通知又は告示を行うなどの手続を行うことが必要であり、事業者に対し、代替施設の設置等に着手しないよう指導するものとする。

② 　①の確認は、次のものについて行う。

ⓐ 　法第26条第1項及び法第26条の2第1項の規定による解除。

ⓑ 　法第26条第2項及び法第26条の2第2項の規定による解除であって令第2条の3に規定する規模を超え、かつ、法第10条の2第1項第1号から第3号までに該当しないもの。

イ）確認報告

　法第26条の2により規定されている保安林以外のものについては、都道府県知事は、ア）の①確認を了した場合には、速やかに別紙様式により林野庁長官に報告するものとする。

（エ）　告示

　法第33条第1項の規定による解除の告示は、（ウ）のア）の確認を了した後に行うものとする。

ウ　その他手続き上の留意事項

（ア）　都道府県森林審議会への諮問

ア）都道府県知事は、法第27条第3項の規定による意見書の提出に当たっては、都道府県森林審議会の意見を聴し、その結果に基づき適否を明らかにした上、意見書を提出するものとする。

　ただし、転用目的に係る事業等が国又は地方公共団体により行われるもの及び転用に係る面積が1ヘクタール未満のものについては、当該転用の目的、態様等からみて、国土保全等に相当の影響を及ぼすと認められる場合を除き、あらかじめ都道府県森林審議会の意見を聴いて基本方針を定めておき、法第27条第3項の規定による申請書を進達する際に当該方針に照らし適否を判断の上意見書を提出することができるものとする。

イ）法第26条の２により規定されている保安林の転用に係る解除については、都道府県知事は、解除に当たって都道府県森林審議会に対しア）に準じて諮問を行い、その結果を参しゃくの上、解除の適否を判断するものとする。

（イ）　解除予定保安林における法第34条第２項の許可の取扱い

　　　解除予定保安林における代替施設の設置等のため法第34条第２項の許可（以下「作業許可」という。）を行うに当たっては、作業許可の内容（許可に付する条件を含む。）に違反したときは、法第38条第２項の規定による復旧命令等厳正な取扱いをする旨事業者に通告するものとする。

　　　また、当該解除予定保安林において、転用目的以外の用に供し、若しくは供しようとすることが明らかとなった場合又は許可の期間内に、代替施設の設置等が適正に行われないか、若しくは行われる見込みがない場合には、当該解除予定保安林につき解除を行わないことがある旨を事業者にあらかじめ通告するものとする。

（ウ）　事業実施期間が長期にわたる保安林の転用に係る解除事務

　　ア）保安林解除の予定通知

　　　　次に掲げる要件を全て満たすものについては、事業の全体計画に係る保安林の転用区域の全部又は一部について一括して法第29条の通知を行うことができるものとする。

　　　①　保安林の解除が、法第26条第２項に規定する「公益上の理由」によるもの又は当該事業が規則第５条に規定するものであること。

　　　②　事業者が、法第10条の２第１項第１号に規定するものであること。

　　イ）作業許可及び確定告示の取扱い

　　　　ア）による解除予定保安林についての作業許可及び法第33条第１項の告示等（以下「確定告示等」という。）については、次により取り扱うものとする。

　　　①　代替施設の設置等のための作業許可の申請は、期別実施計画に従い予算措置等の見通しが得られた区域から計画的に行うよう事業者に指示するものとする。

　　　②　確定告示等については、代替施設の設置や地番の分筆の措置状況等を踏まえ、まとまりのある区域ごとに逐次行うこととする。

「保安林の転用に係る解除の取り扱い要領の制定について」別表1

開発行為の目的	事業区域内において残置し又は造成する森林又は緑地の割合	森林の配置等
別荘地の造成	残置森林率はおおむね70パーセント以上とする。	1 原則として周辺部に幅おおむね50メートル以上の残置森林又造成森林を配置する。 2 1区画の面積はおおむね1,000平方メートル以上とする。 3 1区画内の建物敷の面積はおおむね200平方メートル以下とし、建物敷その他付帯施設の面積は1区画の面積のおおむね20パーセント以下とする。 4 建物等の高さは当該森林の期待平均樹高以下とする。
スキー場の造成	残置森林率はおおむね70パーセント以上とする。	1 原則として周辺部に幅おおむね50メートル以上の残置森林又は造成森林を配置する。 2 滑走コースの幅はおおむね50メートル以下とし、複数の滑走コースを並列して設置する場合はその間の中央部に1幅おおむね100メートル以上の残置森林を設置する。 3 滑走コースの上、下部に設けるゲレンデ等は1箇所当たりおおむね5ヘクタール以下とする。また、ゲレンデ等と駐車場との間には幅おおむね50メートル以上の残置森林又は造成森林を配置する。 4 滑走コースの造成に当たっては原則として土地の形質変更は行わないこととし、止むを得ず行う場合には、造成に係る切土量は、1ヘクタール当たりおおむね1,000立方メートル以下とする。
ゴルフ場の造成	森林率はおおむね70パーセント以上とする。(残置森林率はおおむね60パーセント以上)	1 原則として周辺部に幅おおむね50メートル以上の残置森林又は造成森林(残置森林はおおむね40メートル以上)を配置する。 2 ホール間に幅おおむね50メートル以上の残置森林又は造成森林(残置森林はおおむね40メートル以上)を配置する。 3 切土量、盛土量はそれぞれ18ホール当たりおおむね150万立方メートル以下とする。
宿泊施設、レジャー施設等の設置	残置森林率はおおむね70パーセント以上とする。	1 原則として周辺部に幅おおむね50メートル以上の残置森林又は造成森林を配置する。 2 建物敷の面積は事業区域の面積のおおむね20パーセント以下とし、レジャー施設に係る1箇所当たりの面積はおおむね5ヘクタール以下とする。 3 レジャー施設の開発行為に係る1箇所当たりの面積は、その間に幅おおむね50メートル以上の残置森林又は造成森林を複数設置する場合は、事業区域内にこれを配置する。
工場、事業場の設置	森林率はおおむね35パーセント以上とする。	1 事業区域内の開発行為に係る森林の面積が20ヘクタール以上の場合は、原則として周辺部に幅おおむね50メートル以上の残置森林又は造成森林を配置する。これ以外の場合にあっても極力周辺部に森林を配置する。 2 開発行為に係る1箇所当たりの面積はおおむね20ヘクタール以下とし、事業区域内にこれを複数造成する場合、その間に幅おおむね50メートル以上の残置森林又は造成森林を配置する。
住宅団地の造成	森林率はおおむね30パーセント以上とする。(緑地を含む。)	1 事業区域内の開発行為に係る森林の面積が20ヘクタール以上の場合は原則として周辺部に幅おおむね50メートル以上の残置森林・緑地を配置する。これ以外の場合にあっても、極力周辺部に森林・緑地を配置する。 2 開発行為に係る1箇所当たりの面積はおおむね20ヘクタール以下とし、事業区域内にこれを複数造成する場合は、その間に幅おおむね50メートル以上の残置森林・緑地を配置する。

土石等の採掘	1　原則として周辺部に幅おおむね50メートル以上の残置森林又は造成森林を配置する。 2　採掘跡地は必要に応じ埋め戻しを行い、緑化及び植栽を行う。また、法面は可能な限り緑化し小段平坦部には必要に応じ客土等を行い植栽をする。

(注)　1　「残置森林率」とは、残置森林（残置する森林）のうち若齢林（15年生以下の森林）を除いた面積の事業区域内の森林の面積に対する割合をいう。
　　　2　「森林率」とは、残置森林及び造成森林（植栽により造成する森林であって、硬岩切土面等の確実な成林が見込まれない箇所を除く。）の面積の事業区域内の森林の面積に対する割合をいう。
　　　3　「ゲレンデ等」とは、滑走コースの上、下部のスキーヤーの滞留場所であり、リフト乗降場、レストハウス等の施設用地を含む区域をいう。

（4） 保健保安林等の解除に関する環境大臣への協議

保安林の指定の場合と同じく、国有林に係る保健保安林及び風致保安林の解除をしようとするときは、農林水産大臣は環境大臣に協議しなければならない（法第26条第3項）。

（5） 林政審議会への諮問

保安林の指定の場合と同じく、農林水産大臣がしようとする解除についてその必要と公平に関する適正な判断を確保するために、農林水産大臣が必要と認めたときは林政審議会に諮問することができる。（法第26条第3項）。

都道府県知事の権限に属するものについては、都道府県知事は都道府県森林審議会へ諮問することができる（法第26条の2第3項）。

5　保安林の指定・解除の手続
（P63別表参照）

（1） 手続の発端

保安林の指定・解除（指定施業要件の変更を含む。）（以下「指定等」という。）は、その権限を有する農林水産大臣又は都道府県知事がその必要を認めれば指定等をすることができるが、利害関係者等が申請することもできる（法第25条、第25条の2、第26条、第26条の2、第27条、第33条の2）こととしており、保安林の配備を実情に即したものとするようになっている。

すなわち、前者は農林水産大臣又は都道府県知事の自らの意思に基づいて手続が発動されるのに対し、後者は申請に基づいて受動的に行われるものである。

実務上は、前者を「認定による手続」、後者を「申請による手続」と呼んでいる。

なお、両者の差異は手続の発端だけにとどまり、指定等の要否の判断や指定等のために必要な予定通知（法第29条、30条）から確定の処分（法第33条第1項）までの全ての手続について差異はない。

（2） 認定による手続

申請に基づかないで農林水産大臣又は都道府県知事が保安林の指定等を行う場合（すなわち、「認定による手続」を行う場合）においても、農林水産大臣又は都道府県知事は、必要な資料によってその指定等の適否を判断しなければならない。その資料は、農林水産大臣又は都道府県知事が自らの機関を用いて収集する。具体的には、農林水産大臣に対しては、都道府県知事の報告又は森林管理局長の上申という形で提出される。これをするのは、それぞれ通知で定められた特定の場合であって、都道府県知事又は森林管理局長に限られる。この場合の資料

の内容は、申請に基づく資料（申請書及び知事の調書等）の内容と本質的には変わるものではない。

現在、「認定による手続」によって指定等を行っているのは、次のものがある。

1）　森林管理局長の上申による国有林の管理経営に関する法律第2条に規定する国有林野（以下「国有林野」という。）又は旧公有林野等官行造林法第1条の契約に係る土地（以下「官行造林地」という。）についての保安林の指定等（「森林管理局長が行なう保安林及び保安施設地区の指定、解除等の手続について」昭和45年8月8日付け45林野治第1552号林野庁長官通知。以下「局長通知」という。）。

2）　森林管理局長の上申による国有林野事業のために必要な民有保安林（重要流域の1～3号保安林に限る）の解除（局長通知）。

3）「地域森林計画等に基づく保安林の指定、解除等について」（平成24年3月30日付け23林整治第2925号林野庁長官通知）。

（3）　森林管理局長が行う指定等の手続

1）　都道府県知事と森林管理局長との所管区分

森林法上は、国有林の所有者たる国も一個の森林所有者であるが、林野行政における森林管理局の特殊性にかんがみ、保安林制度運用上は、森林管理局長に特別の任を課している。すなわち、農林水産大臣の認定による指定・解除の手続に必要な資料の提出（上申）をすること（前記（2）－1・2））である。

一方、都道府県知事は、自ら申請し又は市長村長及び直接の利害関係者の申請を処理し、また、前記（2）－1・2）のように農林水産大臣の認定による指定・解除の手続に必要な資料を提出（報告）する任を帯びている。

しかしながら、「認定による手続」と「申請による手続」のいずれを行うかによって、都道府県知事と森林管理局長との所管を異にすることとなるので、原則的な取扱い分野を定めておくことが適当であるとの見地から、基本通知及び局長通知で次のように定められている。

ア　国有林野及び官行造林地の保安林の指定の申請は、原則として、当該森林の所在地を管轄する森林管理局長が農林水産大臣に上申し、都道府県知事は国有林野及び官行造林地以外の国有林又は民有林についての指定の申請を行う。ただし、都道府県知事が国有林野又は官行造林地について森林管理局長に協議して申請する場合はこの限りでない。（基本通知）

イ　森林管理局長は、国有林野及び官行造林地について

保安林の指定等を必要と認めるときは、必要な調査を行い農林水産大臣に上申する。

ただし、都道府県知事と協議して都道府県知事が申請することとしたものについてはこの限りではない。（局長通知）

ウ　森林管理局長は、民有林の保安林について国有林野事業のため施設の設置及び直轄治山事業の施行のために保安林の解除を必要とするときは、都道府県知事と協議して当該解除の上申をすることができる。（局長通知）

2）　都道府県知事への意見の照会

森林管理局長は、保安林の指定等の上申をするときは、上申書に基本通知第1の3の（5）及び（6）の書類のほか当該国有林野または官行造林地の所在地を管轄する都道府県知事の当該保安林の指定等に関する意見書を添えて、農林水産大臣に提出する。都道府県知事の意見を求める場合には、基本通知第1の3の（5）及び（6）の書類を添えてするものとする（局長通知）。

（4）　申請による手続

保安林の指定等を希望する者で所定の資格を有する者は、その権限を有する農林水産大臣又は都道府県知事にその申請をすることができる。

1）　申請の資格

保安林の指定等に利害関係を有する地方公共団体の長又はその指定等に直接の利害関係を有する者は、農林水産省令（規則第48条）で定める手続に従い、森林を保安林として指定等すべき旨を書面により農林水産大臣又は都道府県知事に申請することができる（法第27条第1項）。

指定等に直接の利害関係を有する者とは、特定の森林を保安林として指定等しないため、自己の権利又は利益を侵害され又は侵害されるおそれのある者を意味する。具体的には、次のいずれかに該当する者である（基本通知）。

①　保安林の指定等に係る森林の所有者その他権原に基づきその森林の立木竹若しくは土地の使用又は収益をする者

②　保安林の指定等により直接利益を受ける者又は現に受けている利益を直接害され、若しくは害されるおそれがある者

また、地方公共団体（都道府県、市町村、特別区、地方公共団体の組合及び財産区を意味する（地方自治法第1条の3）。）の長については、直接の利害関係のみならず間接の利害関係を有する場合にも保安林の指定等の申請を認めているが、これは、保安林の指定等が適正に行われるのを確保するためである。

2）　申請書の添付書類等

申請は、省令で定める手続に従ってしなければならないことが森林法（法第27条第1

項）の要件であるが、省令（規則第48条）では次のように定められている。

① 申請は、申請書（2通）に図面を添えてすること（規則第48条第1項）（この場合の申請書の様式は、「森林法施行規則の規定に基づき申請書等の様式を定める件」昭和37年7月2日農林省告示第851号で定められている。）。

② 申請者が国の機関の長又は地方公共団体の長以外の者であるときは当該申請者が当該申請に係る指定等に直接の利害関係を有する者であることを証する書類を添付すること（規則第48条第2項）。（この書類については、「保安林及び保安施設地区に関する改正森林法施行規則の運用について」（昭和43年12月14日付け43林野治第2482号・林野庁長官から都道府県知事あて通知、森林管理局長にも参考送付）で説明されているが、ここでは説明を省略する。）

③ 申請者が保安林を森林以外の用途に供すること（以下「転用」という。）を目的としてその解除を申請する者であるときは次の各号に掲げる書類を添付すること（規則第48条第2項）。（この書類の内容については、前記43林野治第2482号通知で説明されているが、ここでは説明を省略する。）

（ア） 転用の目的に係る事業又は施設に関する計画書（第1号）

（イ） 転用に伴って失われる当該保安林の機能に代替する機能を果すべき施設の設置に関する計画書（第2号）

（ウ） 前2号の事業又は施設の設置について行政庁の免許、許可、認可その他の処分を必要とする場合には、当該処分に係る申請の状況を記載した書類（既に処分があったものについては、当該処分があったことを証する書類）（第3号）

（エ） 転用の目的に係る事業を行い、又は施設を設置する者（国、地方公共団体及び独立行政法人等登記令第1条に規定する独立行政法人等を除く。）が、法人である場合には当該法人の登記事項証明書、法人でない団体である場合には代表者の氏名並びに規約その他当該団体の組織及び運営に関する定めを記載した書類（第4号）

3） 都道府県知事の経由

都道府県知事以外の者が保安林の指定又は解除を農林水産大臣に申請する場合には、その森林の所在地を管轄する都道府県知事を経由しなければならない（法第27条第2項）。

4） 申請書の進達

都道府県知事は、3）の場合には、遅滞なくその申請書に意見書を附して農林水産大臣に進達しなければならない（法第27条第3項）。

この場合には、都道府県知事は、自らの意見を述べるため及び農林水産大臣が判断をし、また、手続を行うための資料として、前記の申請書及び意見書のほかに、次の書類を添付して進達しなければならない（基本通知）。

（ア）　指定、解除、指定施業要件変更調書

（イ）　同　　調査地図

（ウ）　同　　位置図

（エ）　その他必要な書類

　　　　この書類には、次のa〜cを含むものとされる。

　　　a　都道府県森林審議会に諮問した場合にあってはその答申書の写し

　　　b　申請に係る森林が国有林である場合にあっては当該国有林を管理する国の機関
　　　　の長（国有林野又は官行造林地にあっては、所轄の森林管理局長）の意見

　　　c　当該森林の現況を明らかにする写真

　なお、国有林に係る保健又は風致の保存のための保安林の指定について申請をする場合
には、法第27条第3項の意見書、規則第48条の書類及び4）に掲げる書類のほかその写し
を1部添付するものとする（基本通知）。

5）　申請の却下

　申請が次に該当するときは、都道府県知事はその申請を進達しないで却下することができ
きる（法第27条第3項但し書）。

（ア）　法第27条第1項の条件を具備しないとき

　　例　申請資格を有しない者からの申請、省令で定められた手続（規定の様式、2通提
　　　出、必要書類の添付）によらない申請

（イ）　法第28条の規定に違反するとき

　　　農林水産大臣又は都道府県知事が法第27条第1項に係る指定又は解除をしない旨の
　　　処分をしたときは、その申請をした者は、実地の状況に著しい変化が生じた場合でな
　　　ければ、再び同一の理由で同項の申請をしてはならない（法第28条）。

6）　国有林の取り扱い

　林野庁所管の国有林の場合、事業者の直接の利害関係者に該当しないことから、直営の
申請の手続きに準じて、森林管理局長に必要な書類を提出し、森林管理局長が都道府県知
事への意見照会を行った上で、林野庁へ上申する。

（5）保安林を転用する必要が生じた場合の事務手続き

　保安林を森林以外の用途に供する必要が生じた場合の事前相談を含めた事務手続きの運用
は、「保安林の指定の解除に係る事務手続について」（令和3年6月30日付け3林整治第478号
林野庁長官通知）に整理されており、その中で、申請書類一覧や書類の様式についても、関係
通知のP269以降に記載されている。その概要を以下に示す。

1）　転用を目的とした保安林解除の申請に係る事前相談

転用を目的とした保安林解除申請をしようとする事業主体から、都道府県知事に対し、申請に先立ち、申請書類の作成等に係る相談（事前相談）があった場合には、次により対処する。なお、事前相談は、事業主体の任意で行われるものであって、その有無によって当該事業主体に対して不利益となるものであってはならない。

① 事前相談の手続きの流れや対象項目等

   ア 事前相談においては、事案の内容（転用の目的、開発行為の耐用及び規模、事業の実施時期等）とともに、相談項目（解除の要件等）について十分聴取の上、関連する法令等を示した上で留意事項（保安林解除申請の手続の流れ、申請書類の作成要領等）を説明する。

   イ 事前相談は、書面（電磁的記録を含む。）により行う。ただし、事業主体からの情報提供にとどまるものについては、この限りではない。

   ウ 回答は、書面により行う。ただし、口頭や資料提示等により直ちに回答できるものについては、この限りでない。

   エ 事業主体から、申請書類の確認を求められた場合には、申請書類の不備等の形式上明らかなものについて補正項目を助言する。

② 事前相談の回答に要する期間

   回答は、事前相談があった日から起算して2週間（14日）以内に、事業主体から申請書類の確認（上記①エ）を求められた場合にあっては1か月（30日）以内に行うよう努める。

   これらの期間内での回答が困難な場合は、事業主体にその理由及び回答時期の見通しを示すよう努める。

   なお、回答に対する事業主体からの応答は任意とされている。

③ 事前相談内容の記録及び進行管理

   事前相談で聴取した内容は記録し、その進行管理に努め、事務処理の一層の迅速化を図る。

2) 保安林解除申請への対処

  保安林解除申請があった場合には、都道府県知事は、次により対処する。

① 申請書類の形式確認

   申請書類に所定の添付書類が具備されていること及び申請書の記載事項に不備がないことを確認し、申請の形式上の要件に適合しないときは遅滞なく申請者に対して補正を指示し、補正することができないものがあるときは当該申請を却下し、理由を付した書面により申請者にその旨を通知する。

② 申請書類の内容の審査等

申請書類の形式確認後は、遅滞なく当該申請書類の内容の審査等を開始し、事業計画が具体的で申請書類の内容について不備のないことが確認できるものについては、所要の保安林解除調査（現地調査等）を速やかに実施する。申請書類の内容に不備がある場合で、当該不備が補正できるものであるときは遅滞なく申請者にその補正を指示し、補正できないものであるときは、次により対処する。

　ア　農林水産大臣権限に係る保安林解除に当たっては、都道府県知事は当該申請書類にその旨を記載した意見書を付して、農林水産大臣に進達する。

　イ　都道府県知事の権限に係る保安林解除に当たっては、都道府県知事は当該保安林の解除をしない旨の処分をする。

　ウ　保安林解除申請に係る事業の実施につき法令等に基づく行政庁の許認可（免許、許可、認可その他処分）を併せて必要とする保安林解除については、当該許認可に係る行政庁と緊密な連携をとりつつ、極力それらと並行的に審査を行うように努める。

　　なお、当該事業の実施につき許認可を必要とするものであって、いまだに行政庁に対する必要な許認可の申請がされていないものについては、速やかに当該申請手続きを行うよう助言するとともに、当該申請を行った場合には、その許認可の種類、申請先、行政庁及び申請年月日を報告するよう申請者に指示する。

③　申請の進行管理及び進行状況の開示

　（ア）　申請に対する補正の指示の内容及び対応状況については記録し、相当期間対応が遅延している申請者に対しては、適宜補正の指示に対する対応状況を確認するなどにより、進行管理に努め、事務処理の一層の迅速化を図る。

　（イ）　申請者の求めに応じ、当該申請に係る審査の進行状況及び当該申請に対する処分の時期の見通しを示すよう努める。

④　理由の提示

　（ア）　審査の結果、解除をしない旨の処分をするときは、申請者に対し、同時にその理由を書面により示す（ただし、当該理由を示さないで処分をすべき差し迫った必要がある場合を除く）。

　（イ）　（ア）のただし書きの場合にあっては、申請者の所有が判明しなくなったときその他処分後において理由を示すことが困難な事情がある時を除き、処分後相当の期間内に、（ア）の理由を示す。

3)　林野庁への情報提供

　都道府県知事は、保安林解除申請（事前相談を含む）の対象地が農林水産大臣の権限に係る保安林又は法第26条の2第4項の規定による農林水産大臣協議を必要とする民有保安林であって、利害関係者との調整が難航しているなど、解除の要件等を満たすことが困難

な事案があった場合にあっては、書面をもって林野庁へ適宜情報提供を行う。

4) 標準処理期間

① 農林水産大臣の権限に係る保安林解除

（ア）国有保安林（国有林野又は官公造林地）

　森林管理局長等が関係書類を受理してから農林水産大臣に上申するまでの標準処理期間は2か月（60日）以内、農林水産大臣が森林管理局長から上申書類を受理してから都道府県知事への解除予定通知を施行するまでの標準処理期間は3か月（90日）以内とする。また、都道府県知事が農林水産大臣から解除予定通知を受理してから解除予定告示を行うまでの標準処理期間は2週間（14日）以内に定めるようお願いする。

（イ）国有保安林（（ア）以外の国有林）又は重要流域内に存する1〜3号民有保安林

　都道府県知事が申請書類を受理してから農林水産大臣に進達するまでの標準処理期間は2か月（60日）以内に定めるようお願いするとされている。農林水産大臣が都道府県知事から進達書類を受理してから都道府県知事への解除予定通知を施行するまでの標準処理期間は3か月（90日）以内としている。また、都道府県知事が農林水産大臣から解除協議通知を受理してから解除予定告示を行うまでの標準処理期間は2週間（14日）以内に定めるようお願いするとしている。

② 都道府県知事の権限に係る保安林の指定の解除

（ア）農林水産大臣と協議を必要とする民有保安林

　都道府県知事が申請書類を受理してから農林水産大臣に協議書を提出するまでの標準処理期間は3か月（90日）以内に定めるようお願いするとしている。

　農林水産大臣が都道府県知事から協議書を受理してから都道府県知事に協議結果通知を施行するまでの標準処理期間は2か月（60日）以内（1号保安林（2号保安林と兼種指定されている場合を除く）は1か月（30日）以内）とする。また、都道府県知事が農林水産大臣から協議結果通知を受理してから解除予定告示を行うまでの標準処理期間は2週間（14日）以内に定めるようお願いするとしている。

（イ）（ア）以外の民有保安林

　都道府県知事が申請書類を受理してから解除予定告示を行うまでの標準処理期間は3か月（90日）以内に定めるようお願いするとしている。

③ 標準処理期間に算入しない期間

次に掲げる期間については、標準処理期間に算入しない。

（ア）都道府県又は林野庁（森林管理局、森林管理署又は森林管理署支署を含む。）の指示により申請者等が関係書類等の補正に要した期間

（イ）上記①（ア）の国有保安林の解除について、森林管理局長からの意見照会に対

し、当該保安林の所在地を管轄する都道府県知事が回答に要した期間

5）　森林管理局長が転用を目的とした保安林の指定、解除の手続

　　1）から3）までを準用するほか、「森林管理局長が行う保安林及び保安施設地区の指定、解除の手続について」（昭和45年8月8日付け林野治第1552号林野庁長官通知）による。

（6）　予定通知等

1）　都道府県知事への通知

　　認定による手続又は申請による手続であるかを問わず、農林水産大臣は、保安林の指定等をしようとするときは、あらかじめその旨及び必要事項を都道府県知事に通知しなければならない（法第29条）。

　予定通知における必要記載事項

　（ア）　指定をしようとするときにあってはその保安林予定森林の所在場所、当該指定の目的及び保安林の指定後における指定施業要件

　（イ）　解除をしようとするときにあってはその解除予定保安林の所在場所、保安林として指定された目的及び当該解除の理由

2）　告示、通知及び掲示

　　都道府県知事は、法第29条の通知を受けたときは、遅滞なく、農林水産省令で定めるところにより、その通知の内容を告示し、その森林の所在する市町村の事務所に掲示するとともに、その森林の所有者及びその森林に関し登記した権利を有する者にその内容を通知しなければならない。この場合において、保安林の指定又は解除が法第27条第1項の規定による申請に係るものであるときは、その申請者にも通知しなければならない（法第30条）。

　　また都道府県知事は、国有林の保安林又は法第25条第1項第1号から第3号までに掲げる目的を達成するための民有林の保安林（同項に規定する重要流域内に存するものに限る。）につき法第30条（第33条の3において準用する場合を含む。）の規定による告示をしたときは、遅滞なく、当該告示の写しを林野庁長官あて送付するものとしている（基本通知）。

（7）　意見書の提出

1）　意見書の提出

　　法第27条第1項に規定する者は、法第30条第1項の告示があった場合においてその告示の内容に異議があるときは、農林水産省令で定める手続に従い、法第30条の告示にあって

は都道府県知事を経由して農林水産大臣に、意見書を提出することができる。この場合には、その告示の日から30日以内に意見書を都道府県知事に差し出さなければならない（法第32条第1項）。

　この意見書は、所定の様式（「森林法施行規則の規定に基づき申請書等の様式を定める件」昭和37年7月2日農林省告示第851号）に合致するものでなければならない。

　また、法第32条第1項の規定による意見書の提出部数は2通とするものとし、当該意見書を提出しようとする者が国の機関の長又は地方公共団体の長以外の者であるときは、当該意見書のほか、当該意見書を提出しようとする者が当該意見書の提出に係る保安林の指定若しくは解除又は指定施業要件の変更に直接の利害関係を有する者であることを証する書類を添付しなければならない（規則第51条）。

2）　意見書の受理

　意見書の提出があったときは、都道府県知事は、意見書を受け取って形式的に適法かどうかを審査し、不適法であって補正することができるものであるときは相当の期間を定めて補正させる。

3）　意見書の進達等

　意見書の提出に係る保安林の指定等が農林水産大臣の権限に属するものである場合は、当該意見書に都道府県知事の意見を付して農林水産大臣に進達しなければならない（基本通知）。

　意見書の提出に係る保安林の指定等が都道府県知事の権限に属するものである場合には、都道府県知事は意見の聴取の手続を行わなければならない。この場合において、都道府県知事は、当該意見書の写しを農林水産大臣に送付しなければならない（法第32条第2項後段）。

（8）　公開による意見の聴取

1）　意見の聴取の趣旨

　農林水産大臣又は都道府県知事は、法第32条第1項の意見書の提出があったときは、公開による意見の聴取を行わなければならない（法第32条第2項）。

　この意見の聴取は、一定の資格を有する者から提出された適法な異議意見書について、その内容をよく聞いて指定等の適正な判断に資することを目的とするものであって、討論をして結論を導き、あるいは反対意見の者を説得しようとするものではない。

　また、意見聴取会で陳述された意見は、指定等の決定を下すに当たって尊重されるべきであるが、農林水産大臣又は都道府県知事を法的に拘束するものではない。

2）　意見の聴取の期日等の通知及び公示

農林水産大臣又は都道府県知事は、意見の聴取をしようとするときは、その期日の1週間前までに意見聴取会の期日及び場所を意見書提出者に通知するとともにこれを公示しなければならない（法第32条第3項）。この場合の「1週間前までに……通知」とは、意見聴取会の期日の前日を第1日として逆算して7日目に当たる日以前に通知が到達することを意味する。

　　「公示」は、農林水産大臣が行う場合にあっては官報に、都道府県知事が行う場合にあっては都道府県公報に掲載してするとともに、それぞれ関係市町村の事務所及び意見の聴取の場所に掲示してしなければならない（基本通知）。

3）　意見聴取会の運営

　　意見聴取会の運営に関しては規則第52条に規定されているが、その趣旨は次のとおりである。

①　意見聴取会及び主宰者

　　意見の聴取は、意見聴取会という場所において行う。また、この主宰は農林水産大臣若しくは都道府県知事又はその指名する者が議長となって行う（第1項）。

②　代理人の出席

　　意見書の提出をした者（以下「意見書提出者」という。）がその代理人を意見聴取会に出席させようとするときは、代理人1人を選任し、当該選任に係る代理人の権限を証する書面に代理人の氏名及び住所を記載して、これを意見聴取会の開始前に議長又は議長の指名する者に提出しなければならない（第2項）。

③　意見の陳述

　　議長は、意見聴取会において、出席した意見書提出者又はその代理人に異議の要旨及び理由を陳述させるものとする。ただし、議長は、その者が正当な理由がないのに異議の要旨及び理由を陳述しないと認めるときは、その者がその陳述をしたものとして意見聴取会の議事を運営することができる（第3項）。

④　陳述時間の制限

　　議長は、意見聴取会の議事の運営上必要があると認めるときは、意見書提出者又はその代理人の陳述について、その時間を制限することができる（第4項）。

⑤　発言の許可

　　意見書提出者又はその代理人は、発言しようとするときは、議長の許可を受けなければならない（第5項）。

　　議長は、特に必要があると認めるときは、意見聴取会を傍聴している者に発言を許可することができる（第6項）。

　　前2項の規定により発言を許可された者の発言は、その意見の聴取に係る案件の範囲

を超えてはならない（第7項）。

⑥　意見聴取会の秩序維持

　　第4項の規定によりその陳述につき時間を制限された者がその制限された時間を超えて陳述したとき、又は第5項若しくは第6項の規定により発言を許可された者が前項の範囲を超えて発言し、若しくは不穏当な言動があったときは、議長は、その陳述若しくは発言を禁止し、又は退場を命ずることができる（第8項）。

　　議長は、意見聴取会の秩序を維持するため必要があるときは、その秩序を乱し、又は不穏な言動をした者を退場させることができる（第9項）。

⑦　意見聴取会の経過に関する調書の作成

　　議長は、意見聴取会の終了後遅滞なく意見聴取会の経過に関する重要な事項を記載した調書を作成し、これに記名しなければならない（第10項）。

（9）　指定又は解除の処分（確定処分）

1）　除斥期間

　　農林水産大臣又は都道府県知事は、法第30条又は第30条の2第1項の告示の日から40日を経過した後（意見書の提出があったときは、意見の聴取をした後）でなければ指定等をすることができない（法第32条第4項）。

2）　告示及び通知

　　農林水産大臣は、保安林の指定をする場合には、その旨並びにその保安林の所在場所、指定の目的及び指定施業要件（立木の伐採の方法及び限度並びに立木を伐採した後において当該伐採跡地について行う必要のある植栽の方法、期間及び樹種をいう。）を告示するとともに、関係都道府県知事に通知しなければならない（法第33条第1項）。

（告示の文例は P35参照）

　　農林水産大臣は、保安林の指定を解除する場合には、その旨並びにその保安林の所在場所、保安林として指定された目的及び当該解除の理由を告示するとともに関係都道府県知事に通知しなければならない（法第33条第1項）。

　　ただし、法第26条第1項（指定理由の消滅）による解除、又は法第26条第2項（公益上の理由）による解除であって、令第2条の3に規定する規模を超え、かつ、法第10条の2第1項第1号から第3号までに該当しないものの解除をする場合は、都道府県知事から代替施設の設置等の確認の報告（P46－イ）を受けてから行わなければならない。保安林の指定又は解除は、前項の告示によって効力を生ずる（法第33条第2項）。

3）　森林所有者等への通知

　　都道府県知事は、法第33条第1項の通知を受けたときは、その内容を森林所有者、申請

者等に通知しなければならない（法第33条第3項）。

6　保安林予定森林における制限

　都道府県知事は、法第30条及び法第30条の2の告示があった保安林予定森林について、所定の手続を経て90日を超えない期間内において、立木竹の伐採又は土石若しくは樹根の採掘、開墾その他の土地の形質を変更する行為を禁止することができる（法第31条、規則第50条）。

　なお、この規定は国有林にも適用があるので、都道府県知事が必要を認めれば同様な禁止をすることができることになっている。

（別表）保安林指定・解除（指定施業要件の変更を含む。）手続図

（1） 禁止行為の内容（法第31条）

　立木竹の伐採又は土石若しくは樹根の採掘、開墾その他の土地の形質を変更する行為は全て禁止の対象となし得る旨規定されており、また、規定の趣旨が現状維持を目的とすることから、これらの行為の全てを禁止することも可能である。しかし、現実に禁止するべき行為は、その保安林予定森林が保安林となった場合に予定される制限を勘案し、当該制限の範囲内に限定すべきである。

（2） 禁止の手続（法第31条、規則第50条）

　都道府県知事は、特定の行為を禁止しようとする場合には、禁止の対象となる保安林予定森林（又はその部分）の所在場所、禁止すべき行為の内容及び禁止の期間を都道府県公報に告示し、その内容をその保安林予定森林の所在する市町村の事務所に掲示するとともに、その内容を記載した書面を、その保安林予定森林において立木竹の伐採又は土石の採掘その他の土地の形質の変更をする行為をなし得る者に送付しなければならない。

　なお、損失補償もせず、私権を制限するわけであるから、禁止の期間は必要最小限に抑えるべきであり、むしろ、本指定をこそ急ぐべきであるとする趣旨から90日を超えない期間内とされている。

　なお、この期間は、通算して90日以内と解されるから、この範囲での延長は可能である。

7　保安林における制限

　保安林における制限には、立木の伐採制限（法第34条第1項、第34条の2、第34条の3）と土地の形質の変更等の制限（法第34条第2項）との二つがある。

（1） 立木の伐採許可（法第34条第1項）

　1）　許可を要する伐採

　　保安林においては、政令で定めるところにより、都道府県知事の許可を受けなければ、立木の伐採をしてはならない。ただし、以下の許可を要しない伐採に該当する場合は、この限りではない（法第34条第1項）。

　2）　許可を要しない伐採

　　次の場合には許可を要しない。なお、特定認定森林所有者が特定認定に係る森林保健機能増進計画に従って森林保健施設を整備するために行う立木の伐採については法第34条第1項本文、第34条の2第1項、第34条の3第1項及び第34条の4本文の規定は適用しない（増進法第8条第1項）。

また、「木材の安定供給の確保に関する特別措置法」（平成8年法律第47号）第9条に定める要件を満たすとして都道府県知事が認定した計画に基づいて伐採する場合には、特例として許可があったものとみなすこととされている。その他、東日本大震災復興特別区域法（平成23年法律第122号）、福島復興再生特別措置法（平成24年法律第25号）、大規模災害からの復興に関する法律（平成25年法律第55号）及び農林漁業の健全な発展と調和のとれた再生可能エネルギー電気の発電の促進に関する法律（平成25年法律第81号）においても、同様の規定がなされている。

ア　法令又はこれに基づく処分により伐採の義務のある者がその履行として伐採する場合（法第34条第1項第1号）。該当事例は、次のようなものである。

（ア）　森林病害虫等防除法第3条の規定による被害木の伐倒命令若しくは第5条の規定による病害虫等の駆除のための伐倒命令

（イ）　道路法第44条の規定による危険防止のための伐採命令

イ　法第34条の2第1項に規定する択伐による立木の伐採をする場合（法第34条第1項第2号）。

ウ　法第34条の3第1項に規定する間伐のための立木の伐採をする場合（法第34条第1項第3号）。

エ　法第39条の4第1項の規定により地域森林計画に定められている森林施業の方法及び時期に関する事項に従って立木の伐採をする場合（法第34条第1項第4号）。

　これは、特定保安林として指定された保安林内の要整備森林において、指定の目的に即して機能するため立木を伐採する場合である。

オ　森林所有者等が法第49条第1項の許可を受けて伐採する場合（法第34条第1項第5号）。

　これは、森林所有者等が、森林施業に関する測量又は実地調査のため市町村の長の許可を受けて他人の土地に立ち入り、又は測量若しくは実地調査の支障となる立木竹を伐採する場合である。

カ　法第188条第3項の規定に基づいて伐採する場合（法第34条第1項第6号）。

　これは、森林法施行のため必要があるときは、農林水産大臣、都道府県知事又は市町村の長は、当該職員に、他人の森林に立ち入って、測量、実地調査、又は標識を建設させ、測量、実地調査又は標識建設の支障となる立木竹を伐採させることができることになっているので、この関係の伐採を行う場合である。

キ　火災・風水害その他の非常災害に際し緊急の用に供する必要がある場合（法第34条第1項第7号）。

　これにより立木を伐採した場合は、法第34条第9項及び規則第66条に基づき、30日以

内に都道府県知事に届出書を提出しなければならない。

ク　除伐する場合（法第34条第1項第8号）。

ケ　その他省令で定める場合（法第34条第1項第9号・規則第60条第1項第1号～第10号）。

（ア）　国又は都道府県が、法第41条の保安施設事業、砂防法第1条の砂防工事又は地すべり等防止法による地すべり防止工事若しくはぼた山崩壊防止工事を実施するため立木を伐採する場合（第1号）。

（イ）　法令又はこれに基づく処分により、測量、実施調査又は施設の保守の支障となる立木を伐採する場合（第2号）。

（例）測量法第16条及び第17条、漁業法第122条、鉱業法第101条、国土調査法第26条及び第28条、電気通信事業法第136条、電気事業法第61条の規定又はこれらの規定に基づく処分により、測量・実地調査又は施設の保守の支障となる立木を伐採する場合。

（注）施設の設置を行うため必要があるときは障害となる立木を伐採することができる旨を規定している法令（たとえば電気事業法第61条）があるが、これに該当する伐採は本号に該当しない（施設の設置は、保安林の解除又は法第34条第2項の作業許可の関係である。）

（ウ）　倒木又は枯死木を伐採する場合（第3号）。

このなかには、傾斜木や、枯損木でも枯死に至らないものは含まれない。

（エ）　こうぞ、みつまたその他農林水産大臣が定めるかん木を伐採する場合（第4号）。

「その他農林水産大臣が定めるかん木」は、現在のところ定められていない。

（オ）　法第34条第2項の規定による許可を受けて、当該保安林の機能に代替する機能を有する施設を設置し、又は当該施設を改良するため、あらかじめ都道府県知事に届け出たところに従って立木を伐採する場合（第5号）。

この場合には、転用に係る解除予定保安林で、代替施設の設置を行う場合も含まれる。

（カ）　樹木又は林業種苗に損害を与える害虫、菌類及びバイラスであって都道府県知事が指定するものを駆除し、又はそのまん延を防止するため、あらかじめ都道府県知事に届け出たところに従って立木を伐採する場合（第6号）。

この場合の「害虫、菌類及びバイラス」（以下「害虫等」という。）は、森林病害虫等防除法第2条に規定する森林病害虫等も含み、指定は、都道府県公報に害虫等の種類を公示して行う。なお、森林病害虫等防除法施行令第1条第1号及び第9号に掲げる森林病害虫等以外の害虫等を指定しようとするときは、あらかじめ指定を必要とする理由等を明らかにして林野庁長官に協議してすることになっている（43

林野治第2482号通知）。

（キ）　林産物の搬出その他森林施業に必要な設備を設置するため、あらかじめ都道府県知事に届け出たところに従って立木を伐採する場合（第7号）。

　　　ここで「林産物の搬出その他森林施業に必要な設備」というのは、木材集積場、防火線、区画線（林班界、小班界等の区画線をいう。）、林道（森林鉄道、索道、自動車道、車道、木馬道、牛馬道をいう。）、歩道、簡易索道、造林小屋、製炭小屋その他これに類するものをいい、これらの設備を設置するため保安林の指定を解除する必要がある場合は本号の届出をする前に解除の手続をとり、その解除の見通しが判明したときに伐採が行われるよう指導する必要がある。また、法第34条第2項の許可を受ける必要がある場合は本号の届出と同時に同項の申請を行い、その許可の見通しが判明したときに伐採が行われよう指導する必要がある（43林野治第2482号通知）。

（ク）　その土地の占有者及びその立木の所有者の同意を得て土地収用法（昭和26年法律第219号）第3条各号に掲げる事業のために必要な測量又は実地調査を行う場合において、その支障となる立木を除去するため、あらかじめ都道府県知事に届け出たところに従って立木を伐採する場合（第8号）。

　　　この場合の「必要な測量又は実地調査」は、同法第14条第1項に規定する当該事業の準備のために行う測量若しくは実地調査又は当該事業により施設を設置するために行う測量若しくは実地調査をいい、測量又は実地調査を行うため法第34条第2項の許可を受ける必要がある場合には、本号の届出と同時に同項の申請を行い、その許可の見通しが判明したときに伐採が行われるよう指導する必要がある（43林野治第2482号通知）。

（ケ）　道路、鉄道、電線その他これらに準ずる設備又は住宅、学校その他の建築物に対し、著しく被害を与え、若しくは与えるおそれがあり、又は当該設備若しくは建築物の用途を著しく妨げている立木を緊急に除去するため、あらかじめ都道府県知事に届け出たところに従って立木を伐採する場合（第9号）。

　　　この場合の「これらに準ずる設備」は、土地収用法第3条各号に掲げるもの及び法令により土地を収用若しくは使用することができることとされている事業により設置された施設並びにこれらに類するもので建築物以外のものをいい、「その他の建築物」は、工場、病院、集会場、旅館その他にこれら類するものをいう。また、「著しく被害を与え」とは、立木が移動し、傾き、又は折れて設備又は建築物に重大な被害を与えている状態をいい、「与えるおそれがあり」とは、放置すれば立木が傾く等により設備又は建築物に重大な損害を与えることが確実と見込まれる場合

をいい、「用途を著しく妨げている」とは、立木が傾く等により設備又は建築物の機能又は効用に著しい支障を及ぼしている場合をいう（43林野治第2482号通知）。

　（コ）国有林を管理する機関があらかじめ都道府県知事と協議するところに従い当該国有林の立木を伐採する場合（第10号）。

　　　　（「5　国の機関が行う協議による伐採」を参照）

3）　許可申請の手続（別表3（P86）参照）

　ア　申請書の様式等

　　　保安林の立木の伐採許可を受けようとする者は、都道府県知事に農林省告示（昭和37年7月2日、農林省告示第851号）で定められた様式の伐採許可申請書（2通）に図面を添えて提出しなければならない（法第34条第1項、令第4条の2、規則第58条、規則第59条、規則第106条の申請書等の様式の告示）。

　イ　申請の時期

　　　皆伐による伐採については皆伐の限度の公表があった日から30日以内に（令第4条の2第2項）、択伐については伐採をする日の30日前までに（令第4条の2第1項）申請書を提出しなければならない。

　ウ　皆伐による伐採の限度の公表

　　　都道府県知事は、伐採年度（毎年4月1日から翌年3月31日までの期間をいう。）ごとに、次の期日（これらの日が日曜日に当たるときは、その翌日、これらの日が土曜日に当たるときは、その翌々日）に、当該伐採年度において皆伐による立木の伐採を許可すべき皆伐面積の限度（同一の単位とされる保安林等において伐採年度ごとに皆伐による伐採をすることができる面積の合計）を公表しなければならない。

　　　前伐採年度の2月1日、当該伐採年度の6月1日、9月1日、12月1日

　　　なお、2月1日に公表する限度は翌年度の全量を、6月1日、9月1日又は12月1日に公表する限度は、前回の公表について許可したものの残量（前回の公表から今回の公表までに保安林の指定、解除又は指定施業要件の変更に伴う面積の異動等があった場合にはこれによる修正をしたもの）である。（令第4条の2第3項、第4項）

　　　この場合の公表すべき限度の算出方法等については「3　指定施業要件－（3）伐採の限度（P26）」参照。

4）　許可の基準

　　　都道府県知事は、立木の伐採の許可の申請が、保安林指定の内容として定められている指定施業要件（立木の伐採の方法及び限度並びに立木を伐採した後において行う必要のある植栽の方法、期間及び樹種をいう。）に定められた伐採方法に適合し、伐採の限度内の面積又は数量であるときは、これを許可しなければならない（法第34条第3項）。

この場合に伐採の方法は適合しても伐採の限度（面積又は数量）を超えるものについては、これを縮減して許可することになっている（法第34条第4項）。この縮減の基準は、令第4条の3に定められているが、その方法は、①皆伐による伐採の合計面積に係るもの（申請が1であるものと2以上であるものとに分れる。）、②皆伐による伐採の1箇所当たりの面積に係るもの、③防風保安林、防霧保安林の残存林帯に係るもの、④択伐による伐採に係るものに分けて定められているが、概要は次のとおりである。

ア　同一の単位とされる保安林等の立木について皆伐による伐採をしようとする申請が2以上ある場合には、おおむね、次により、その申請に係る伐採の面積を当該同一の単位とされる保安林等につき公表された皆伐面積の限度まで縮減する（令第4条の3第1項第1号）。

　a　先ず申請があった伐採面積をその森林の森林所有者別に区分する（したがって、申請者が立木の買受人その他森林所有者以外の者である場合には当該森林の森林所有者を確認して区分する）。

　b　次いで同一の単位とされる保安林等において申請に係る森林の森林所有者が森林所有者となっている森林の面積を集計する。

　c　当該森林所有者別の森林ごとに年伐面積の限度（当該森林所有者が森林所有者となっている森林につき当該申請前に当該伐採年度における皆伐による伐採に係る法第34条第1項の許可がされている場合には、その許可された面積をその年伐面積の限度たる面積から差し引いて得た面積。以下同じ。）を求める。

　　年伐面積の限度は、当該森林所有者が同一の単位とされる保安林等において森林所有者となっている森林のうち指定施業要件としてその立木の伐採につき択伐が指定されている森林及び主伐に係る伐採の禁止を受けている森林以外のものの面積を当該同一の単位とされる保安林等に係る皆伐面積の限度を算出する基礎となる伐期齢に相当する数で除して算出する（令第4条の3第2項、規則第64条）。

　　なお、伐採年度の6月1日、9月1日又は12月1日（これらの日が日曜日に当たるときはその翌日）に公表された残存許容限度が、伐採許可の申請に係る森林の森林所有者が同一の単位とされる保安林等において森林所有者となっている森林の年伐面積の限度たる面積の合計に満たない場合には、当該合計面積に対する残存許容限度の比率を森林所有者別の森林の年伐面積の限度に乗じて得た面積をもって森林所有者別の森林の年伐面積の限度とする。

　d　aにより区分した森林所有者別の申請面積（以下「甲」という。）とcにより算出した森林所有者別の森林の年伐面積の限度（以下「乙」という。）とを対比して、その結果、

① 甲が乙に満たない場合には、当該森林所有者が森林所有者となっている当該同一の単位とされる保安林等に係る伐採については、縮減しない（令第4条の3第1項第1号イ）。

② 甲が乙を超える場合には、当該森林所有者が森林所有者となっている当該同一の単位とされる保安林等に係る伐採については、当該森林の年伐面積の限度（当該森林に係る伐採の申請が2以上あるときは、その申請面積に応じて当該年伐面積の限度たる面積をあん分して得た面積とする。以下同じ。）まで縮減する（令第4条の3第1項第1号ロ）。

e　同一の単位とされる保安林等におけるdの①により縮減しない伐採に係る申請面積の合計と②により縮減して伐採が認められる面積の合計及び両者を合せた総計を算出し、当該総計（以下「甲」という。）と公表された皆伐面積の限度（以下「乙」という。）とを対比して、その結果甲が乙に満たない場合には、甲が乙に達するまでの部分の面積をd②によるとすれば縮減される伐採の申請のその縮減部分の面積に応じてあん分する（令第4条の3第1項第1号ハ）。

f　許可すべき伐採面積

a)　d①に該当する場合には伐採申請面積とする。

b)　d②に該当する場合には当該森林の年伐面積の限度とする。

c)　eに該当してあん分する面積がある場合には、当該森林の年伐面積の限度と当該あん分面積との合計面積とする。

イ　指定施業要件の伐採の限度として1箇所当たりの面積の限度が定められている森林の1箇所の立木について皆伐による伐採をしようとする申請が2以上ある場合には、当該箇所に係る当該1箇所当たりの面積の限度たる面積（当該箇所につき当該申請前に当該伐採年度における皆伐による伐採に係る法第34条第1項の許可がされている場合には、その許可された面積をその1箇所当たりの面積の限度たる面積から差し引いて得た面積。以下同じ）を当該申請面積に応じてあん分して得た面積まで縮減する（令第4条の3第1項第2号）。

ウ　同一の単位とされる保安林等の立木又は1箇所当たりの面積の限度が定められている森林の1箇所の立木について皆伐による伐採をしようとする申請が1である場合には、それぞれ、当該同一の単位とされる保安林等につき公表された皆伐面積の限度又は当該箇所に係る1箇所当たりの面積の限度たる面積まで縮減する（令第4条の3第1項第3号）。

エ　防風保安林及び防霧保安林でその指定施業要件の伐採の限度として皆伐後の残存部分に関する定めが指定されているものの立木につき皆伐による伐採をしようとする申請に

ついては、その申請の内容を勘案して公正妥当な方法により当該残存部分に関する定めに適合するまで縮減する（令第4条の3第1項第4号）。この場合において、公正妥当な方法による縮減は、少なくとも次に掲げる事項を考慮して行う必要がある。

（ア）当該箇所に係る申請が1である場合には、保安機能が高い部分の立木を残存させること。

（イ）当該箇所に係る申請が2以上ある場合には、申請面積に応じてすること。ただし、保安上の影響の差が明白な場合には、これを考慮すること。

オ　択伐による伐採をしようとする申請については、当該森林に係る指定施業要件の伐採の限度として定められている立木材積の限度まで縮減する（令第4条の3第1項第5号）。

択伐率の上限を算出する式（前出、P32）のVsは、原則として森林簿等に示されている当該森林の樹種に係る地位級に対応する収穫表に基づき、当該樹種の単層林が標準伐期齢（当該森林が複数の樹種から構成されている場合にあっては、伐採時点の構成樹種がP28の平均年齢）に達した時点の収穫予想材積をもって表すものとする。

なお、人工植栽に係る森林において指定施業要件に適合して択伐を行う場合、届出により行うこととされている。

5）　国の機関が行う協議による伐採

「国有林を管理する国の機関があらかじめ都道府県知事と協議するところに従い当該国有林の立木を伐採する場合」には、規則第60条第1項第10号により、法第34条第1項の許可を要しないことになっている。

ここで、「国有林を管理する国の機関」とは、法令の規定によりその国有林の管理について権限を有する国の機関（又はその委任を受けた機関）をいう。また、必ずしも協議を行った国の機関が自ら伐採する場合のみに限らず協議が済んでいれば、立木の買受人が伐採する場合でも、許可を必要としない。

なお、国有保安林における立木の伐採の協議は次の要領で行う（基本通知）が、森林法上許可を要しないケースについては協議を必要としない。

ア　林野庁の所管する国有林における協議は森林管理局長の定めるところにより森林管理局長又は森林管理署長が行う。

協議をする者を森林管理局長、森林管理署長のいずれにするかについては、明文の規定はないので森林管理局長の判断によることになるが、一般に、同一の単位とされる保安林等が2以上の森林管理署の管轄区域にわたる場合は森林管理局長とすることが適当であろう。

イ　協議は、伐採年度内にその伐採を開始し、かつ終了する立木の伐採について行う。

したがって、伐採の期間が２伐採年度以上にわたる場合には、それぞれの伐採年度に属する部分ごとに、協議を行うこととなる。

ウ　皆伐による立木の伐採について協議する時期は、令第４条の２第３項の規定により都道府県知事が皆伐面積の限度について公表する日（前伐採年度の２月１日並びに当該伐採年度の６月１日、９月１日及び12月１日－これらの日が日曜日にあたるときは、その翌日、これらの日が土曜日にあたるときは、その翌々日）から30日以内である。なお、当該協議は、翌伐採年度の全量を、なるべく前伐採年度の２月１日（皆伐面積の限度の第１回公表日）を始期とする伐採許可申請書の受理の期間内に行うものとする。

エ　択伐による立木の伐採について協議する時期は、その伐採を開始する日の30日前までである。なお、当該協議は、原則として、翌伐採年度の全量を行うものとする。

オ　法第34条の２第１項及び第34条の３第１項（これらの規定を法第44条において準用する場合を含む。）に規定する択伐及び間伐による立木の伐採について協議する時期は、択伐又は間伐を開始する日前90日から20日までである。なお、当該協議は、原則として、翌伐採年度の全量を行うものとする。

カ　協議は書面により行う。その協議書には、申請書等の様式に関する告示12の保安林立木伐採許可申請書に準じた書面（保安林の指定目的、森林の所在場所、伐採の方法－主伐間伐の別及び皆伐択伐の別、伐採する立木の樹種及び年齢、伐採面積（皆伐の場合のみ）又は伐採立木材積（択伐及び間伐の場合のみ）、伐採期間その他必要な事項を記載する。）に、立木の伐採をしようとする箇所を明示した図面を添付するが、協議書の様式は、都道府県知事と森林管理局長が協議して定めたものによることもできる。

　　なお、植栽義務が定められている森林について皆伐による伐採の協議を行う場合には、上記申請書に準じて「植栽によらなければ的確な更新が困難と認められる伐採跡地」の面積を記載し、その区域を図示する。

（注）　この「植栽によらなければ的確な更新が困難と認められる伐採跡地の面積」には、当該伐採の跡地の残存木が占有する面積を含まないものとする。

　　　　ただし、当該伐採跡地に残存する立木の樹齢が当該残存する樹種の標準伐期齢に満たない場合は、当該森林について指定施業要件として定められた樹種であって、植栽する満１年生以上の苗と同等以上の大きさであり、かつ、植栽された苗と同等以上の成長が期待できるものに限って残存木として取扱う。また、残存木が占有する面積とは、原則として当該残存木が現に占有している面積とするが、当該現に占有している面積が、当該樹種の平均占有面積（１ヘクタールを指定施業要件として定められた当該樹種についての植栽本数で除して得られる面積。以下同じ。）に満たない場合は、当該平均占有面積を当該残存木が占有する面積として取扱う。

キ　協議を受けた知事は、皆伐関係についてはウの期間満了後30日以内に、また、択伐及び間伐関係については協議を受けた日から30日以内に回答することになっている。この

場合の知事の判断のよりどころが、本質的には許可の場合と異なる点はない。したがって、知事が同意しない場合又は条件つきで同意するという場合もあり得る。

ク　協議によって行った立木の伐採については法第34条第8項による伐採終了の届出は必要ないが、協議の全部又は一部に不実行があった場合には、その区域及び数量を明示して遅滞なく都道府県知事に通知する必要がある（都道府県知事は、これに基づいて伐採整理簿の整理等を行うことになる。）。

ケ　民有保安林の立木の伐採跡地について都道府県知事が行っている「伐採の照査」は、協議によってした立木の伐採については、これを行わないこととしている。なお、択伐による立木の伐採がなされた場合には、当該択伐を終えたときの当該森林の立木の材積を把握し、当該材積を保安林台帳に記載する。

　（注）　協　議

　　　「協議」は、いろいろな用例があるが、ここでは、国家機関が一定の行為をする場合に、その事項が他の国家機関の権限に関連するときその国家機関に合議する場合に当たる。

　　　協議は、字義からいえば相談することであるが、法令上用いられる場合には協議の結果の合意を前提とすることが多い。

　　　ここで用いられている協議は「許可申請」に代わるものであるから、合意を前提としていることはいうまでもない。

6)　許可の条件

　　許可には条件を付すことができる（法第34条第6項）。

ア　伐採の期間については、必ず条件を付する。

イ　伐採木を早期に搬出しなければ、森林病害虫が発生し若しくはまん延するおそれがる場合又は豪雨等により受益の対象に被害を与えるおそれがある場合その他公益を害するおそれがあると認められる場合には、搬出期間について条件を付する。

ウ　土しゅら、地びきその他特定の搬出方法によることを禁止しなければ、立木の生育を害し又は土砂を流出若しくは崩壊させるおそれがある場合には、禁止すべき搬出方法について条件を付する。

エ　当該伐採の方法が伐採の方法の特例に該当するものであって、許可又は同意に条件を付することによって支障をきたさないこととなる場合は当該条件を、また、当該伐採跡地につき植栽によらなければ、樹種又は林相を改良することが困難と認められる場合には、植栽の方法、期間及び樹種について条件を付する。

7)　処理上の注意事項

ア　皆伐の限度

　　　皆伐による伐採の限度として公表する面積は、民有林、国有林別にあるべきもので

はなく、その合計について両者に共通のものとして定められるものである。したがって、民有林、国有林別の内訳を、行政指導の目標として使用することはあっても許可の限度として用いることはできない。

イ　点生木の伐採と限度との関係

　　伐採跡地に点生する残存木又は点生する上木の伐採は、間伐に該当する場合を除き皆伐による伐採として取扱う。この場合において用いる皆伐面積は、伐採する立木の占有面積とする。

ウ　伐採種を定めない保安林において択伐をする場合の取扱い

　　伐採種の指定がない保安林においては択伐による伐採をすることもできる。ただし、植栽の指定のある保安林においては、当該伐採により植栽の義務が発生する。

エ　樹種又は林相の改良のための伐採の取扱い

　　指定施業要件において樹種又は林相の改良のための特例を定めたものについては、放慢にわたることがないように、許可をするとき（適否判定調査）に、現にその伐採が必要であり、しかも、その伐採が保安林の指定目的の達成に支障がないかどうかを審査する必要がある。そして必要があれば、急傾斜地の除外、あるいは大面積皆伐を避けるために箇所を分散させる等を指導し、また、必要な許可の条件を付すことを考えるべきである。

オ　択伐、皆伐による1箇所の面積の限度について

　　択伐の定義、皆伐による1箇所の面積の限度（いずれも前出、P24及びP28）については、関係申請者に周知せしめ、実施上過誤のないようにすべきである。

カ　許可を要しない伐採

　　規則第60条第1項第5号から第9号までの取り扱いについては、次によること。

①　第5号から第9号までの規定（届け出による伐採）は伐採許可制の特別措置として設けられたものであるから、届出に係る事実の認定は厳格に行い、拡大解釈等による本旨をそれた運用は厳に避けること。

②　届出書の提出があったときは遅滞なく実施調査その他適宜の方法により調査を行い、その結果適当と認めて受理したときは当該届出者に対して受理の通知をすることになる。なお、届出が不適法であって補正することができるものであるときは直ちにその補正を命じ、補正することができないものであるときは当該届出者に対し理由を付した書面を送付して却下することになる。

③　国有林野の管理経営に関する法律第2条に規定する国有林野又は旧公有林野等官行造林法第1条の契約に係る森林、原野その他の土地に係るものであって当該立木の伐採を必要とする者が森林管理局長（森林管理局が直轄で管理経営する区域に係るもの

に限る。）、森林管理署長又は支署長以外の者である場合は、原則として第10号の協議によらず本条の届出により取り扱うものとする。この場合において届出書には当該保安林を管理する森林管理局長（森林管理局が直轄で管理経営する区域に係るものに限る。）、森林管理署長又は支署長の当該立木の伐採についての承諾書（同意書）を添付するよう指導すること。

④　第5号から第9号までの届出及び第5号から第9号までに掲げる目的を達成するための立木の伐採についての協議に係る伐採面積は、令第4条の2第4項に規定された法第34条第1項の許可をした面積には含まれないものとする。

8)　許可又は不許可の決定通知

　　都道府県知事は、択伐による伐採のための伐採について許可申請書の提出があった場合にはその提出があった日から30日以内に、皆伐による伐採の許可申請書の提出があった場合には、伐採許可申請提出期間（公表の日から30日以内）満了後30日以内に、許可するかどうかを決定し、これを書面により申請者に通知しなければならない（令第4条の2第5項）。

　　国有林に関する5)の協議に対する回答（同意その他の意見）についても上述の期限内に処理されるべきである。

（2）　土地の形質の変更等の制限（法第34条第2項）

1)　許可を要する行為

　　立竹の伐採、立木の損傷、家畜の放牧、下草、落葉又は落枝の採取、土石又は樹根の採掘、開墾その他の土地の形質を変更する行為を行う場合には、法令又はこれに基づく処分によりその義務として行う場合等特定の場合を除き、その都度都道府県知事の許可を受けなければならない（法第34条第2項）。なお、この許可を実務上「作業許可」と呼んでいる。

2)　許可を要しない行為

　　次に掲げる行為については、許可を要しない。なお、特定認定森林所有者が特定認定に係る森林保健機能増進計画に従って森林保健施設を整備するために行う行為については、法第34条第2項本文の規定は適用されない（増進法第8条第2項）。また、東日本大震災復興特別区域法（平成23年法律第122号）第46条に定める復興整備計画に基づいて行為を行う場合には、特例として許可があったものとみなすこととされている。その他、福島復興再生特別措置法（平成24年法律第25号）、大規模災害からの復興に関する法律（平成25年法律第55号）及び、農林漁業の健全な発展と調和のとれた再生可能エネルギー電気の発電の促進に関する法律（平成25年法律第81号）においても、同様の規定がなされている。

ア　法令又はこれに基づく処分によりこれらの行為をする義務がある者がその履行として
　　する場合

イ　森林所有者等が法第49条第1項の許可を受けてする場合

ウ　法第188条第3項の規定に基づいてする場合

エ　火災、風水害その他の非常災害に際し緊急の用に供する必要がある場合

　　（以上法第34条第2項ただし書）

オ　造林又は保育のためにする地ごしらえ、下刈り、つる切り又は枝打ち

カ　倒木又は枯死木の損傷

キ　こうぞ、みつまたその他農林水産大臣が定めるかん木の損傷

　　（以上規則第62条）

ク　国又は都道府県が法第41条の保安施設事業、砂防法第1条の砂防工事又は地すべり等
　　防止法による地すべり防止工事若しくはぼた山崩壊防止工事を実施するためにする場合

ケ　法令又はこれに基づく処分により測量、実施調査又は施設の保守のためにする場合

コ　自家の生活の用に充てるため、あらかじめ都道府県知事に届け出たところに従って下
　　草、落葉又は落枝を採取する場合

サ　学術研究の目的に供するため、あらかじめ都道府県知事に届け出たところに従って下
　　草、落葉又は落枝を採取する場合

シ　国有林を管理する国の機関があらかじめ都道府県知事と協議するところに従い当該国
　　有林の区域内においてする場合

　　（以上規則第63条）

　　　以上のほか、法第34条第2項の規制については、立木の生育を阻害することなどによ
　　り保安林の指定目的の達成に支障を及ぼすおそれのある行為について行うものであり、
　　通常の管理行為等で立木の生育に影響のない行為等については規制の対象外となる（基
　　本通知第4の4（12）、別表2（P84）参照）。

3）　許可申請の手続（別表3（P86）参照）

　　　法第34条第2項の許可を受けようとする者は、農林省告示（昭和37年7月2日、農林省
　　告示第851号）で定められた様式の申請書（2通）に図面を添えて提出しなければならな
　　い（規則第61条及び第106条、申請書等の様式の告示）。

　　　また、この申請は、立木の伐採許可申請と違って、行為をする前にいつでも申請するこ
　　とができる。許可するかどうかの決定も個々の申請ごとにいつでもできることになってい
　　る。

4）　許可の基準

　　　都道府県知事は、その許可の申請に係る行為がその保安林の指定の目的の達成に支障を

及ぼすと認められる場合を除き、これを許可しなければならない（法第34条第5項）。

　都道府県知事は、審査を終了したときは、その結果により申請に係る立竹の伐採等についてその適否を判定することになるが、行為の内容別に許可の適否基準を述べれば次のとおりである。

ア　申請又は協議に係る行為が次の各号のいずれかに該当する場合には、法第34条第2項の許可又は規則第63条第1項第5号の協議の同意をしないものとする。ただし、解除予定保安林において、法第30条又は第30条の2第1項の告示の日から40日を経過した後（法第32条第1項の意見書の提出があったときは、これについて同条第2項の意見の聴取を行い、法第29条に基づき通知した内容が変更されない場合又は法第30条の2第1項に基づき告示した内容を変更しない場合に限る。）に規則第48条第2項第1号及び第2号の計画書の内容に従い行うものである場合及び別表（P83）に掲げる場合はこの限りでない。

（ア）立竹の伐採については、当該伐採により当該保安林の保安機能の維持に支障を及ぼすおそれがある場合

（イ）立木の損傷については、当該損傷により立木の生育を阻害し、そのため保安林の指定目的の達成に支障を及ぼすおそれがある場合

（ウ）下草、落葉又は落枝の採取については、当該採取により土壌の生成が阻害され、又は土壌の理学性が悪化若しくは土壌が流亡する等により当該保安林の保安機能の維持に支障を及ぼすおそれがある場合

（エ）家畜の放牧については、当該放牧により立木の生育に支障を及ぼし又は土砂が流出し若しくは崩壊し、そのため当該保安林の保安機能の維持に支障を及ぼすおそれがある場合

（オ）土石又は樹根の採掘については、当該採掘（鉱物の採掘に伴うものを含む。）により立木の生育を阻害するか又は土砂が流出し、若しくは崩壊しそのため当該保安林の保安機能の維持に支障を及ぼすおそれがある場合

　　　ただし、当該採掘による土砂の流出又は崩壊を防止する措置が講じられる場合において、2年以内に当該採掘跡地に造林が実施されることが確実と認められるときを除く。

（カ）開墾その他土地の形質を変更する行為については、農地又は宅地の造成、道路の開設又は拡幅、建築物その他の工作物又は施設の新設又は増設をする場合、一般廃棄物又は産業廃棄物の堆積をする場合及び土砂捨てその他物件の堆積により当該保安林の保安機能の維持に支障を及ぼすおそれがある場合

（注）保安林解除と作業許可との関係

作業許可とは、保安林内で行う土地の形質を変更する行為等について、保安林の指定の目的の達成の
　　ために支障を及ぼすおそれがないものに限り行われるものであり、このため一定の態様、規模、期間に
　　限られることとなる。また、行為を実施した箇所については引続き保安林としての制限を受けることと
　　なる。一方、保安林の解除は、指定の理由が消滅したとき又は公益上の理由により必要が生じたときに
　　保安林としての制限が解除されるものであり、作業許可とは制度上の取扱いを全く異にするものである。

　イ　申請又は協議に係る行為を行うに際し当該行為をしようとする区域の立木を伐採する
　　必要がある場合で、当該立木の伐採につき法第34条第1項の許可又は規則第60条第1項
　　第7号から第9号までの届出若しくは第10号の協議を要するときに、当該許可又は届出
　　若しくは協議がなされていないときは、許可又は同意しないものとする。

5）　許可申請の処理

　ア　法第34条第1項又は第2項の許可の申請があったときは、実地調査を行うほか適宜の
　　方法により十分な調査を行い、申請が不適法であって、補正することができるものであ
　　るときは、直ちにその補正を命じ、補正することができないものであるときは、申請者
　　に対し理由を付した書面を送付して却下するものとする。

　イ　令第4条の2第5項の規定による不許可の通知には、当該不許可の理由を付するもの
　　とする。

　ウ　法第34条第2項の許可の申請に対する許可又は不許可の通知は、書面により行うもの
　　とし、不許可の場合は当該不許可の理由を付すものとする。

　エ　許可申請に係る立木竹の伐採その他の行為について他の法令により行政庁の許認可を
　　必要とする場合（当該保安林が国有林野であって管理処分の申請がなされている場合を
　　除く。）であって、当該認可がなされる前に許可したときは、当該許認可を必要とする
　　旨その他必要な事項を通知書に付記するとともに、関係行政庁に対し許可をした旨その
　　他必要な事項を連絡するものとする。ただし、関係行政庁に対する連絡が、法令の規定
　　により又は法令の運用に関する覚書等により事前に関係行政庁と連絡、協議を行って処
　　理することとされている場合はこの限りでない。

6）　許可の条件

　　　許可には条件を付すことができる（法第34条第6項）。この条件は、次によって行う
　　（基本通知）。

　ア　当該保安林について指定施業要件として植栽の期間が定められている場合は、原則と
　　して当該期間内に植栽することが困難にならないと認められる範囲内の期間とする。

　イ　当該保安林について指定施業要件として植栽の期間が定められていない場合は、下
　　草、落葉又は自家用薪炭の原料に用いる枝若しくは落枝の採取、一時的な農業利用、家
　　畜の放牧にあってはそれらの行為に着手する時から5年以内の期間、それら以外にあっ

ては行為に着手する時から2年以内の期間とする。

ウ　解除予定保安林において規則第48条第2項第1号及び第2号の計画書の内容に従い行う行為については、当該計画書に基づき行為に着手する時から完了するまでの期間とする。

エ　当該保安林について指定施業要件として植栽の期間が定められていない場合、別表（P83）の1及び2にあっては、当該行為に着手する時から5年以内の期間又は当該施設の使用が終わるまでの期間のいずれか短い期間とし、別表（P83）の3及び4にあっては、当該施設の使用又は当該行為が終わるまでの期間とする。

オ　行為終了後、施設等の廃止後又は撤去後、植栽によらなければ的確な更新が困難と認められる場合（指定施業要件として植栽が定められている場合を除く。）には、植栽の方法、期間及び樹種について条件を付する。

カ　家畜の放牧、土石又は樹根の採掘その他土地の形質を変更する行為に起因して、土砂が流出し、崩壊し、若しくはたい積することにより付近の農地、森林その他の土地若しくは道路、鉄道その他これに準ずる設備又は住宅、学校その他の建築物に被害を与えるおそれがある場合には、当該被害を防除するための施設の設置その他必要な措置について条件を付する。

　　なお、当該行為が規則第48条第2項第1号又は第2号の計画書の内容に従って行われるものである場合に付する条件の内容は、当該計画書に基づいて定める。

7）　国の機関が行う協議による行為

　　法第34条第1項について述べたことがおおむねあてはまる。協議は、次の要領で行う（基本通知）。

ア　協議は、森林管理局長の定めるところにより、森林管理局長又は森林管理署長が行う。

イ　協議する時期は、協議をうけた都道府県知事がこれを処理するのに必要な期間及び立竹の伐採等を開始する時期などを考えて適当と見込まれる時期とする。

ウ　協議は書面により行い、その協議書には、申請書等の様式に関する告示14の保安林内立竹伐採等許可申請書に準じた書面（保安林の指定目的・森林の所在場所・行為の方法・行為の期間－始期及び終期が記載される。）に、これに立竹の伐採等をしようとする箇所を明示した図面を添付する。ただし、書面の様式は、都道府県知事と森林管理局長が協議して定めたものによることもできる。

8）　その他処理上の注意事項

ア　法第34条第2項（土地の形質の変更等）の制限は、同条第1項の制限とは別個のもの（許可の手続、許可の基準が相違する。）であるから、立木の伐採を伴う行為について

は、別個に第1項の許可を受けなければならない。したがって、このような行為については、立木の伐採許可をどうするかを先議されなければならないので、その許可がない限り第2項による許可をすべきではない。

　イ　保安林解除との区分

　　　法第34条第2項の制限の規定は、表面的に見ると土地の形質等の変更はすべてこの条項の許可で処理されるかに見られるが、保安林制度の趣旨及び解除の手続規定等から見ればこの条項によって処理されるのは保安林たる範囲内の行為に限るべきことがわかる。このことは、一般の行為者には必ずしも理解されていないので、解除によるべきものを作業許可の申請として誤って出されたものに対しては十分に説明して、申請者が望むならば保安林解除の申請をするように指導する必要がある。

　ウ　その保安林の全部について機能の維持上問題がないと認められるときは、当該許可等がなされた区域内において、当該許可等の際に条件として付した行為の期間内に限り、植栽することを要しないものとする指定施業要件の変更を行えば、法第34条第2項の許可の更新又は規則第63条第1項第5号の協議の再同意を行うことができる。

9）　保安林内の作業許可の取扱いについて（留意事項）

　　保安林内の作業許可の取り扱いの留意点については、「改正許可基準の運用に当たっての留意事項について」（平成2年7月3日付け2－20林野庁治山課長から各都道府県林務担当部長、営林（支）経営、業務部長あて）において整理されている。その主な事項を以下に示す。

　ア　林道等について

　　　林道については、車道幅員（路肩を除く）が4メートル以下であって、森林の施業・管理の用に供するため周囲の森林と一体として管理することが適当と認められる場合に作業許可の対象とするものとする。

　　　農道、市町村道その他の道路については、森林内に設置され、その規格・構造が林道に類するものであって、森林の施業・管理に資すると認められるものに限り林道と同様に取扱うものとする。

　　　なお、森林の施業・管理の用に供する、又は資するとは、林道等の沿線の森林において、施業の実施予定がある場合や施業を行う対象であることが森林施業に関する各種計画から明らかである場合、山火事防止等森林保全のための巡視や境界管理、森林に関する各種調査等の実施が見込まれる場合とする。

　イ　保安機能を維持・代替する施設について

　　　作業許可の対象とする森林の保安機能の維持・強化に資する施設とは、その設置目的・構造からみて保安機能を持つことが明らかであって、周囲の森林と一体となって管

理することが保安林の指定の目的の達成に寄与すると認められるものをいい、例えば道路に附帯する保全施設等がこれに該当する。

　保安林の転用に伴い設置する代替施設で転用に係る区域内に設置する施設については、本体施設と一体となって管理されるべきものであり、作業許可の対象としないこととする。

　また、転用に係る区域外に設置する施設であっても、洪水調節池等の森林を改変する程度が大きいものについては、作業許可の対象としないこととする。

ウ　物件の堆積等に係る作業許可について

　土砂捨て、しいたけ原木等の堆積、仮設構造物の設置等の一時的な変更行為に係る作業許可は、土壌の性質、林木の生育に及ぼす影響が微小であると認められるものに限って行うものとする。

エ　切土又は盛土の高さについて

　切土の高さとして示すおおむね1.5メートルとは、樹木の根系が一般的に分布し、変更行為によっても保安機能の維持に支障を及ぼさない範囲として目安を示したものである。

　このため、現地の樹種や土壌等の調査等を行い、根系が密に分布する深さを明らかにすることで、その深さを限度として差し支えないものとする。

　また、盛土の高さとして示すおおむね1.5メートルとは、切土を流用土として現地処理することを前提に目安を示したものであるが、一般に、切土に比べて盛土の体積は増加することとなるため、一定の厚さで締固めを行うなど適切な施工を行う上で、1.5メートルを超えることは差し支えないものとする。

　なお、切土又は盛土の高さについて、現場での施工上必要な場合には、1.5メートルを2割の範囲内で超えることも、「おおむね」の範囲内であるとして差し支えないものとする。

オ　その他許可基準に係る留意事項について

　作業許可申請の内容が許可基準に適合するものであっても、当該保安林の指定の目的、指定施業要件、現況等からみて保安機能の維持に支障を及ぼすおそれがある次のような場合には、画一的に許可を行うことは適当でなく、慎重に判断するものとする。

①　急傾斜地である等個々の保安林の地形、土壌又は気象条件等により、変更行為が周囲の森林に与える影響が大きくなるおそれがある場合。

②　風致保安林内での景観を損なう施設の設置等その態様が保安林の指定の目的に適合しない場合。

　許可する場合には、形状に配慮するなどの条件を付すこととする。

③　変更行為が立木の伐採を伴う場合において、その態様が当該保安林の指定施業要件に定める伐採の方法、限度に適合しない場合。

④　変更行為により、当該保安林の大部分が森林でなくなる等保安林としての機能を発揮できなくなるおそれがある場合。

（3）　択伐・間伐の届出（法第34条の2、法第34条の3）

1）　届出を要する択伐・間伐の伐採

　保安林において、指定施業要件に定める立木の伐採の方法に適合し、かつ、伐採の限度を超えない範囲内において択伐による立木の伐採（人工植栽に係る森林の立木の伐採に限る。）をしようとする者又は間伐のため立木を伐採しようとする者は、法令又はこれに基づく処分によりその義務の履行として伐採する場合、国有林を管理する機関があらかじめ都道府県知事と協議するところに従い当該国有林の立木を伐採する場合等を除き、都道府県知事へ届出書を提出しなければならない。（法第34条の2、第34条の3、規則第68条）

2）　届出の手続き

　保安林の立木の伐採に際し、択伐又は間伐の届出をしようとする者は、当該伐採を開始する日の90日前から20日前までの間に届出書（1通）を提出しなければならない（規則第68条）。

3）　受理の基準

　都道府県知事は、提出された届出書に記載された伐採立木材積若しくは伐採方法又は間伐立木材積若しくは間伐方法に関する計画が当該保安林に係る指定施業要件に適合しないと認めるときは、当該届出書を提出した者に対し、その択伐又は間伐の計画を変更すべき旨を命じなければならない。この場合、提出されていた届出書についてはなかったものとみなされる（法第34条の2第2項及び第3項、第34条の3第2項）。なお、択伐又は間伐と称した伐採であっても、指定施業要件に定められた限度を超えて行われた伐採は、無届伐採ではなく、法第34条第1項に係る無許可伐採となる。

別　表　保安林の土地の形質の変更行為の許可基準…「処理基準別表5」

区　分	行為の目的・態様・規模等
1　森林の施業・管理に必要な施設	（1）　林道（車道幅員が4メートル以下のものに限る。）及び森林の施業・管理の用に供する作業道、作業用索道、木材集積場、歩道、防火線、作業小屋等を設置する場合 （2）　森林の施業・管理に資する農道等で、規格及び構造が（1）の林道に類するものを設置する場合
2　森林の保健機能の増進に資する施設	保健保安林の区域内に、森林の保健機能の増進に関する特別措置法（平成元年法第71号。以下「森林保健機能増進法」という。）第2条第2項第2号に規定する森林保健施設に該当する施設を設置する場合（森林保健機能増進法第5条の2第1項第1号の保健機能森林の区域内に当該施設を設置する場合又は当該施設を設置しようとする者が当該施設を設置しようとする森林を含むおおむね30ヘクタール以上の集団的森林につき所有権その他の土地を使用する権利を有する場合を除く。）であって、次の要件を満たすもの。 （1）　当該施設の設置のための土地の質の変更（以下この表において「変更行為」という。）に係る森林の面積の合計が、当該変更行為を行おうとする者が所有権その他の土地を使用する権利を有する集団的森林（当該変更行為を行おうとする森林を含むものに限る。）の面積10分の1未満の面積であること。 （2）　変更行為（遊歩道及びこれに類する施設に係る変更行為を除く。以下同じ。）を行う箇所が、次の①及び②の条件を満たす土地であること。 　①　土砂の流出・崩壊等の災害が発生するおそれのない土地 　②　非植生状態（立木以外の植生がない状態をいう。）で利用する場合にあっては傾斜度が15度未満の土地、植生状態（立木以外の植生がある状態をいう。）で利用する場合にあっては傾斜度が25度未満の土地。 （3）　1箇所当たりの変更行為に係る森林の面積は、立木の伐採が材積にして30パーセント以上の状態で変更行為を行う場合には0.05ヘクタール未満であり、立木の伐採が材積にして30パーセント未満の場合には1.20ヘクタール未満であること。 （4）　建築物の建築を伴う変更行為を行う場合には、一建築物の建築面積は200平方メートル未満であり、かつ、一変更行為に係る建築面積の合計は400平方メートル未満であること。 （5）　一変更行為と一変更行為との距離は、50メートル以上であること。 （6）　建築物その他の工作物の設置を伴う変更行為を行う場合には、当該建築物その他の工作物の構造が、次の条件に適合するものであること。 　①　建築物その他の工作物の高さは、その周囲の森林の樹冠を構成する立木の期待平均樹高未満であること。 　②　建築物その他の工作物は、原則として木造であること。 　③　建築物その他の工作物の設置に伴う切土又は盛土の高さは、おおむね1.5メートル未満であること。 （7）　遊歩道及びこれに類する施設に係る変更行為を行う場合には、幅3メートル未満であること。 （8）　土地の舗装を伴う変更行為（遊歩道及びこれに類する施設に係る変更行為を含む。）を行う場合には、地表水の浸透、排水処理等に配慮してなされるものであること。
3　森林の有する保安機能を維持・代替する施設	（1）　森林の保安機能の維持・強化に資する施設を設置する場合 （2）　保安林の転用に当たり、当該保安林の機能に代替する機能を果たすべき施設を転用に係る区域外に設置する場合
4　その他	（1）　上記1から3に規定する以外のものであって次に該当する場合 　①　施設等の幅が1メートル未満の線的なものを設置する場合。（例えば、水路、へい、柵等） 　②　変更行為に係る区域の面積が0.05ヘクタール未満で、切土又は盛土の高さがおおむね1.5メートル未満の点的なものを設置する場合 　　（例えば、標識、掲示板、墓碑、電柱、気象観測用の百葉箱及び雨量計、送電用鉄塔、無線施設、水道施設、簡易な展望台等）

　　　　　ただし、区域内に建築物を設置するときは、建築面積が50平方メートル未満であって、かつ、その高さがその周囲の森林の樹冠を構成する立木の期待平均樹高未満であるものに限ることとし、保健、風致保安林内の区域に建築物以外の工作物を設置するときは、その高さがその周囲の森林の樹冠を構成する立木の期待平均樹高未満であるものに限ることとする。

（2）　その他
　一時的な変更行為であって次の要件を満たす場合。ただし、一般廃棄物又は産業廃棄物を堆積する場合は除く。
①　変更行為の期間が原則として2年以内のものであること。
②　変更行為の終了後に植栽され確実に森林に復旧されるものであること。
③　区域の面積が0.2ヘクタール未満のものであること。
④　土砂の流出又は崩壊を防止する措置が講じられるものであること。
⑤　切土又は盛土の高さがおおむね1.5メートル未満のものであること。

別表2　作業許可の対象行為整理表

行為の名称	許可の対象となる行為	許可不要の行為	備考
立竹の伐採	立竹を刈り取ることにより当該保安林を維持できないおそれのある行為	ササの刈払	
立木の損傷	立木を損ない傷つけることにより立木の生育を阻害するおそれのある行為	樹幹の外樹皮の剥離（桧皮・桜皮のはく皮、虫害防除のための荒皮むき等）	内樹皮まで剥離する行為は、立木の損傷に該当
		生長錘等による樹幹のせん孔、ステイプル・針・釘等の打付け、極印の打刻、品等調査のための打突等	
		枯枝又は葉量を大幅に減少させず樹幹を損傷しない生枝の切除（歩道のかぶり取りのための枝の切除、測量の見通し確保のための枝の切除等）	歩道のかぶり取りのためのものであっても、葉量を大幅に減少させ又は樹幹を損傷する行為は立木の損傷に該当
		病害虫の治癒又は樹勢の回復のために行う腐朽部分の切除等	
		立木からのキノコの採取及び立竹の損傷	キノコと同時に立木の一部を削ぎ取る行為は立木の損傷に該当
下草、落葉又は落枝の採取	下草、落葉又は落枝を選んで拾い取ることにより土壌の生成が阻害され、又は土壌の理学性が悪化若しくは土壌が流亡するおそれのある行為	表土を露出させない範囲の下草、落葉又は落枝の収集（数株程度の下草・数枚程度の落葉・数本程度の落枝の収集）、下草の刈払、下草、落葉又は落枝を一時的に除去した後に直ちに復元する行為	長期間下草等を除去したまま放置され、露出した森林土壌が降雨等によって崩壊・流出するおそれがある場合は、下草、落葉又は落枝の採取に該当
		キノコ及びタケノコの採取	キノコ及びタケノコの採取であっても、採取後に穴が開いたまま放置される場合は、土地の形質の変更に該当

家畜の放牧	牛、馬、羊などを放し飼いにすることにより立木の生育に支障を及ぼし又は土砂が流出し若しくは崩壊するおそれのある行為	家畜の通行及び家畜の一時的な繋留	家畜の一時的な繋留とは、保安林を通行する家畜を休息等のために一時的に繋ぎ止める行為を指し、長期間繋ぎ止めることによって表土が踏み固められるような場合は、家畜の放牧に該当
土石又は樹根の採掘	土や岩石を掘って、その中の土石又は樹根を取ることにより立木の生育を阻害するか又は土砂が流出し、若しくは崩壊するおそれのある行為	立木の根系を露出又は損傷せず、下草、落葉又は落枝によって拾集後の地表が被覆される程度の、土石の拾集（数個程度の石の拾集等）	
開墾その他の土地の形質を変更する行為	土地の形状又は性質を復元できない状態にするおそれのある行為。 例示すれば以下の通り。 ・農地の造成 ・砂、砂利又は転石の採取 ・鉱物の採掘 ・宅地の造成 ・土砂捨てその他物件のたい積 ・建築物その他の工作物又は施設の新築又は増築 ・土壌の理学的及び化学的性質を変更する行為その他の植生に影響を及ぼす行為	立木の更新又は生育の支障とならず、かつ掘削又は盛土をしないか又は一時的にした後に直ちに復元する行為（例示すれば、杭・測量杭の挿入、基礎・境界標・炭焼窯の埋設、挿入又は埋設した物件の採掘、施肥、標識・道標・案内板・作業小屋・トイレ・集材路の設置又は改築、人の通行及び車両の通行等）	「立木の更新又は生育の支障とならず」とは、例えば、植栽本数が3,000本／ha（約1.8m四方に一本の割合）とされている場合は、伐採跡地に1.5m四方の移動式の物置を置いたままにする行為、又は2m四方の移動式の物置を一時的に置いた後植栽義務の履行までに撤去する場合が該当するが、2m四方の移動式の物置を放置したままにすることにより、指定施業要件に従って植栽することを妨げる場合、「土地の形質を変更する行為」に該当 「掘削又は盛土を…一時的にした後に直ちに復元する行為」とは、例えば測量杭を設置するために、表土に短期間穴を開け、測量杭の設置後その穴に元の土を埋め戻す行為であり、長期間穴を明けたまま放置され、当該穴の壁面又は当該穴から一時的に掘り出された土が降雨等によって崩壊・流出するおそれがある場合、「土地の形質を変更する行為」に該当 「杭・測量杭の挿入等」であっても、立木の更新又は生育の支障となるか、掘削又は盛土をするか若しくは一時的にした後に放置される行為は、「土地の形質を変更する行為」に該当 「設置」とは、移動式のトイレ等を表土を掘削又は盛土せずに置くこと等であり、改築とは、既設の作業小屋等を解体し同一の区域内に新しい作業小屋等を建設すること等であり、同一の区域からはみ出す部分がある場合は、「土地の形質を変更する行為」に該当

別表3 保安林における制限手続等

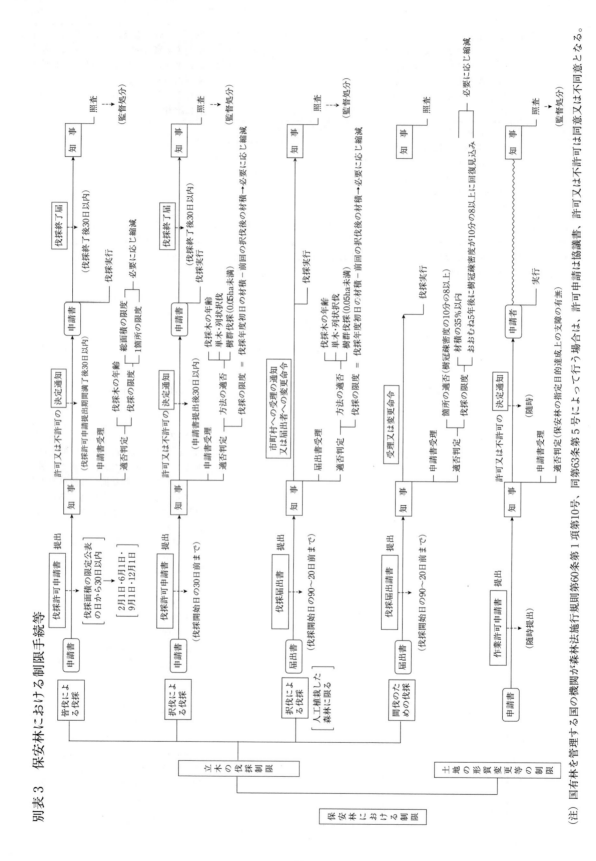

(注) 国有林を管理する国の機関が森林法施行規則第60条第1項第10号、同第63条第5号によって行う場合は、許可申請は協議書、許可又は不許可は同意又は不同意となる。

— 86 —

8　保安林における植栽の義務

（1）　指定施業要件による植栽指定

　森林所有者等が保安林の立木を伐採した場合には、その保安林に係る森林所有者は、伐採があったことを知らない場合でそのことに正当な理由がある場合その他特定の場合を除き、指定施業要件として定められている植栽の方法、期間及び樹種に関する定めに従って植栽をしなければならない（法第34条の４）。

　この植栽の指定は、保安林に指定されてから生じた伐採跡地であって、植栽によらなければ的確な更新が困難と認められる場合に行うこととされ（法第33条第１項、令別表第２の注）、実際には主として現に人工林である森林について指定されている。

（2）　択伐による伐採跡地の植栽

　択伐による伐採跡地についての植栽本数は、指定された植栽本数に実際の択伐率を乗じたものとされている（規則第57条第２項）が、この規定は、指定施業要件として伐採種が定められていない森林において、択伐が行われる場合についても適用するものとする。

（3）　複数の樹種の植栽

　指定施業要件として定められている複数の樹種を植栽するときは、樹種ごとに、植栽する１ヘクタール当たりの本数を指定された植栽本数で除した値を求め、その総和が１以上となるような本数を植栽するものとする。

（4）　伐採跡地の残存木等の取扱い

　植栽義務が定められている皆伐による伐採跡地に残存する立木がある場合や高木性の稚樹（将来的に良好に生育することが見込まれるものに限る。）がある場合には、当該樹木の占有する場所には植栽は要しないものとして植栽本数を減ずることができるとして運用している。

（5）　植栽の猶予

　指定施業要件が、「択伐」又は「禁伐」である森林以外の人工林において、択伐により立木を伐採した場合、森林所有者は、都道府県知事に、当該保安林に係る指定施業要件として定められている植栽の期間に関する定めに従わずに植栽をすることが不適当でないことの認定を求めることができる。

　この場合、都道府県知事は、当該伐採跡地の稚樹の発生状況や周辺の母樹の存在など猶予期

間内に天然の立木の発生が期待できると認められるときは、伐採が終了した日を含む伐採年度の翌年度の初日から起算して5年を超えない範囲で植栽の猶予を認定する。

　なお、この猶予期間内に当該保安林に植栽すべき樹種の苗木と同等以上の天然に生じた立木が確認されない区域がある場合は、森林所有者はその区域については指定施業要件に従って植栽をしなければならない。

9　監督処分

（1）　立木の違反伐採、土地の形質変更等の違反行為に対する監督処分

　都道府県知事は、無許可若しくは条件違反又は偽りその他不正な手段によって許可を受け若しくは届出をした立木の伐採（間伐を除く。）又は立竹の伐採その他土地の形質の変更等の行為をした者に対し、その中止を命じ、又は造林又は復旧に必要な行為を命ずることができる（法第38条第1項、第2項、第3項）。

（2）　植栽の義務違反に対する監督処分

　都道府県知事は、森林所有者が、指定施業要件に定められた植栽の方法、期間及び樹種に関する定めに従って植栽をしない場合は、指定施業要件に定められている樹種を同一の方法により植栽すべき旨を命ずることができる（法第38条第4項）。

10　損失補償及び受益者負担

（1）　損失補償

　国又は都道府県は、政令で定めるところにより、保安林として指定された森林の所有者その他権原に基づきその森林の立木竹又は土地の使用又は収益をする者に対し、保安林の指定によりその者が通常受けるべき損失を補償しなければならない（法第35条）。

　この規定は、「私有財産は、正当な補償の下に、これを公共のために用いることができる。」という憲法第29条第3項の規定が現存するので、私有財産権の制限を伴う保安林制度などの場合には、法第35条のような条文が必要となる。そして、これによって、公益と私益との調整が図られ、公共目的の達成が可能となるのである。

　法第35条の「通常受けるべき損失」を補償するということは、憲法第29条第3項の「正当な補償」をするということであるが、概念としては、「財産権そのものに内在する社会的・自然的制約を超える特別の犠牲」が補償の対象になる。その具体的な判断は、社会通念に照らしてなされる。

1) 損失補償及び受益者負担に関する要綱

　保安林の指定による損失の補償は、国が行う1～3号保安林については「保安林の指定による損失補償及び受益者負担に関する要綱」により、昭和34年度から、保安林の指定施業要件により伐採に関する制限が禁伐又は択伐として定められた保安林を対象として当該保安林の立木の凍結に対する利子補償の方法により実施している。

　なお、この要綱は、都道府県が4号以下保安林についての損失補償及び受益者負担に関する事務を行う場合にも参考とされる。

2) 損失補償のための調査

　前記要綱では、補償は損失を受けた者からの申請に基づいて行われることになっているが、保安林指定の時期と補償実施の時期とのズレ及び計画的実施の必要等から、全国の保安林中、禁伐又は択伐の施業要件が指定された保安林で補償に関係があると見込まれるものについて、あらかじめ適否判定調査を行い、その結果補償すべきものと判定された保安林について補償額算定のために必要な評価調査を行い、補償を実施している。

3) 補償対象保安林

　補償は、次の各号の全てに該当する保安林の立木（標準伐期齢以上のものに限る。）を対象として行う。

ア　指定施業要件の立木の伐採方法として禁伐又は択伐が定められた保安林

イ　標準伐期齢以上の立木がある保安林

ウ　森林所有者等（保安林として指定された森林の森林所有者その他権原に基づきその森林の立木又は土地の使用又は収益をする者をいい、その承継人を含む。以下同じ。）が国又は地方公共団体でない保安林

エ　過去において法第41条の規定による保安施設事業その他これに類する事業が行われたことのない保安林

オ　補償に係る保安林が、法第25条第1項第1号から第3号までの目的を達成するための保安林（以下「流域保全保安林」という。）であって流域保全保安林以外の保安林に重ねて指定されている場合にあっては、流域保全保安林に係る指定施業要件に定める制限と流域保全保安林以外の保安林に係る指定施業要件に定める制限とを比較して、流域保全保安林以外の保安林に係る指定施業要件に定める制限がより厳しい保安林以外の保安林

　ただし、これらアからオに該当する保安林であっても、次に掲げる保安林については、保安林の指定に伴う立木の伐採制限により補償すべき損失が生じないと考えられるので、補償は行わない。

（ア）近傍類似の普通林の取扱いから類推して、保安林の指定に伴う立木の伐採制限に

より損失が生じないことが明らかである保安林又は明らかに利用対象外と認められる
保安林

（イ）保安林の指定によって利益を受ける者と当該保安林の森林所有者等とが同一であ
る保安林

（ウ）現に荒廃しているか、又は荒廃しつつある保安林

（2）　受益者負担等

　国又は都道府県は、保安林の指定によって利益を受ける地方公共団体その他の者に、その受
ける利益の限度において、補償すべき金額の全部又は一部を負担させることができる（法第36
条第1項）。

　この規定は、国は、受益関係の明らかな受益者があるときは受益負担をかけることができる
旨の規定であり、又、第37条では、担保権について、この補償金が民法第304条第1項（同第
350条及び第372条）の「滅失又は損傷により債務者が受けるべき金銭」に含まれる旨の解釈を
明らかにしている。

11　標識の設置

（1）　民有保安林の標識設置

　都道府県知事は、民有林について保安林の指定があったときは、その保安林の区域内にこれ
を表示する標識を設置しなければならない。この場合において、保安林の所有者は、その設置
を拒み、又は妨げてはならない（法第39条第1項）。

　標識の様式（国有林についても同じ）については、規則第73条によって、第1種標識（木標
柱）、第2種標識（標札）及び第3種標識（制札）の3種が定められており、更に処理基準及
び基本通知によって、保安林名の記入方法及び標識の色彩が決められている。

　標識の移動・汚損又は破壊については、50万円以下の罰金が科せられることになっている
（法第208条）。

（2）　国有保安林の標識設置

　農林水産大臣は、国有林について保安林の指定をしたときは、その保安林の区域内にこれを
表示する標識を設置しなければならない（法第39条第2項）。

12　保安林台帳

（1）　台帳の調製・保管

　都道府県知事は、保安林台帳を調製し、これを保管しなければならない（法第39条の２第１項）。

　なお、平成23年度の森林法改正により、新たに森林の土地の所有者となった者は、市町村長にその旨を届け出なければならず、当該森林が民有保安林又は保安施設地区内の森林の場合、市町村長は当該届出の内容を都道府県知事へ通知しなければならない（法第10条の７の２第１項及び第２項）。これにより、都道府県知事は、当該通知を踏まえて、必要に応じて法第39条の２に規定する保安林台帳及び法第46条の２に規定する保安施設地区台帳の訂正等を行うことができ、新たに市町村を経由した森林所有者の情報が把握できることとなった。

（2）　台帳の閲覧

　都道府県知事は、保安林台帳の閲覧を求められたときは、正当な理由がなければこれを拒んではならない（法第39条の２第２項）。

（3）　国有林の保安林台帳の調製及び保管

1)　森林管理局長は、国有保安林の指定について、法第33条第１項の官報告示（確定告示）があったときは、遅滞なく保安林台帳を調製し、その写しを都道府県知事に送付する。又、法第47条の規定により、保安施設地区の指定の有効期間が満了して、その区域内の森林が保安林に転換した（保安林として指定されたとみなされた）場合についても同じ手続をする。

2)　保安林台帳の作成単位、台帳の組成及び記載事項等については、規則第74条に準ずるほか、その他必要な事項については森林管理局において定める。

3)　森林管理局長は、保安林台帳の写しを関係森林管理局（森林管理局が直轄で管理経営する区域に係るものに限る。）、森林管理署又は支署に備えつけておく。

4)　森林管理局長は、森林管理局に備える台帳に記載すべき事項が生じた場合又は記載事項について変更があった場合には、速やかに記載又は訂正を行い、その旨及び変更に関係した事項を都道府県知事と森林管理署長等に通知する。

13 特定保安林制度

（1） 特定保安林制度の恒久化

ア 特定保安林制度は、林業経営意欲の低下に伴って、適切な施業が実施されず機能が低下した保安林が見られるようになったことから、森林所有者等による施業を促す制度として、昭和59年の保安林整備臨時措置法の改正により措置されたものである。

イ この臨時措置法が平成16年３月31日に失効することも踏まえ、造林、間伐等の施業が適切に実施されていない保安林において、指定の目的に即した機能を適切に発揮させていくため、平成16年の森林法改正により同法の中の行為規制と併せて積極施業を促す特定保安林制度が拡充・恒久化された。

（2） 特定保安林の指定

農林水産大臣は、全国森林計画に基づき、指定の目的に即して機能していないと認められる保安林（当該目的に即して機能することを確保するため、その区域内にある森林の全部又は一部について造林、保育、伐採その他の森林施業を早急に実施する必要があると認められるものに限る。）を特定保安林として指定（法第39条の３）

（注１） 特定保安林の指定は、農林水産大臣が主体的に行うほか、都道府県知事の申請も可能（法第39条の３第２項）。

（注２） 特定保安林の指定に当たっては、都道府県知事に協議（法第39条の３第３項）。

（注３） 特定保安林は、「指定の目的に即して機能していない保安林」であるが、その整備の手法は下記（４）による施業の勧告等を基本とするものであるため、機能の確保のために土留や客土等の特別の手当てが必要であったり、路網から遠いなどにより、明らかに森林所有者等による森林施業が見込まれない森林のみが存する場合は、該当しない。

（3） 地域森林計画の変更等

ア 特定保安林が指定された場合、都道府県知事は、地域森林計画を変更し（又は樹立に際し）、当該特定保安林が指定の目的に即して機能することを確保することを旨として、次に掲げる事項を追加（法第39条の４第１項）

（一） 要整備森林（造林、保育、伐採その他の森林施業を早急に実施する必要があると認められる森林）の所在

（二） 要整備森林について実施すべき造林、保育、伐採その他の森林施業の方法及び時期に関する事項

（三）　その他必要な事項

イ　地域森林計画の変更（樹立）に際し、上記（一）～（三）に関し利害関係を有する者から異議の申し立てがあったときは、公開による意見の聴取を実施（法第39条の４第２～４項）

　　（注）　イについては、要整備森林に関し、必要に応じて下記（5）による保安施設事業の受認義務が課せられ、これは新たな私権の制限を伴うものであることから、同様の受認義務が課せられる保安施設地区の指定の手続きに準じて関係人の意見を聴取する機会を設けるもの。

（4）　要整備森林に係る施業の勧告等

ア　都道府県知事は、森林所有者等が要整備森林について（3）ア（二）の施業の方法を遵守していないと認める場合、当該森林所有者等に対して施業の勧告ができる。（法第39条の５第１項）

イ　都道府県知事は、（1）の勧告を受けた者がこれに従わない又は従う見込みがないときは、要整備森林若しくはその立木についての所有権の移転若しくは使用・収益権の設定若しくは移転、又は施業の委託に関し協議すべき旨の勧告ができる。（法第39条の５第２項）

ウ　地方公共団体、（国研）森林研究・整備機構は、イに関し、都道府県知事から勧告を受けた所有者に対し、速やかに協議を申し入れるよう努める。（法第39条の５第３項）

エ　要整備森林については、市町村の長による施業の勧告は適用除外。（法第39条の6）

　　（注1）　権利移転等の協議勧告の相手方は、権利移転を受けようとする者で都道府県知事の指定を受けた者とされているが、森林組合その他の事業体のほか、市町村や都道府県自らを指定することも可能。

　　（注2）　森林所有者等又はその所在が不分明であるときは、法第189条の規定により、市町村の事務所に掲示するとともに、都道府県の公報に掲載することによって上記ア及びイの勧告がなされたものとみなされる。

（5）　要整備森林における保安施設事業の実施

　上記（4）イの勧告に係る協議が調わず、又は協議することができないときであって、都道府県知事が保安施設事業（森林の造成事業又は森林の造成に必要な事業に限る。）を行おうとするときは、要整備森林の森林所有者等の関係人は、その実施行為を拒んではならない。（法第39条の7）

　　（注）　これは権利の移転等の協議が実施できないか又は協議が調わない場合で、緊急に保安施設事業を行う必要が生じたときに、適期の施業が実施できないために保安林の機能の低下が一層進行し災害を発生させてしまうことのないよう、保安施設事業を円滑に実施できるよう新たに措置されたもの（後述の保安施設地区の指定と同様の効果）。

特定保安林制度の体系

（農林水産大臣）

> 全国森林計画

全国森林計画のⅢの2「保安施設に関する事項」に
おいて特定保安林の指定の基準等を定める。

（農林水産大臣）

> 特定保安林の指定

（法第39条の3）

　全国森林計画に基づき、都道府県知事と協議の上、指定の目的に即して機能していないと認められる保安林であって、
造林等の森林施業を早急に実施する必要のある森林を指定することができる。

（都道府県知事）

> 地域森林計画の変更等

（法第39条の4）

特定保安林について、機能の確保を旨として次の事項を定めなければならない。

① 要整備森林（造林等の森林施業を早急に実施する必要がある森林）の所在
② 要整備森林について実施すべき造林等の森林施業の方法及び時期
③ その他必要な事項

> 必要な施業等の確保

（都道府県知事）

> 施業の勧告

（法第39条の5第1項）

> 市町村長による
> 施業の勧告の特例

市町村の長は、要整備森林につ
いては森林施業の勧告はできな
い。（法第39条の6）

> 伐採許可等の特例

地域森林計画に従って実施す
る要整備森林の立木の伐採は、都
道府県知事の許可等を要しない。
（法第34条第1項、第34条の2第1
項、第34条の3第1項）

> 協議の勧告

（法第39条の5第2項）

　施業の勧告を受けた者に対し、要整備森林若しくはその立木についての所有権の移転、使用・収益権の設定・移転又は施
業の委託に関し、都道府県知事が指定する者と協議すべき旨を勧告できる。

（保安施設事業を実施する必要がある場合）

> 保安施設事業の実施

（法第39条の7第1項）

　協議が調わない、又は協議できないときであって、都道府県知事が保安施設事業（森林整備に係るものに限る。）を行う
ときは、森林所有者、その他の関係人はその実施行為を拒めない。

　注（　）の中の記載は、根拠法である森林法の条項を示す。

14 保安林に係る権限の適切な行使

　農林水産大臣及び都道府県知事は、保安林の指定目的が十分に達成されるよう、保安林の指定に係る権限を適切に行使する。また、保安林制度の負う使命にかんがみ、保安林に関し森林法及びこれに基づく政令の規定によりその権限に属させられた事務を適正に遂行するほか、保安林に係る制限の遵守及び義務の履行について有効な指導及び援助を行い、その他保安林の整備及び保全のため必要な措置を講じて、保安林が常にその指定の目的に即して機能することを確保するように努めなければならない（法第40条）。

　この規定により現に行われている指導及び援助その他保安林の整備・保全のために必要な措置としては、伐採調整資金の貸付、保安林の保護巡視、保安林改良事業等の治山事業の実施、林業普及指導員による保安林の施業に関する指導、分収造林の実施等をあげることができる。

15 罰則

（1）　無許可での保安林等の土地の形質変更等（法第206条）

　次のいずれかに該当する者は、3年以下の懲役又は300万円以下の罰金に処される。

　1）　法第34条第2項（法第44条において準用する場合を含む。）の規定に違反し、土石又は樹根の採掘、開墾その他の土地の形質を変更する行為をした者

　2）　法第38条第2項の規定による命令（土石又は樹根の採掘、開墾その他の土地の形質を変更する行為の中止又は復旧に必要な行為をすべき旨を命ずる部分に限る。）に違反した者

（2）　無許可での保安林等での立木竹の伐採等（法第207条）

　次のいずれかに該当する者は、150万円以下の罰金に処される。

　1）　法第34条第1項（法第44条において準用する場合を含む。）の規定に違反し、保安林又は保安施設地区の区域内の森林の立木を伐採した者

　2）　法第34条第2項（法第44条において準用する場合を含む。）の規定に違反し、立竹を伐採し、立木を損傷し、家畜を放牧し、又は下草、落葉若しくは落枝を採取する行為をした者

　3）　法第38条第1項の規定による命令、同条第2項の規定による命令（土石又は樹根の採掘、開墾その他の土地の形質を変更する行為の中止又は復旧に必要な行為をすべき旨を命ずる部分を除く。）又は同条第3項若しくは第4項の規定による命令に違反した者

（3）　保安林予定森林での制限違反、保安林等での無届択伐又は無届間伐（法第208条）

次のいずれかに該当する者は、100万円以下の罰金に処される。

1）　法第31条（法第44条において準用する場合を含む。）の規定による禁止命令に違反し、立木竹の伐採又は土石若しくは樹根の採掘、開墾その他の土地の形質を変更する行為をした者

2）　法第34条の2第1項（法第44条において準用する場合を含む。）の規定に違反し、届出書の提出をしないで択伐による立木の伐採をした者

3）　法第34条の3第1項（法第44条において準用する場合を含む。）の規定に違反し、届出書の提出をしないで間伐のため立木の伐採をした者

（4）　保安林の標識の移動、汚損又は破壊（法第209条）

次に該当する者は、50万円以下の罰金に処される。

法第39条第1項又は第2項（法第44条において準用する場合を含む。）の規定により設置した標識を移動し、汚損し、又は破壊した者

（5）　保安林等に係る届出義務違反（法第210条）

次のいずれかに該当する者は、30万円以下の罰金に処される。

1）　法第34条第9項（法第44条において準用する場合を含む。）の規定に違反して、届出書の提出をしない者

2）　法第34条第8項（法第44条において準用する場合を含む。）の規定に違反して、都道府県知事に届け出ない者

（6）　両罰規定（法第212条第1項及び第2項）

法人（法人でない団体で代表者又は管理人の定めのあるものを含む。）の代表者若しくは管理人又は法人若しくは人の代理人、使用人その他の従業者が、その法人又は人の業務又は財産に関し、(1)〜(5)の違反行為をしたときは、法人の代表者や従業者等の違反の行為者が罰せられるほか、その法人又は人に対して、(1)〜(5)それぞれの罰金刑が科される。

（注）　法第44条において準用する場合とは、保安施設地区において準用する場合である。

16　保安林行政上の主要施策

保安林制度をどのように運用するかは、政策上の問題であるが、森林による国土保全の中核をなしている保安林制度については、重要事項として積極的に推進されている。

別表
国有林・民有林別延べ面積

(令和3年3月31日現在)

	保安林種別	国有林	民有林	合計	対全保安林比率（延べ面積）（%）
1号	水源かん養保安林	5,699	3,545	9,244	71.1
2号	土砂流出防備保安林	11,079	1,531	2,610	20.1
3号	土砂崩壊防備保安林	20	41	60	0.5
1～3号保安林計		6,798	5,117	11,914	91.6
4号	飛砂防備保安林	4	12	16	0.1
5号	防風保安林	23	33	56	0.4
	水害防備保安林	0	1	1	0.0
	潮害防備保安林	5	9	14	0.1
	干害防備保安林	50	76	126	1.0
	防雪保安林	−	0	0	0.0
	防霧保安林	9	53	62	0.5
6号	なだれ防止保安林	5	14	19	0.1
	落石防止保安林	0	2	3	0.0
7号	防火保安林	0	0	0	0.0
8号	魚つき保安林	8	52	60	0.5
9号	航行目標保安林	1	0	1	0.0
10号	保健保安林	359	345	704	5.4
11号	風致保安林	13	15	28	0.2
4号以下保安林計		477	613	1,090	8.4
合計（延べ面積）		7,275	5,729	13,004	100.0
合計（実面積）		6,917	5,329	12,245	100.0
全保安林面積に対する比率（実面積）		56.5	43.5	100.0	
全国森林面積に対する比率（実面積）		27.6	21.3	48.9	
所有別面積に対する比率（実面積）		90.3	30.6		
国土面積に対する比率（実面積）		18.3	14.1	32.4	

注1）兼種指定（同一箇所で2種類以上の保安林種に指定）されている保安林については、それぞれの保安林種ごとにとりまとめた。
注2）「実面積」は、兼種指定されている保安林の重複を除いた面積である。
注3）全国森林面積は、平成29年3月31日現在（林野庁計画課調べ）。
注4）国土面積は、令和3年4月1日現在（国土交通省国土地理院調べ）。
注5）当該保安林種が存在しない場合は「−」、当該保安林種が存在しても面積が0.5千ha未満の場合は「0」と表示。
注6）単位未満四捨五入のため、計と内訳は必ずしも一致しない。

この内容は多岐にわたるが、以下にその概要を述べる。

（1） 保安林の現況

　令和2年度末現在の保安林面積は、実面積で約1,225万 ha、延面積で約1,300万 ha に達し、全国の森林面積に占める割合は約49％となっている。

　所有区分別でみると、国有保安林が約692万 ha、民有保安林が約533万 ha（実面積ベース）となり、国有林の約9割、民有林の約3割が保安林に指定されている。

（2） 保安林の配備

　保安林の配備については、従来、保安林整備臨時措置法に基づき樹立される保安林整備計画及び全国森林計画を踏まえ指定等を行ってきたところであるが、平成15年度末で保安林整備臨時措置法が失効したこと、及び平成15年の森林法の一部改正により全国森林計画において森林の保全に係る事項が拡充されたことを踏まえ、今後においては、全国森林計画に即し流域内の状況を勘案した地域森林計画や国有林の地域別の森林計画を活用することにより適切な保安林の配備を計画的に推進することが重要である（全国森林計画（平成30年10月16日閣議決定）、「地域森林計画等に基づく保安林の指定、解除等について」（平成24年3月30日付け平成23年林整治第2925号林野庁長官通知））。

（3） 民有保安林に係る関連措置

　1） 民有林補助治山事業（保安林整備）

　　民有林に関する治山事業としては、直轄治山事業と補助治山事業とがあるが、ここではこのうち保安林整備事業として位置付けられているものについて述べるにとどめることとする。

　（ア） 保安林改良事業

　　森林所有者等の責に帰しえない原因で保安林が破壊され、あるいは林況が著しく悪化し、保安林の指定目的が達せられない箇所に編柵工、排水工などの簡易施設を組み合わせて植栽を行い、林況を復旧又は、過密化等により水土保全機能が低下した保安林において本数調整伐等の実施により複層化へ誘導・造成を行う事業である。

　（イ） 保育事業

　　治山事業施行地の森林、水源地域の機能が低位な保安林等を対象とし、その健全な成長を促進させるため、Ⅷ齢級（防災林造成事業施行地にあってはⅨ齢級）までの林分において下刈、追肥、雪起し、除伐、本数調整伐、受光伐、つる切り、枝落し（複層林にあっては上層林の枝落しを含む。）、部分補植等を行う事業である。

ただし、自然条件等から機能が低位であって、継続して保育を実行する必要がある場合については、Ⅻ齢級（防災林造成事業施行地にあってはⅩⅢ齢級）までの林分を対象とする。

（ウ）　保安林買入

　周辺に開発が及ぶなど、滅失の危険に直面している治山効果と保健効果を兼ね備えた保安林等を都道府県が買い入れ、その適正な維持を図る事業である。

2）　水源林造成事業

　水源林造成事業は、重要河川の奥地保安林及び計画地に存在する原野、無立木地等を早急に造林して保安林機能を向上させるために、昭和24年度から、民有林治山事業の一部として発足した。

　この間、より効果的な実施を確保するために昭和32年度から官行造林事業として実施することに改められ、32年度から34年度までの3年間を移行の整理期間にあて35年度からはすべて官行造林事業によることとなった。

　さらに、対象地の分布状況及び国有林業務の実態等から、より的確に実施するため独立の機関を設置する必要を認め、昭和36年度からは森林開発公団法により森林開発公団、独立行政法人緑資源機構（平成20年4月1日廃止）を経て、平成29年度からは、国立研究開発法人森林研究・整備機構が分収造林契約等の手法によって行っている。

　水源林造成事業は、国立研究開発法人森林研究・整備機構法（平成11年法律第198号）に基づき、同機構が、「水源を涵養するための森林の造成」を実施するものであるが、その対象地は、次の条件に該当する土地である。

（1）　法第25条第1項第1号の保安林又は同予定地

（2）　水源かん養の目的を兼備する法第25条第1項第2号若しくは第3号の保安林又は同予定地

3）　森林整備事業

　林道関係補助金

　特定保安林が当該林道に係る森林の利用区域の概ね50％以上ある地域について公益性及び緊急性等の観点から助成上の優遇措置がある。

4）　伐採調整資金

　保安林の立木の伐採は、原則として標準伐期齢以上でなければできないので、利用伐期齢から伐採が許可されるまでの期間の伐採制限に伴って必要とする資金を伐採調整資金として日本政策金融公庫から貸し付けることとしている。

　伐採調整資金制度は、昭和26年に普通林についての伐採許可制が布かれたときに創設されたものであるが、保安林に関しては昭和32年度から設けられている。

5） 林業経営育成資金

　　不在村森林所有者の増加等により適切な施業がなされない、また放置されている森林等がみられることから、要整備森林（法第39条の４第１項第２号）等を林業経営に意欲的に取り組んでいる者が取得する場合に、必要な資金を貸し付けることとしている。

6） 税制上の取扱い

　ア　不動産取得税、固定資産税及び特別土地保有税は課税されない（地方税法第73条の４第３項、同法第348条第２項第７号、同法第586条第２項第28号）。

　イ　相続税、贈与税の課税が軽減される。相続税又は贈与による課税財産の評価において禁伐のものについては８割、単木択伐のものについては７割、択伐のものについては５割、一部皆伐のものについては３割に相当する金額を控除した金額によって評価することとされている。（国税庁長官通達、「相続税財産評価に関する基本通達50、123」）

　ウ　そのほか、相続税の延納に伴う利子税の軽減、保安施設事業のために地方公共団体に譲渡した場合の所得税及び法人税の特別控除等の措置がある。

　　　（租税特別措置法第70条の９第１項）

　　　（所得税　租税特別措置法第34条第２項第５号）

　　　（法人税　租税特別措置法第65条の３第１項第５号）

第4節　保安施設地区制度

1　治山事業の定義

　「治山事業」という名称の事業は、戦後、公共事業の一環として誕生したが、その実態は、戦前から行なわれていた森林治水事業（このうち、主として荒廃林地復旧事業）と災害防止林造成事業（地すべり防止、海岸砂防林造成など）とを整理総合して再編成されたものである。

　「治山事業」が法令用語として定義されたのは、治山治水緊急措置法（昭和35年法律第21号）においてであり、現在は、森林法（昭和26年法律第249号）第10条の15第4項第4号に定義されている。この中で「治山事業は、森林法第41条第3項に規定する保安施設事業及び地すべり等防止法（昭和33年法律第30号）第51条第1項第2号に規定する地すべり地域又はぼた山に関して同法第3条又は第4条の規定によつて指定された地すべり防止区域又はぼた山崩壊防止区域における同法第2条第4項に規定する地すべり防止工事又は同法第41条のぼた山崩壊防止工事に関する事業をいう」と定義されている。

2　治山事業と保安施設地区

（1）　旧森林法下における治山事業と保安林

　旧森林法時代（昭和26年の森林法制定以前）においては、森林法には保安施設事業という概念はなかったが、治山事業と保安林制度との結びつきは行政指導によって強く行われていた。すなわち、治山事業は、保安林又は保安林編入予定地（旧法においては、国土保全上必要な場合には、森林以外の土地でも保安林に編入することができた。）において優先的に行われ、また、治山事業を行った箇所は、必ず保安林に編入する方針がとられてきたのであり、治山施設の維持管理は、事実上保安林制度によって行われてきたと考えられる。

　このように、治山事業は、元来、保安林造成ないし保安林強化事業という本質をもっており、山地治山などにおける土木的施設も、森林の保全機能を補う意味で設置されるという考えが基本をなしている。

（2）　保安施設地区制度の創設

　昭和26年制定の森林法によって設けられた保安施設地区制度も、このような行政指導による旧法時代の実績が法制化されたものということができるが、これを法制化した理由は、次の2点にある。

ア　治山事業に法的裏付けをすること(注)。治山事業は、従来から国又は都道府県によって行われてきたが、その事業の施行に当たっては、特に民有林の場合は土地所有者等の承諾を必要とし、これらは個々の取り決めに委されてきた。しかしながら、治山事業は今後ますます重要性が高まることから、その実施に当たって法的な裏付けが必要とされたことである。

(注)　土地の収用と治山事業との関係

　　　公益上の必要から他人の土地を収用するには、その一般法たる土地収用法に列挙された事業（同法第3条）又は特別の法令で定められている事業の用に供するものでなければならないが、治山事業については土地収用法にも、また、森林法にもその規定はない。国土保全上の基本的な事業として公益性を有するにもかかわらず土地収用ができない（砂防法の砂防設備のためにはできる）のは、この事業の本質に由来する。

　　　つまり、治山事業の主体をなしている保安施設事業は、後述するように、「特定の保安林の指定目的を達成するために行う森林の造成事業又は森林の造成若しくは維持のために必要な事業」であるから、その事業による施設を独立したものとせず、森林と一体（不可分）なものとして、ただ、その事業を実施するために必要がある場合には、受忍義務を課して強制的に事業を実施することができるようにしたのである。それは、保安林における制限は、保安林たる森林についてその権利を制限することであって、これを失わせしめることではなく（このような制限を学問上「公用制限」という。）単に権利を制限するのではなく、これを失わせしめることを内容とする公用収用及び公用換地までを必要とするものではないからである。その公益目的を達成するために公用制限によるべきか、公用収用によるべきかは相手方に対して課する負担の程度によって分かれ、例えば、道路や河川のような専ら公共目的のみに供され私的な利用を認める余地のないものは土地収用の方法を採るべきであり、保安林などのように一定の範囲ではその財産の利用を容認することが可能なものについては公用制限が行われるのである。

イ　治山施設の維持、管理行為の確保を期すること。国又は都道府県の多額の財政投資によって施行された治山施設が、従来、完全に維持、管理されてきたとは言えなかったことにかんがみ、これらを事業の目的を達するように国又は都道府県が積極的に行うことができるよう体制の整備を図った。

3　保安施設地区制度の概要

（1）　制度の内容

　農林水産大臣は、保安林の指定目的のうち、水源のかん養又は災害の防備の目的（法第25条第1項1〜7号の目的）を達成するために森林の造成事業、森林の造成若しくは維持に必要な事業（保安施設事業）を行う必要がある場合には、保安施設地区の指定を行うことができる（法第41条）。

　この保安施設事業及び保安施設事業に係る施設の維持管理行為は、国又は都道府県が行うものであるが、当該行為を法的に裏付けるものは保安施設地区制度である。すなわち保安施設地

区の指定を受けるとこれらの土地所有者等は、保安施設事業の実施及びその維持管理行為について受忍義務を課せられることになる（法第45条第1項）。

しかし、国又は都道府県は、その行為により損失を受けた関係人に対しては通常生ずべき損失を補償しなければならない（同第2項）。

保安施設地区の指定は7年以内で事業を実施するに必要な期間とし、必要があるときは3年以内で延長することができる旨定められている（法第42条）。

また、保安施設地区の指定の有効期間が満了した時に森林であるものは、既に保安林となっているものを除いて、その時に、保安林に指定されたものとみなされ、以後は保安林として管理されることとなる（法第47条）。

保安施設地区の指定手続は保安林の指定手続が準用され、予定から確定という段階を踏む。ただし、災害復旧のため緊急に事業を行う必要があるため保安施設地区の指定を行う場合には法第32条第4項の規定は準用されない（予定告示後直ちに確定告示をすることができる。）（法第44条ただし書）。

また、原則として、海岸保全区域との重複を排除することも保安林と同様である（法第41条第4項）。

（2） 国有林における運用と実務上の注意

保安施設地区制度には国有林についての例外規定はないので、必要があれば国有林も民有林と同様保安施設地区の指定をすることになる。しかしながら保安施設地区に指定することの効果は、受忍義務を課すことによって工事の実施及び施行後の維持管理を法に基づくものとして円滑かつ合理的に行うことができ、施行跡地の森林は保安林に転換して保安林としての管理が行われることにあることから、国有林野の管理経営に関する法律第2条に規定する国有林野並びに保安林及び保安林予定森林（法第25条第1項第8号から第11号までに掲げる目的にかかわるものを除く。）等については、事業の実施につき当該土地の所有者等の同意を得ることができないと認められる場合、事業が大規模でかつ長期にわたる場合、又は事業実施の区域に当該土地以外の土地が含まれる場合を除き、指定を省略してさしつかえないものとして運用されている。このことは、保安林指定が例外なく国有林についても行われていることと矛盾するように見られるかもしれないが、保安施設地区の指定は、保安林指定が森林について立木の伐採その他の行為制限等によって一定の公益目的を実現しようとするのに対し、前述したように受忍義務を課し事業の実施等を効果的に確保することを目的としているのであるから画一的な運用をする必要はないとしているのである。

ただし、民有林について国が行う治山事業、いわゆる直轄治山事業の施行地については一般民有林の補助治山事業と同様に指定の省略ができる場合を除き、保安施設地区に指定をするこ

ととなっている（昭和46年10月5日付け46－2257「保安施設地区の指定の運用について」参照）。

　なお、国有林における直轄治山事業の施行地について、保安施設地区の指定をする場合、特に注意を要する点について述べる。

ア　保安施設地区の指定は、直轄治山事業の施行地については森林管理局長の上申によって行う（45林野治第1552号通知）。

　　この場合の上申書の内容等については都道府県知事が民有林について申請をする場合と同じである。

イ　地すべり等防止法による地すべり防止工事として行うものについても、その工作物が保安施設事業との兼用工作物である場合（森林の造成事業又は森林の造成若しくは維持に必要な事業の工作物を兼ねると認められる場合）は、その部分について保安施設地区の指定を行う（地すべり防止区域の一部又は全部と保安施設地区の指定が重複することになるが、工作物に対する災害復旧等を保安施設事業として行うためには保安施設地区に指定しておく必要があるためである）。

ウ　都道府県知事は、国が行う保安施設事業の実施のために指定された保安施設地区内における立木竹の伐採その他の行為に係る法第44条において準用する法第34条第1項若しくは第2項に規定する許可の申請又は規則第60条第1項第5号から第9号までの規定による届出を受けたときは、事業を行う森林管理局長の意見を聴くこととされている（基本通知）。

エ　森林管理局長は、国が行う保安施設事業の実施のために指定された保安施設地区において当該保安施設事業を終了したときは、保安林転換調書及び保安林転換調査地図を作成して都道府県知事に送付する（45林野治第1552号通知）。

　　都道府県知事はこれに基づき、指定の有効期間が満了したとき保安林に転換したものについて、遅滞なく森林所有者並びに当該保安林の所在地を管轄する市町村及び登記所に対し必要な事項を通知することとなっている（45林野治第921号通知）。

第5節 保安林を対象とする利用、開発との関係

1 保安林とレクリエーションの森

　レクリエーションの森は、自然景観、森林の保健・文化・教育的利用の現況及び将来の見通し、地域の要請等を勘案して、国民の保健・文化・教育的利用に供する施設又は森林の整備を特に積極的に行うことが適当と認められる国有林野であり、レクリエーションの森管理経営方針書において、施設の設置その他当該国有林野の利用に関する具体的な方針を定めるものとされている。

　方針書の作成に当たっては保安林等の制限の趣旨を尊重することとされており、施設の設置に当たり、保安林の解除を要する場合は、転用解除の基本的考え方等を踏まえ、林野庁との連絡調整を図るなど適切に対処する必要がある。

　また、レクリエーションの森のうち、優れた林相を有する等公衆の保健休養に資する森林については、保健保安林の積極的な指定を図ることとする。

2 保安林と分収林・共用林野などの関係について

　保安林に分収林契約の締結、国有林の共用林野の設定がなされることはありうることであるが、いずれの場合でも、保安林の指定目的達成上支障がない見通しの上でなされなければならない。

　分収林については、指定施業要件の範囲内の施業で契約締結の目的が達成できる場合には問題がないであろうが、共用林野の場合には、下草、落葉、落枝の採取や土石の採掘など法第34条第2項関係について特に慎重な考慮が必要である。

　上記とは逆に、分収林、共用林野などが保安林指定の対象となることも当然ありうるし、その際、それらの契約の解除を必要とする場合もある。

3 鉱業用地としての使用

　鉱業法（昭和25年法律第289号）は、鉱物資源を合理的に開発することによって公共の福祉の増進に寄与するため、鉱業に関する基本的制度を定めることを目的としており（同法第1条）、適用鉱物の種類、鉱業権の内容その他必要事項を規定している。

　鉱業権は、試掘権及び採掘権をいうが、この権利は鉱物を採掘しその所有権を取得すること

を内容とする権利で、一般に土地を使用する権利を含まないが、必要な場合は、土地の使用又は収用の権利が認められている（同法第104条及び第105条）。

以下、保安林と鉱区の関係で注意すべき点について述べる。

（1）　鉱業と公益との調整

鉱業による一般公益又は他産業に対する影響が大きい場合には、公害等調整委員会が「鉱区禁止地域」を指定することができる。また、一般の鉱業権設定の出願があったときは、通商産業局長は、関係都道府県知事（国の所有する土地については、当該行政機関）に協議しなければならないこととされている（同法第24条）から、この協議のあったときには、鉱区設定に伴い当然予想される問題点について十分調査し、鉱区設定の可否、必要条件などを慎重に検討しなければならない。対象の森林が保安林であれば、保安林の作業許可又は解除の問題についても検討を要する。

保安林の指定により鉱業権行使に相当な影響が及ぶときには、両者の調整が必要である。なお、指定手続として、鉱業権者に対して法第30条及び法第30条の2の予定通知が必要として取扱われている。

（2）　鉱区についての保安林指定等

鉱区について保安林の指定を行うことがあるが、これは、鉱業の制限をするためではない。あくまで森林の機能による公益を確保するためである。

鉱業すなわち鉱石の採掘によって生じる公共の危害は、鉱山保安法で取り締まるべきもので、保安林指定（指定に伴う法第34条第2項）の制限によるべきものではない。

保安林の指定があった場合においてそれに不服がある者及び保安林の解除が得られなかった者又は法第34条第2項の許可を得ることができなかった者等でそれが鉱業に関するものであるときは、公害等調整委員会に裁定を申請することができる（法第190条）。指定施業要件の変更、保安施設地区の指定に関しても同様の規定がある。

（3）　鉱業のための保安林解除

鉱業権の行使は私益の追求ではあるが、保安林解除の理由としては、公益上の理由によるものとして扱われている。これは、鉱業権の行使は、一面において国家資源開発という国民経済上の大きな立場があるので、鉱業法が特定の地域に限って鉱区を設定し、一般公益の確保を前提として鉱業権を保護して土地の使用、収用を認めている（鉱業法第104条、105条）などの事情によるものである。

しかし、既に解除関係の説明のとき述べたように、たとえそれが公益上の理由であろうと

も、保安林の公益性との比較の問題になるわけであるから、無条件に保安林を解除するようなことがあってはならない。特に、土砂及び流水の処理、法面の保護等については十分な検討をする必要がある。

　また、問題となるような箇所については、鉱業権設定の際の経済産業局長からの事前協議において、その特殊事情を明らかにしておくことが望ましい。

　また、鉱業のための保安林解除についての不解除の処分をした場合に、それに不服がある者は公害等調整委員会にその裁定を申請することができる（法第190条）。

　なお、公害等調整委員会に対して行う裁定の申請に係る具体的な事項については、鉱業等に係る土地利用の調整手続等に関する法律（昭和25年法律第292号）において規定されている。

4　国有保安林の貸付等

（1）　農林業の構造改善等のための国有林野の活用

　国有林野の活用については、「国有林野の活用に関する基本的事項の公表について」（昭和46. 8 . 20農林大臣公表）により、国有林野の管理及び経営の事業の適切な運営の確保に必要な考慮を払いつつ適地を選定するものとし、保安林については原則として活用の対象地として選定しないこととしている。

　ただし、当該活用に係る土地の利用形態、当該国有林野の有する機能、法令の規定による制限の解除等の見通し、国有林野の所在する地域の経済的又は社会的実情等を考慮して、森林管理局長が活用の対象地として選定することをやむを得ないものと認めるときはこの限りでない（同公表）。

　この場合において、農林事務次官通達（「国有林野の活用に関する法律の施行について」昭和46年 8 月20日、46林野管第427号）で適切な運用を指示しており、さらに農林省農政局長、林野庁長官等の連名通達（「農林業構造の改善等のための国有林野の活用手続に関する要領について」昭和46年 8 月20日、46林野管第428号）で保安林を活用適地として選定しようとするときは、森林管理局長は、当該活用の目的、態様等からして、保安林内の作業許可を要するときは、あらかじめ都道府県知事と当該許可の見通しについて十分連絡をとるものとし、保安林の解除を要するときは、事前相談の様式に従い、林野庁長官に報告し、当該保安林の指定の解除の可否見通しを得るものとされている。これにより、解除の見通しのついたものは、農用地として選定手続を進めることとなるが、この場合の解除の見通しは、前述の「転用の保安林解除」の考え方で審査することになり、転用の必要性、計画の具体性及びこれによる保安上の影響が主要な判定因子となる。

　保安林解除の手続は、事業計画が真に具体化したうえで行い、そのあとで、所属替、売払い

又は貸付の手続を行うよう指導されている。

　以上の手続によって適正な処理が図られているが、内容的には、解除の見通しについての指示を受けるときの報告書が、一般の解除調書と同じように、問題点をもれなくとらえており、林野庁長官の判断を誤らせることのないように整っていることが大切である。

（2）　売払い

　森林管理局長は保安林である不要存置林野を売り払おうとする場合において当該保安林の指定を解除しても支障がないと認められるときは、その手続をしなければならない（国有林野管理規程第38条）ことになっている。

　また、保安林として指定されている国有林野を保安林指定継続のまま売払いしようとするときは、当該保安林の売払い等について関係地方公共団体の同意が得られているものであって、次に掲げる要件を満たすものに限り、売払いの対象とすることができることとしている。

ア　利用目的が地域住民等の保健休養等のための森林公園、自然教育の場の提供等のための自然観察林、その他これに類するものであること。

イ　売払い相手方が地方公共団体等随意契約の適格者であって、保安林の管理経営能力と意欲があり、保安林機能の維持増進が見込まれること。

ウ　売払いの規模が、国土の保全等国有林野事業の使命達成上支障のない範囲であること。

第6節　保安林制度と類似の制度

　保安林制度の運用については、これと類似の公益目的のために森林の施業を制限する制度との関係が問題になる場合があり、特に注意が必要である。

1　民有林の開発行為の許可制度（林地開発許可制度）（森林法）
（昭和26年法律第249号）

　昭和49年5月1日法律第39号により森林法の一部が改正され、地域森林計画の対象になっている民有林（保安林、保安施設地区及び海岸保全区域内の森林を除く）において開発行為をしようとする者は、都道府県知事の許可を受けなければならないこととされた（法第10条の2）。ここで、開発行為とは、土石又は樹根の採掘、開墾その他の土地の形質を変更する行為であり（法第10条の2第1項）、その規模は、専ら道路の新設、改築を目的とする行為の場合は、行為に係る面積が1haを超えかつ道路の幅員が3m（路肩部分を除く。）を超えるもの、その他の場合は1haを超えるものをいう（令第2条の3）。

　なお、次の場合は許可を要しない（法第10条の2第1項第1号～第3号）。

（1）　国又は地方公共団体が行う場合

（2）　火災、風水害その他の非常災害のために必要な応急措置として行う場合

（3）　森林の土地の保全に著しい支障を及ぼすおそれが少なく、かつ、公益性が高いと認められる事業で農林水産省令（規則第3条）で定めるものの施行として行う場合

本制度の概要は、第7節で説明する。

2　砂防指定地（砂防法）
（明治30年法律第29号）

　砂防指定地は、砂防法第2条に基づき、国土交通大臣が、砂防設備を要する土地又は治水上砂防のため一定の行為を禁止もしくは制限すべき土地として指定する土地で、この土地についての禁止又は制限の内容は都道府県知事が定めることになっている（同法第4条）。

　砂防指定地の指定と土砂流出防備保安林及び土砂崩壊防備保安林の指定は、各々の目的のためになされるものであり、重複して指定される状況も起こり得る。しかし、行政を複雑にする等法律制度の運用上好ましくないことから、この重複関係は従来から問題になっており、これを解決するために数次にわたって通達が出されている。

　その第1は「砂防法ト森林法適用上ノ調和ニ関スル件（大正2年4月16日　土第184号内務省土木局長、農商務省山林局長から各知事あて依命通達）」である。この中で、砂防指定地の

うち、当分砂防工事を行う見込みのないもので森林法により施設を整備する必要のあるもの
は、砂防指定地を解除すること、また、その反対に、保安林のうち、当分森林法により施設を
整備する見込みのない部分で砂防工事の施工を必要とするものは、保安林を解除することを定
めていた。

　ただし、この問題は、本質的には治山事業と砂防事業との間の問題であり、両者の区分につ
いて、昭和3年の閣議決定により、森林造成を主体とする工事及び森林造成と同時に施工する
必要のある渓流工事は農林水産省所管、渓流工事及び造林の見込みのない急峻な山腹工事を主
体とするものは内務省（国土交通省）所管という基本的考え方が打ち出された。

　しかし、なお問題が残されていたため、昭和27年の林野庁長官と建設事務次官の共同通達の
中でも、「いずれか施業要件の強い方を残して他方を取り消す」方針が示された。その後、昭
和38年に至り、砂防治山連絡調整会議を毎年1中央及び地方において開催して、適正な運営を
図る方針がとられることになった（「治水砂防行政事務と治山行政事務の連絡調整について」
昭38.6.1、38林野治第582号建河発第267号。林野庁長官・建設省河川局長から各知事、営林
局長、地方建設局長あて）。

　さらに、同年12月、両事業の円滑な実施を図るために両事業の事業区分と調整要領を定めて
林野庁長官と河川局長の共同通達が出されている（昭和38年12月7日、38林野治第1811号、建
河発第555号）。

3　地すべり防止区域（地すべり等防止法）

（昭和33年法律第30号）

　地すべり防止区域は、地すべり区域（地すべりが発生している区域又は発生するおそれのき
わめて大きい区域）及び地すべり区域に隣接し地すべりを誘発・助長する、もしくは誘発・助
長するおそれがきわめて大きい地域のうち、公共の利害に密接な関連を有するものを、主務大
臣（国土交通大臣又は農林水産大臣）が知事の意見をきいて指定する（同法第3条）。

　地すべり防止区域についての行為制限のなかには、立木竹の伐採制限は含まれていない（地
すべり防止には森林は無関係であるという見解がとられている）ため、その区域内に部分的に
土砂崩壊・流出などを防止する必要な箇所があれば、保安林に指定する必要がある。しかし、
地すべり防止のみを目的とする保安林指定はしない方針である。なお、区域内の保安林につい
て作業許可を受けたときは、地すべり等防止法による許可は不要となっている（同法第20条第
1項）。

　また、地すべり防止区域の指定及び管理の主務大臣は、保安林又は保安施設地区が含まれる
場合は農林水産大臣（林野庁所管）、砂防指定地が含まれる場合は国土交通大臣、これらがい
ずれも含まれない場合で、土地改良事業が施行されている場合は農林水産大臣（農村振興局所

管）、上記の全てに該当しない場合は国土交通大臣となる。保安林又は保安施設地区と砂防指定地がともに含まれる場合には、主務大臣が相互に協議して定めることになっている（同法第51条）。

4　急傾斜地崩壊危険区域
（急傾斜地の崩壊による災害の防止に関する法律）

（昭和44年法律第57号）

　急傾斜地崩壊危険区域は、崩壊するおそれのある急傾斜地（傾斜が30度以上の土地）で、その崩壊により相当数の居住者等に危害が生じるおそれのあるもの及び急傾斜地に隣接し崩壊を誘発・助長するおそれがないよう行為の制限を要する土地を、都道府県知事が関係市町村長の意見をきいて指定する（同法第2条、第3条）。

　森林法及び急傾斜地の崩壊による災害の防止に関する法律の目的及び行為制限の内容等を踏まえ、二重行政を防止するため、保安林・保安施設地区を含む土地について急傾斜地崩壊危険区域を指定しようとする場合には、都道府県の林務担当部局と協議することとして運用している。また、保安林・保安施設地区と重複して指定する場合についても、土砂の流出又は崩壊の防備を目的とする保安林等については、法第34条第1項及び第2項に基づき許可を受けた行為について、同法に基づく許可は不要とされている（同法第7条及び政令第2条第16号）。

　一方で、急傾斜地の崩壊を防止するため都道府県が施工する急傾斜地崩壊防止工事については、保安林（海岸保全区域内の森林で海岸管理者に協議して保安林に指定したものを除く。）又は保安施設地区等では実施しないこととされている（同法第12条）。

5　海岸保全区域（海岸法）

（昭和31年法律第101号）

　海岸保全区域は、海岸法の目的（津波・高潮・波浪その他海水又は地盤の変動による被害から海岸を防護する）を達成するため、都道府県知事によって指定され（同法第3条）、海岸堤防などの海岸保全施設についての工事その他の海岸管理が行われる。

　海岸保全区域の指定目的は、飛砂防備保安林、潮害防備保安林など海岸に関係のある保安林の指定目的と必ずしも同じではないが、既に保安林指定の項で述べたように、一応、海岸堤防などの海岸保全施設と海岸に存する保安林とは、海岸保全上同一の機能をもっているものとして、原則的には、両者の重複指定をさけることとしている（海岸法第3条第1項ただし書、法第25条第1項ただし書）。しかし、特別の必要がある場合には農林水産大臣と都道府県知事とが相互に協議すれば両者の重複指定ができることとしている（海岸法第3条第2項、法第25条

第2項）（重複指定関係は、保安施設地区においても同じである。）。

　保安林又は保安施設地区を海岸保全区域に指定する必要があるときの協議については、林野庁長官通達が出されている（「保安林又は保安施設地区に係る海岸保全区域の指定に関する協議について」昭和32.8.12、32林野第10847号各知事あて）。その通達のなかで、重複指定に同意する場合の原則が示されているが、その趣旨は、海岸防災林造成事業（保安施設事業の一種で、海岸堤防又は護岸と同じ施設を施工して、潮害防備保安林などの維持又は造成をはかるもの）の実施計画のない海岸について、新設しようとする海岸保全施設の敷地及びその周辺5m程度の区域の範囲内で同意するということである。

　なお、解除せずに重複して指定することとしているのは、海岸法には立木の伐採制限がないので必要な森林を保存するためには保安林でなければならないからである。なお、両者が重複するものについての土地の形質変更等の制限に関しては森林法上の許可だけを受ければよいことになっている（海岸法施行令第2条）。

6　自然環境保全地域及び都道府県自然環境保全地域（自然環境保全法）

（昭和47年法律第85号）

　自然環境保全法（以下「自環法」という。）は、自然環境の保全を目的とする他の法律と相まって、自然環境の適正な保全を総合的に推進することを目的とする。原生自然環境保全地域及び自然環境保全地域は環境大臣が指定し、都道府県自然環境保全地域は都道府県が条例で定めるところにより指定する。

　自環法が保安林行政に関連をもつのは、相互の指定区域と立木の伐採等の制限についての2点であるが、指定区域については、原生自然環境保全地域と保安林は重複しないことになっている（法第25条第1項ただし書、自環法第14条第1項）。

（1）　自然環境保全地域

　この地域は、自然的社会的諸条件からみて自然環境を保全することが特に必要な区域として環境大臣により指定されるもので、保全計画（自環法第23条）に基づき特別地区（同法第25条）、海域特別地区（同法第27条）及び普通地区（同法第28条）に区分される。特別地区には、更に野生動植物保護地区（同法第27条）を定めることができる。

　保安林等と重複する場合の取扱いについては、保安林等が森林の維持造成と適正な森林施業の確保によって、水源の涵養、災害の防備等の公益目的を達成するために指定されたものであるのに対し、自然環境保全地域は、原則として、人為を排除し良好な自然環境を保全しようとするものであるから、保安林の指定目的に応じた保安機能の向上を図る上で支障を生じないよう十分に調整を行う必要がある。

特別地区及び野生動植物保護地区における立木竹の伐採の方法及び限度については、保全計画に基づいて環境大臣が農林水産大臣に協議して指定した範囲内であれば許可を要しない（同法第25条第3項、第4項）。

　その内容は、原則として次によることとされている。

1）　同法第22条第1項1号の地域については、原則として禁伐とする。

2）　同2号の地域については、学術的価値の高いもの等は原則として禁伐とし、それ以外のものは択伐とする。

3）　同3号及び4号の地域については、原則として択伐とする。

4）　同6号の地域については、保護対象の特性に応じて定める。

　なお、保安林等であって、崩壊地の周辺で放置すれば崩壊の拡大が予想されるもの、老齢過熟林となっているもの、風害、火災等の被災を受けているもの、土壌の条件が劣悪なためなどの原因で不良な林相を呈しているもの（10年以内に不良な林相を呈することが見込まれるものを含む。）等に係る保安機能の維持向上のための林相改良に伴う伐採については、その円滑な実施が確保されるよう、あらかじめ、自然環境保全地域保全計画において当該伐採の許可を不要とするなど、所要の方法及び限度を定める等の調整を行うことになっている。

　自然環境保全地域特別地区の規制と保安林との関係は別表のとおりである。

　土地の形質変更等の許可は、保安林の許可があれば不要である（同法第25条第4項）。

　普通地区については、木竹の伐採制限はなく、土地の形質変更等の届出は、保安林の許可があれば不要である（同法第28条第1項）。

（別表）　自然環境保全地域特別地区の規制と保安林の関係

① 規制行為の内容

自環法第25条第4項第1号
（自環法第17条第1項第1号〜第5号）
建築物その他工作物の新築、改築、増築
土地の形質の変更
鉱物及び土石の採取
水面埋立、干拓
河川、湖沼の水位又は水量増減
→ 森林法第34条第2項の規定による許可済の行為は許可不要（自環法第25条第4項、ただし書）

自環法第25条第4項第2号 --------- 木竹の伐採 ——— 環境大臣と農林水産大臣が協議し保全計画に定められた伐採の方法及び限度内であれば許可不要（自環法第25条第4項、ただし書）

② 許可の基準 ——— 自環法第25条第6項 ——— 自環法施行規則第17条

③ 許可の適用除外事項 —— 自環法第25条第10項第3号

自環法施行規則第19条第1号　イ. - 森林の保護管理のための標識
自環法施行規則第19条第5号　ハ. - 森林保育のための下刈、つる切、又は間伐
自環法施行規則第19条第5号　ニ. - 枯損した木竹、又は危険な木竹
自環法施行規則第19条第5号　ホ. - 測量、実施調査又は施設の保守の支障となる木竹

自環法施行規則第19条第12号イ
保安林等区域内で森林法第34条第2項各号に該当する場合の同項に規定する行為並びに森林法施行規則第63条第1号に規定する事業若しくは工事を実施する行為

（2）　都道府県自然環境保全地域

　この地域は、都道府県が条例に基づき指定する自然環境保全地域に準ずる地域であって、木竹の伐採、土地の形質変更等については、条例で定めるところにより自然環境の保全上、必要な規制を受ける（自環法第46条第1項）。

　なお、立木竹の伐採等については、自然環境保全地域の取扱いに準ずる。

7　国立公園及び国定公園の特別地域（自然公園法）

（昭和32年法律第161号）

　国立公園及び国定公園の特別地域は、自然公園法に基づき、国立公園にあっては環境大臣が、国定公園にあっては都道府県知事が、それらの公園の景観や風致を維持するために指定するもので、特別地域内においては、一定の行為が制限される（国立公園にあっては環境大臣の、国定公園にあっては都道府県知事の許可を必要とする。同法第20条第3項及び第21条第3項）。立木の伐採については、特別地域のうちの特別保護地区並びに第1種及び第2種の特別地域において厳しく制限される。

　（木竹の伐採の許可基準）同法施行規則第11条第15項
　（1）　特別保護地区　・・・禁伐。
　（2）　第1種特別地域・・・原則として禁伐。
　（3）　第2種特別地域・・・択伐又は一定の要件満たした皆伐は許可される。
　（4）　第3種特別地域・・・伐採は許可される。（特に施業制限はなし）

8　史跡名勝天然記念物（文化財保護法）

（昭和25年法律第214号）

　史跡、名勝又は天然記念物は、文化財保護法に基づき、記念物のうち重要なものを、文部科学大臣が指定する（同法第109条）。指定された史跡名勝天然記念物は、所有者又はこれに代わる管理団体によって特別な管理が行われる。

　史跡名勝天然記念物の指定と保安林の指定と重複する場合があるが、指定目的が異なり、指定目的に応じて指定の範囲、行為制限の内容も異なるのが一般であるが、互いの制度に齟齬が生じないよう、連絡調整を密に行うことが望ましい。

9　市街化区域、用途地域及び風致地区（都市計画法）

（昭和43年法律第100号）

　都市計画法は、都市計画が農林漁業との健全な調和を図りつつ定められるべきことを基本理念として掲げ（同法第2条）、特に市街化区域に関する都市計画については、国土交通大臣又

は都道府県知事がこれを定め又は許可しようとするときは、農林水産大臣にあらかじめ協議すべきこととし（同法第23条第1項）、農林漁業との調整を図ることとしている。

（1）　市街化区域

都市計画には、無秩序な市街化を防止し、計画的な市街化を図るため、都市計画区域を区分して、市街化区域及び市街化調整区域が定められる（同法第7条第1項）。市街化区域は、既に市街地を形成している区域及びおおむね10年以内に優先的かつ計画的に市街化を図るべき区域であり（同法第2項）、市街化調整区域は、市街化を抑制すべき区域であり（同法第3項）、ともにその区分及び各区域の整備、開発又は保全の方針が都市計画に定められる（同法第6条の2）。

保安林が存する都市計画区域について都市計画がたてられる場合に保安林をどう取扱うかについては農村振興局長通知（平14.11.1付け14農振第1452号）により、保安林は原則として市街化区域に囲まれることとなる小面積の保安林を除いて市街化区域に含めないよう調整することとしている。この取扱いは、保安林予定森林、保安施設地区についても同様である。

（2）　用途地域

用途地域（同法第8条第1項第1号）は、都市における住居の環境を保護し、商業、工業の利便の増進を図るために（同法第9条第1項～第13項）定められる（同法第8条第3項）。

市街化区域と市街化調整区域の区域区分が定められていない都市計画区域について、用途地域を定める場合の保安林の取扱いについては、農村振興局長通知（平14.11.1付け14農振第1452号）により、用途地域に囲まれることとなる小規模な保安林を除いて、保安林を用途地域に含めないよう調整することとしている。この取扱いは、保安林予定森林、保安施設地区についても同様である。

（3）　風致地区

風致地区は、都市計画における地域地区として都市における風致を維持するため定められ（同法第8条第1項第7号）、風致地区内においては、建築物の建築、宅地の造成、木竹の伐採その他の行為については、政令で定める基準に従い都道府県の条例で定めるところにより、都市の風致を維持するため必要な規制を受ける（同法第58条）。

10　特別緑地保全地区等（都市緑地法）

（昭和48年法律第72号）

都市における緑地を保全することにより、良好な都市環境の形成を図るために（同法第1

条）、都市計画において都道府県等は緑地保全地域（同法第5条）又は特別緑地保全地区（同法第12条）を定めることができ、当該区域内では木竹の伐採、建築物の建築等の行為について制限が課せられる。

　緑地保全地域又は特別緑地保全地区については、その目的が保安林制度と重複する場合があり、これらの地域等については、同様の目的で保安林に重複して指定しないものとし、それ以外の場合であっても協議を行うこととしている。

　なお、平成16年に都市緑地保全法が都市緑地法に改正され、緑地保全地域が新たに創設されるとともに、緑地保全地区が特別緑地保全地区に名称変更されている。

11　漁業法による制限区域（漁業法）

（昭和24年法律第267号）

　漁業法第161条によって、漁業者、漁業協同組合又はその連合会は、漁業に必要な目標の保全又は建設の目的のために、都道府県知事の許可を受けて、他人の土地を使用し、又は立木竹若しくは土石の除去を制限することができるが、この規定による制限区域は、航行目標保安林とほとんど同じ意味を持つと考えられるので、特に必要がなければ、重複指定を避けるべきであろう。

12　森林地域（国土利用計画法）

（昭和49年法律第92号）

　国土利用計画法は、健康で文化的な生活環境の確保と国土の均衡ある発展を図ることを基本理念として掲げている（同法第2条）。

　この法律により、国土利用計画（全国計画、都道府県計画、市町村計画）が定められ、この全国計画（都道府県計画が定められているときは、全国計画及び都道府県計画）を基本として都道府県知事は土地利用基本計画を定める。

　土地利用基本計画は、都市地域、農業地域、森林地域、自然公園地域、自然保全地域の区分をすることとしている（同法第9条）。

　ここで、森林地域とは、林業の振興又は森林の有する諸機能の維持増進を図る必要がある地域である（同法第9条第6項）。

　また、都道府県知事は、土地の投機的取引が集中して行われると認められる場合及び地価が急激に上昇すると認められる場合等にあっては、規制区域の指定をする（同法第12条）。

　規制区域に指定されると土地に関する権利の移転等にあっては、都道府県知事の許可を受けなければならない（同法第14条）。

13 その他

　地域森林計画、国有林の地域別の森林計画における計画事項、特に「保安林の整備、第41条の保安施設事業に関する計画その他保安施設に関する事項」の内容については常に留意する必要がある。また、国有林野管理経営規程（平成11.1.21農林水産省訓令第2号）に基づく保護林、レクリエーションの森などは、森林の経営主体である国有林当局が自主的に定めた森林施業上の区分であり、森林法に基づいて特定の目的で指定される保安林とは直接の関係はないものの、お互いの制度に齟齬が生じないよう、連絡調整を密に行うことが望ましい。

第7節　林地開発許可制度

1　林地開発許可制度の概要

（1）　林地開発許可制度の制定

　我が国においては、昭和40年代後半以降の金融の過剰流動性の下での土地開発はゴルフ場をはじめとして、直接森林を対象として急増することになった。森林法においては、特に公益的な機能の高い森林については、保安林制度に基づき保全及び形成に努めてきたところであるが、保安林として指定された森林以外の森林については何ら法的規制措置が講じられていなかった。昭和49年の森林法改正により、林地開発許可制度を創設し、保安林以外の森林についても、森林の土地の適切な利用を確保することとし、地域森林計画の対象となっている民有林（保安林、保安施設地区および海岸保全区域内の森林を除く）において開発行為をしようとする者は、都道府県知事の許可（自治事務）を受けなければならないこととした。

　林地開発許可制度の趣旨及び目的としては、森林は水源のかん養、災害の防止、環境の保全といった公益的機能を有しており、国民生活の安定と地域社会の健全な発展に寄与しており、開発によりこれらの森林の機能が失われてしまった場合には、これを回復することは非常に困難である。このため、森林において開発行為を行うに当たっては、森林の有する役割を阻害しないよう適正に行うことが必要であり、かつ、それが開発行為を行う者の権利に内在する責務でもあることから、林地開発制度はこれらの森林の土地について、その適正な利用を確保することしている。

　国有林については、国の管理権限に基づいて適正な管理経営が確保されることから、林地開発許可制度の対象森林にはされていないが、国有林野事業の実施に伴う開発行為については、民有林における場合の模範となり得るよう、本制度の趣旨に沿って行うものとされている。国自ら開発を伴う事業を行う場合のほか、国以外の者に開発行為の実施を目的として貸付、使用させる場合又は国以外の者に開発行為を前提とした事業を目的として譲渡をする場合には、民有林に係る都道府県知事に対する林地開発許可制度に関する通達に準じて取り扱うこととされている。（「開発行為を伴う国有林野事業の実施上の取扱いについて」昭和49年10月31日付け49林野計第483号、林野庁長官から各営林局長あて）

（2）　林地開発許可制度の内容

　林地開発許可制度の内容を列挙すると次のとおりである。

　1）　林地開発許可制度の対象となる森林は、都道府県知事がたてた地域森林計画の対象と

なっている民有林（保安林、保安施設地区、海岸保全区域を除く）（森林法第10条の2第1項）

2）　許可制の対象となる開発行為は土石又は樹根の採掘、開墾その他の土地の形質を変更する行為で、①専ら道路の新設又は改築を目的とする行為でその行為に係る土地の面積が1haを超えるものにあっては道路（路肩部分及び屈曲部又は待避所として必要な拡幅部分を除く。）の幅員3m、②その他の行為にあっては土地の面積1ha、の規模をこえるもの。（法第10条の2第1項及び法施行令第2条の3）。

> （注）令和4年9月の「森林法施行令」の改正により、「太陽光発電設備の設置を目的とする行為については、土地の面積0.5haを超えるもの」が追加された。以下、同じ。

3）　開発行為をしようとするものは都道府県知事の許可を受けなければならない。（法第10条の2第1項）

4）　都道府県知事は、許可の申請があった場合には、次のいずれにも該当しないと認めるときは、これを許可しなければならない。（法第10条の2第2項）

（ア）　当該開発行為をする森林の現に有する土地に関する災害の防止の機能からみて、当該開発行為により当該森林の周辺の地域において土砂の流出又は崩壊その他の災害を発生させるおそれがあること（災害の防止）（法第10条の2第2項第1号）

（イ）　当該開発行為をする森林の現に有する水害の防止の機能からみて、当該開発行為により当該機能に依存する地域における水害を発生させるおそれがあること（水害の防止）（法第10条の2第2項第1号の2）

（ウ）　当該開発行為をする森林の現に有する水源のかん養の機能からみて、当該開発行為により当該機能に依存する地域における水の確保に著しい支障を及ぼすおそれがあること（水の確保）（法第10条の2第2項第2号）

（エ）　当該開発行為をする森林の現に有する環境の保全の機能からみて、当該開発行為により当該森林の周辺の地域における環境を著しく悪化させるおそれがあること（環境の保全）（法第10条の2第2項第3号）

5）　上記の許可には、条件を付することができる。その条件は、森林の現に有する公益的機能を維持するために必要最小限のものに限り、かつ、その許可を受けたものに不当な義務を課するものであってはならない。（法第10条の2第4項、5項）

6）　都道府県知事は、無許可開発をした者、許可条件に違反して開発をした者、不正な手段によって許可を受けて開発した者に対して、その開発行為の中止を命じ、又は期間を定めて復旧に必要な行為をすべき旨を命ずることができる。（法第10条の3）

7）　林地開発許可の手続きは、別紙（体系図）のとおりとなっている。

○　開発計画の検討・立案者（申請者）は申請書類を作成し、都道府県知事に対して申請書

を提出する。その際、都道府県の担当職員と十分に相談の上、申請書、位置図、区域図、開発計画書などを作成・提出する。

○　これを受けて、都道府県知事は、申請書の審査と現地調査を行う。この際、森林法に基づく許可基準により審査する。

○　都道府県知事は、林地開発許可の基準を満たす場合は林地開発の許可を行う。

○　申請者は、認められた開発行為を実施する。この際、許可の際に条件が付されている場合はそれを順守することが必要になる。

○　都道府県知事は、進行状況の調査を行う。この際、防災施設の先行設置等、都道府県の先行設置等担当職員が適切に工事が行われているか調査する。

○　申請者は開発行為を完了した場合には完了届を提出する。この際、開発計画どおりに工事を完了すること、工事の完了後すみやかに完了届を提出することが必要である。

○　都道府県知事は、完了確認を行う。この際、都道府県の担当職員が許可内容どおりに開発されているか確認し、問題がなければ林地開発許可制度に関する手続きは終了となる。

林地開発許可制度の体系図（概要）

許可を必要とするもの

対象　地域森林計画の対象となっている民有林

（保安林・保全施設地区
海岸保全区域を除く。）

規模　政令で定める規模をこえるもの（1 ha）
【法10の2①】

都道府県森林審議会、関係市町村長の意見聴取
【法10の2⑥】

開発行為をしようとする者

申請書提出　連絡調整（適用除外）

都道府県知事

許可を必要としない場合

1　国、地方公共団体が行う場合
2　非常災害のために必要な応急措置として行う場合
3　公益性が高いものとして省令で定める事業の施行として行う場合

【法10の2①】

審査　現地調査

都道府県知事は、次の各号のいずれかにも該当しないと認めるときは、許可しなければならない。
【法10の2②】

災害の防止

当該開発行為により周辺の地域において土砂の流出又は崩壊その他の災害を発生させるおそれがあるかどうか

【法10の2②1】

水害の防止

当該開発行為により下流地域において水害を発生させるおそれがあるかどうか

【法10の2②1の2】

水の確保

当該開発行為により水の確保に著しい支障を及ぼすおそれがあるかどうか

【法10の2②2】

環境の保全

当該開発行為により周辺の地域において環境を著しく悪化させるおそれがあるかどうか

【法10の2②3】

不許可

許可

条件を附することができる
【法10の2④, ⑤】

監督処分

開発行為の中止命令
復旧命令

対象1　無許可開発をした者
2　許可条件に違反して開発をした者
3　不正な手段によって許可を受けて開発した者

【法10の3】

開発行為施行

施行状況調査

完了確認調査

罰則

1　無許可
2　監督処分命令違反

3年以下の懲役又は300万円以下の罰金

【法206】

注：【　】は、根拠法である森林法の条項を示す。

2 林地開発に伴う防災施設等の設置

（1） 設置基準

　地方自治法の規定による技術的助言として、「開発行為の許可制に関する事務の取扱について」（平成14年３月29日付け13林整治第2396号農林水産事務次官から依命通知）が通知され、その中で、別記の「開発行為の許可基準の運用について（運用基準）」が記載され、林地開発許可制度における開発行為の許可は、許可の申請書及び添付書類の記載事項はこれに記載された要件を満たすか否かについて審査して行うこととされている。

　また、「開発行為の許可基準の運用細則について」（平成14年５月８日付け14林整治第25号林野庁長官通知）により、運用基準の細則（運用細則）が定められている。

　なお、太陽光施設の設置を目的とした開発行為の増加を背景として、令和元年12月に、新たに「太陽光発電施設の設置を目的とした開発行為の許可基準の運用細則について」（令和元年12月24日付け元林整治第686号林野庁長官通知）が発出された。

　これらの通知をならべながら、主な防災施設設置等の考え方について整理する。

（2） 主な防災施設設置等の考え方

1） 土砂の移動関係

（「運用基準」第２　法第10条の２第２項第１号関係事項）

1　開発行為が原則として現地形に沿って行われること及び開発行為による土砂の移動量が必要最小限度であることが明らかであること。

（「運用細則」第２　運用基準第２関係事項）

1　運用基準第２の１関係事項

　運用基準第２の１の運用に当たっては、その利用形態からみて土砂の移動が周辺に及ぼす影響が比較的大きいと認められるスキー場の滑走コースに係る切土量は１ヘクタール当たりおおむね1,000立方メートル以下、ゴルフ場の造成に係る切土量、盛土量はそれぞれ18ホール当たりおおむね200万立方メートル以下とする。

2）切土、盛土、捨土関係

（「運用基準」　第２　法第10条の２第２項第１号関係事項）

2　切土、盛土又は捨土を行う場合には、その工法が法面の安定を確保するものであること及び捨土が適切な箇所で行われること並びに切土、盛土又は捨土を行った後に法面を生ずるときはその法面の勾配が地質、土質、法面の高さからみて崩壊のおそれの

ないものであり、かつ、必要に応じて小段又は排水施設の設置その他の措置が適切に
講ぜられることが明らかであること。

（「運用細則」第2　運用基準第2関係事項
2　運用基準第2の2関係事項）

運用基準第2の2の技術的細則は、次の（1）から（4）に掲げるとおりとする。

（1）　工法等は、次によるものであること。

　ア　切土は、原則として階段状に行う等法面の安定が確保されるものであること。

　イ　盛土は、必要に応じて水平層にして順次盛り上げ、十分締め固めが行われるもの
　　であること。

　ウ　土石の落下による下斜面等の荒廃を防止する必要がある場合には、柵工の実施等
　　の措置が講ぜられていること。

　エ　大規模な切土又は盛土を行う場合には、融雪、豪雨等により災害が生ずるおそれ
　　のないように工事時期、工法等について適切に配慮されていること。

（2）　切土は、次によるものであること。

　ア　法面の勾配は、地質、土質、切土高、気象及び近傍にある既往の法面の状態等を
　　勘案して、現地に適合した安定なものであること。

　イ　土砂の切土高10メートルを超える場合には、原則として、高さ5メートルないし
　　10メートルごとに小段が設置されるほか、必要に応じ排水施設が設置される等崩壊
　　防止の措置が講ぜられていること。

　ウ　切土を行った後の地盤に滑りやすい土質の層がある場合には、その地盤にすべり
　　が生じないように杭打ちその他の措置が講ぜられていること。

（3）　盛土は、次によるものであること。

　ア　法面の勾配は、盛土材料、盛土高、地形、気象及び近傍にある既往の法面の状態
　　等を勘案して、現地に適合した安全なものであること。

　イ　一層の仕上がり厚は、30センチメートル以下とし、その層ごとに締め固めが行わ
　　れるとともに、必要に応じて雨水その他の地表水又は地下水を排除するための排水
　　施設の設置等の措置等が講ぜられていること。

　ウ　盛土高が5メートルを超える場合には、原則として5メートルごとに小段が設置
　　されるほか、必要に応じて排水施設が設置される等崩壊防止の措置が講ぜられてい
　　ること。

　エ　盛土がすべり、ゆるみ、沈下し、又は崩壊するおそれがある場合には、盛土を行

う前の地盤の段取り、地盤の土の入れ替え、埋設工の施工、排水施設の設置等の措置が講ぜられていること。

（４）　捨土は、次によるものであること。
　ア　捨土は、土捨場を設置し、土砂の流出防止措置を講じて行われるものであること。この場合における土捨場の位置は、急傾斜地、湧水の生じている箇所等を避け、人家又は公共施設との位置関係を考慮の上設定されているものであること。
　イ　法面の勾配の設定、小段の設置、排水施設の設置等は、盛土に準じて行われ、土砂の流出のおそれがないものであること。

３）　擁壁の設置その他法面崩壊防止措置

（「運用基準」第２　法第10条の２第２項第１号関係事項）

３　切土、盛土又は捨土を行った後の法面の勾配が $2^{(注1)}$ によることが困難である若しくは適当でない場合又は周辺の土地利用の実態からみて必要がある場合には、擁壁の設置その他の法面崩壊防止の措置が適切に講ぜられることが明らかであること。

（注1）：「運用基準」第２の２

（「運用細則」第２　運用基準第２関係事項）

３　運用基準第２の３関係事項）

「周辺の土地利用の実態からみて必要がある場合」とは、人家、学校、道路等に近接し、かつ、次の（１）又は（２）に該当する場合をいう。ただし、土質試験等に基づき地盤の安定計算をした結果、法面の安定を保つために擁壁等の設置が必要でないと認められる場合には、これに該当しない。

（１）　切土により生ずる法面の勾配が30度より急で、かつ、高さが２メートルを超える場合。ただし、硬岩盤である場合又は次のア若しくはイのいずれかに該当する場合はこの限りではない。
　ア　土質が表１の左欄に掲げるものに該当し、かつ、土質に応じた法面の勾配が同表中欄の角度以下のもの。
　イ　土質が表１の左欄に掲げるものに該当し、かつ、土質に応じた法面の勾配が同表中欄の角度を超え、同表右欄の角度以下のもので、その高さが５メートル以下のもの。この場合において、アに該当する法面の部分により上下に分離された法面があるときは、アに該当する法面の部分は存在せず、その上下の法面は連続しているものとみなす。

表1

土　　　質	擁壁等を要しない勾配の上限	擁壁等を要する勾配の下限
軟岩（風化の著しいものを除く。）	60度	80度
風化の著しい岩	40度	50度
砂利、真砂土、関東ローム、硬質粘土、その他これに類するもの	35度	45度

（2）　盛土により生ずる法面の勾配が30度より急で、かつ、高さが1メートルを超える場合。

（「運用細則」第2　運用基準第2関係事項

　4　運用基準第2の3関係事項）

擁壁の構造は、次の技術的細則によるものであること。

（1）　土圧、水圧及び自重（以下「土圧等」という。）によって擁壁が破壊されないこと。

（2）　土圧等によって擁壁が転倒しないこと。この場合において、安全率は1.5以上であること。

（3）　土圧等によって擁壁が滑動しないこと。この場合において、安全率は1.5以上であること。

（4）　土圧等によって擁壁が沈下しないこと。

（5）　擁壁には、その裏面の排水を良くするため、適正な水抜穴が設けられていること。

4）えん堤等の設置

（「運用基準」第2　法第10条の2第2項第1号関係事項）

　5　開発行為に伴い相当量の土砂が流出し下流地域に災害が発生するおそれがある場合には、開発行為に先行して十分な容量及び構造を有するえん堤等の設置、森林の残置等の措置が適切に講ぜられることが明らかであること。

（「運用細則」第2　運用基準第2関係事項

　6　運用基準第2の5関係事項）

　えん堤等の設置は、次の技術的細則によるものであること。

（1）　えん堤等の容量は、次のア及びイにより算定された開発行為に係る土地の区域からの流出土砂量を貯砂し得るものであること。

ア　開発行為の施行期間中における流出土砂量は、開発行為に係る土地の区域1ヘク
タール当たり1年間におおむね200立方メートルないし400立方メートルを標準とす
るが、地形、地質、気象等を考慮の上適切に定められたものであること。

イ　開発行為の終了後において、地形、地被状態等からみて、地表が安定するまでの
期間に相当量の土砂の流出が想定される場合には、別途積算するものであること。

（2）　えん堤等の設置箇所は、極力土砂の流出地点に近接した位置であること。

（3）　えん堤等の構造は、「治山技術基準」（昭和46年3月13日付け46林野治第648号林
野庁長官通達）によるものであること。

5）　排水施設の能力及び構造

（「運用基準」第2　法第10条の2第2項第1号関係事項）

6　雨水等を適切に排水しなければ災害が発生するおそれがある場合には、十分な能力
及び構造を有する排水施設が設けられることが明らかであること。

（「運用細則」第2　運用基準第2関係事項

7　運用基準第2の6関係事項）

排水施設の能力及び構造は、次の技術的細則によるものであること。

（1）　排水施設の断面は、次によるものであること。

ア　排水施設の断面は、計画流量の排水が可能になるように余裕をみて定められてい
ること。

この場合、計画流量は次の（ア）及び（イ）により、流量は原則としてマニング
式により求められていること。

（ア）　排水施設の計画に用いる雨水流出量は、原則として次式により算出されてい
ること。ただし、降雨量と流出量の関係が別途高い精度で求められている場合に
は、単位図法等によって算出することができる。

$$Q = 1/360 \cdot f \cdot r \cdot A$$

Q：雨水流出量（m³/sec）

f：流出係数

r：設計雨量強度（mm/hour）

A：集水区域面積（ha）

（イ）　前式の適用に当たっては、次のaからcまでによるものであること。

a　流出係数は、表2を参考にして定められていること。

b　設計雨量強度は、次のcによる単位時間内の10年確率で想定される雨量強
度とされていること。

c　単位時間は、到達時間を勘案して定めた表3を参考として用いられている
　　こと。

表2

地表状態＼区分	浸透能小	浸透能中	浸透能大
林地	0.6〜0.7	0.5〜0.6	0.3〜0.5
草地	0.7〜0.8	0.6〜0.7	0.4〜0.6
耕地	–	0.7〜0.8	0.5〜0.7
裸地	1.0	0.9〜1.0	0.8〜0.9

表3

流域面積	単位時間
50ヘクタール以下	10分
100ヘクタール以下	20分
500ヘクタール以下	30分

イ　雨水のほか土砂等の流入が見込まれる場合又は排水施設の設置箇所からみていっ
　水による影響の大きい場合にあっては、排水施設の断面は、必要に応じてアに定め
　るものより大きく定められていること。
（2）　排水施設の構造等は、次によるものであること。
　ア　排水施設は、立地条件等を勘案して、その目的及び必要性に応じた堅固で耐久力
　　を有する構造であり、漏水が最小限度となるよう措置されていること。
　イ　排水施設のうち暗渠である構造の部分には、維持管理上必要なます又はマンホー
　　ルの設置等の措置が講ぜられていること。
　ウ　放流によって地盤が洗掘されるおそれがある場合には、水叩きの設置その他の措
　　置が適切に講ぜられていること。
　エ　排水施設は、排水量が少なく土砂の流出又は崩壊を発生させるおそれがない場合
　　を除き、排水を河川等又は他の排水施設等まで導くように計画されていること。た
　　だし、河川等又は他の排水施設等に排水を導く場合には、当該河川等又は他の排水
　　施設等の管理者の同意を得ているものであること。

6）洪水調節池等の設置（森林法第10条の2第2項第1号関連）

（「運用基準」第2　法第10条の2第2項第1号関係事項）
　7　下流の流下能力を超える水量が排水されることにより災害が発生するおそれがある
　　場合には、洪水調節池等の設置その他の措置が適切に講ぜられることが明らかである

こと。

（「運用細則」第2　運用基準第2関係事項

8　運用基準第2の7関係事項）

　洪水調節池等の設置は、次の技術的細則によるものであること。

（1）　洪水調節容量は、下流における流下能力を考慮の上、30年確率で想定される雨量強度における開発中及び開発後のピーク流量を開発前のピーク流量以下にまで調節できるものであること。また、流域の地形、地質、土地利用の状況等に応じて必要な堆砂量が見込まれていること。

（2）　余水吐の能力は、コンクリートダムにあっては100年確率で想定される雨量強度におけるピーク流量の1.2倍以上、フィルダムにあってはコンクリートダムのそれの1.2倍以上のものであること。

（3）　洪水調節の方式は、原則として自然放流方式であること。

7）　洪水調節池等の設置（森林法第10条の2第2項第1号の2関連）

（「運用基準」第3　法第10条の2第2項第1号の2関係事項）

　開発行為をする森林の現に有する水害の防止の機能に依存する地域において、当該開発行為に伴い増加するピーク流量を安全に流下させることができないことにより水害が発生するおそれがある場合には、洪水調節池の設置その他の措置が適切に講ぜられることが明らかであること。

（「運用細則」第3　運用基準第3関係事項）

　運用基準第3の洪水調節池等の設置は、次の技術的細則によるものであること。

1　洪水調節容量は、当該開発行為をする森林の下流において当該開発行為に伴いピーク流量が増加することにより当該下流においてピーク流量を安全に流下させることができない地点が生ずる場合には、当該地点での30年確率で想定される雨量強度及び当該地点において安全に流下させることができるピーク流量に対応する雨量強度における開発中及び開発後のピーク流量を開発前のピーク流量以下までに調節できるものであること。また、流域の地形、土地利用の状況等に応じて必要な堆砂量が見込まれていること。なお、安全に流下させることができない地点が生じない場合には、第2の8の（1）（注）によるものであること。

2　余水吐の能力は、第2の8の（2）（注）によるものであること。

3　洪水調節の方式は、第2の8の（3）（注）によるものであること

（注）は、運用細則の規定

8)　森林又は緑地の残置等

（「運用基準」第5　法第10条の2第2項第3号関係事項）

1　開発行為をしようとする森林の区域に開発行為に係る事業の目的、態様、周辺における土地利用の実態等に応じ相当面積の森林又は緑地の残置又は造成が適切に行われることが明らかであること。

（「運用細則」第5　運用基準第5関係事項）

1　運用基準第5の1関係事項）

運用基準第5の1は、次によるものであること。

（1）「相当面積の森林又は緑地の残置又は造成」とは、森林又は緑地を現況のまま保全することを原則とし、止むをえず一時的に土地の形質を変更する必要がある場合には、可及的速やかに伐採前の植生回復を図ることを原則として森林又は緑地が造成されるものであること。この場合において、残置し、若しくは造成する森林又は緑地の面積の事業区域（開発行為をしようとする森林又は緑地その他の区域をいう。以下同じ。）内の森林面積に対する割合は、表4の事業区域内において残置し、若しくは造成する森林又は緑地の割合によるものとする。

　また、残置し、若しくは造成する森林又は緑地は、表4の森林の配置等により開発行為の規模及び地形に応じて、事業区域内の周辺部及び施設等の間に適切に配置されていること。

　なお、表4に掲げる開発行為の目的以外の開発行為については、その目的、態様、社会的経済的必要性、対象となる土地の自然的条件等に応じ、表4に準じて適切に措置されていること。

表4

開発行為の目的	事業区域内において残置し、若しくは造成する森林又は緑地の割合	森林の配置等
別荘地の造成	残置森林率はおおむね60パーセント以上とする。	1　原則として周辺部に幅おおむね30メートル以上の残置森林又は造成森林を配置する。 2　1区画の面積はおおむね1,000平方メートル以上とし、建物敷等の面積はおおむね30パーセント以下とする。
スキー場の造成	残置森林率はおおむね60パーセント以上とする。	1　原則として周辺部に幅おおむね30メートル以上残置森林又は造成森林を配置する。 2　滑走コースの幅はおおむね50メートル以下とし、複数の滑走コースを並列して設置する場合はその間の中央部に幅おおむね100メートル以上の残置森林を配置する。

		3 　滑走コースの上、下部に設けるゲレンデ等は1箇所当たりおおむね5ヘクタール以下とする。また、ゲレンデ等と駐車場との間には幅おおむね30メートル以上の残置森林又は造成森林を配置する。
ゴルフ場の造成	森林率はおおむね50パーセント（残置森林率おおむね40パーセント）以上とする。	1 　原則として周辺部に幅おおむね30メートル以上の残置森林又は造成森林（残置森林は原則としておおむね20メートル以上）を配置する。 2 　ホール間に幅おおむね30メートル以上の残置森林又は造成森林（残置森林はおおむね20メートル以上）を配置する。
宿泊施設、レジャー施設の設置	森林率はおおむね50パーセント（残置森林率おおむね40パーセント）以上とする。	1 　原則として周辺部に幅おおむね30メートル以上の残置森林又は造成森林を配置する。 2 　建物敷の面積は事業区域の面積のおおむね40パーセント以下とし、事業区域内に複数の宿泊施設を設置する場合は極力分散させるものとする。 3 　レジャー施設の開発行為に係る1箇所当たりの面積はおおむね5ヘクタール以下とし、事業区域内にこれを複数設置する場合は、その間に幅おおむね30メートル以上の残置森林又は造成森林を配置する。
工場、事業場の設置	森林率はおおむね25パーセント以上とする。	1 　事業区域内の開発行為に係る森林の面積が20ヘクタール以上の場合は原則として周辺部に幅おおむね30メートル以上の残置森林又は造成森林を配置する。これ以外の場合にあっても極力周辺部に森林を配置する。 2 　開発行為に係る1箇所当たりの面積はおおむね20ヘクタール以下とし、事業区域内にこれを複数造成する場合は、その間に幅おおむね30メートル以上の残置森林又は造成森林を配置する。
住宅団地の造成	森林率はおおむね20パーセント以上。（緑地を含む）	1 　事業区域内の開発行為に係る森林の面積が20ヘクタール以上の場合は原則として周辺部に幅おおむね30メートル以上の残置森林又は造成森林・緑地を配置する。これ以外の場合にあっても極力周辺部に森林・緑地を配置する。 2 　開発行為に係る1箇所あたりの面積はおおむね20ヘクタール以下とし、事業区域内にこれを複数造成する場合は、その間に幅おおむね30メートル以上の残置森林又は造成森林・緑地を配置する。
土石等の採掘		1 　原則として周辺部に幅おおむね30メートル以上の残置森林又は造成森林を配置する。 2 　採掘跡地は必要に応じ埋め戻しを行い、緑化及び植栽する。また、法面は可能な限り緑化し小段平坦部には必要に応じ客土等を行い植栽する。

（注）1．「残置森林率」とは、残置森林（残置する森林）のうち若齢林（15年生以下の森林）を除いた面積の事業区域内の森林の面積に対する割合をいう。

　　　2．「森林率」とは、残置森林及び造成森林（植栽により造成する森林であって硬岩切土面等の確実な成林が見込まれない箇所を除く。）の面積の事業区域内の森林の面積に対する割合をいう。

3. 「ゲレンデ等」とは、滑走コースの上、下部のスキーヤーの滞留場所であり、リフト乗降場、レストハウス等の施設用地を含む区域をいう。

（2）　造成森林については、必要に応じ植物の成育に適するよう表土の復元、客土等の措置を講じ、地域の自然的条件に適する原則として樹高１メートル以上の高木性樹木を、表５を標準として均等に分布するよう植栽する。なお、修景効果を併せ期待する造成森林にあっては、できるだけ大きな樹木を植栽するよう努めるものとする。

表５

樹　　高	植栽本数（１ヘクタール当たり）
１メートル	2,000本
２メートル	1,500本
３メートル	1,000本

9）　太陽光発電施設関係

「運用細則」第６　太陽光発電施設の設置を目的とした開発行為について

　太陽光発電施設の設置を目的とした開発行為については、第１から第５までによるほか、「太陽光発電施設の設置を目的とした開発行為の許可基準の運用細則について」（令和元年12月24日付け元林整治第686号林野庁長官通知）によられたい。

(注）は、運用細則

【太陽光発電施設の設置を目的とした開発行為の許可基準の運用細則について】

（令和元年12月24日付け元林整治第686号林野庁長官通知）

第２　運用基準第２関係事項

1　運用基準第２の１関係事項（自然斜面への設置について）

　運用基準第２の１の規定に基づき、開発行為が原則として現地形に沿って行われること及び開発行為による土砂の移動量が必要最小限度であることが明らかであることを原則とした上で、太陽光発電施設を自然斜面に設置する区域の平均傾斜度が30度以上である場合には、土砂の流出又は崩壊その他の災害防止の観点から、可能な限り森林土壌を残した上で、擁壁又は排水施設等の防災施設を確実に設置することとする。ただし、太陽光発電施設を設置する自然斜面の森林土壌に、崩壊の危険性の高い不安定な層がある場合は、その層を排除した上で、防災施設を確実に設置することとする。なお、自然斜面の平均傾斜度が30度未満である場合でも、土砂の流出又は崩壊その他の災害防止の観点から、必要に応じて、適切な防災施設を設置することとする。

第2　運用基準第2関係事項

2　運用基準第2の6関係事項（排水施設の能力及び構造等について）

太陽光パネルの表面が平滑で一定の斜度があり、雨水が集まりやすいなどの太陽光発電施設の特性を踏まえ、太陽光パネルから直接地表に落下する雨水等の影響を考慮する必要があることから、雨水等の排水施設の断面及び構造等については、以下のとおりとする。

（1）　排水施設の断面について

地表が太陽光パネル等の不浸透性の材料で覆われる箇所については、運用細則の表2（注）によらず、排水施設の計画に用いる雨水流出量の算出に用いる流出係数を0.9から1.0までとする。

※（注）は、「運用細則」第2の7（1）表2

（2）　排水施設の構造等について

排水施設の構造等については、運用細則第2の7（2）の規定に基づくほか、表面流を安全に下流へ流下させるための排水施設の設置等の対策が適切に講ぜられていることとする。また、表面侵食に対しては、地表を流下する表面流を分散させるために必要な柵工、筋工等の措置が適切に講ぜられていること及び地表を保護するために必要な伏工等による植生の導入や物理的な被覆の措置が適切に講ぜられていることとする。

第3　運用基準第5の1関係事項（残置し、若しくは造成する森林又は緑地について）

開発行為をしようとする森林の区域に残置し、若しくは造成する森林又は緑地の面積の、事業区域（開発行為をしようとする森林又は緑地その他の区域をいう。）内の森林面積に対する割合及び森林の配置等は、開発行為の目的が太陽光発電施設の設置である場合は、運用細則の表4（注）によらず、以下の表のとおりとする。

（注）は、「運用細則」第5の1（1）表4

開発行為の目的	事業区域内において残置し、若しくは造成する森林又は緑地の割合	森林の配置等
太陽光発電施設の設置	森林率はおおむね25パーセント（残置森林率はおおむね15パーセント）以上とする。	1．原則として周辺部に残置森林を配置することとし、事業区域内の開発行為に係る森林の面積が20ヘクタール以上の場合は原則として周辺部におおむね幅30メートル以上の残置森林又は造成森林（おおむね30メートル以上の幅のうち一部又は全部は残置森林）を配置することとする。また、りょう線の一体性を維持するため、尾根部については、原則として残置森林を配置する。 2．開発行為に係る1か所当たりの面積はおおむね20ヘクタール以下とし、事業区域内にこれを複数造成する場合は、その間に幅おおむね30メートル以上の残置森林又は造成森林を配置する。

　なお、運用基準第1の7において、残置森林又は造成森林は、善良に維持管理されることが明らかであることを許可基準としていることから、当該林地開発許可を審査する際、林地開発許可後に採光を確保すること等を目的として残置森林又は造成森林を過度に伐採することがないよう、あらかじめ、樹高や造成後の樹木の成長を考慮した残置森林又は造成森林及び太陽光パネルの配置計画とするよう、申請者に併せて指導することとする。

第8節　特定盛土等への対応

1　背　景

（1）　令和3年7月、静岡県熱海市では大雨に伴って盛土が崩落し、大規模な土石流が発生したことから、甚大な人的・物的被害が発生した。この災害を契機に、全国で約3万6千箇所の盛土を対象に総点検が実施された。

　　また、危険な盛土等に関する法律の規制については、宅地の安全確保、森林機能の確保、農地の保全等を目的とした各法律により開発を規制しているものの、各法律の目的の限界等から、盛土等の規制が必ずしも十分ではないエリアが存在する実態にあり、一部の地方公共団体では条例を制定して対応している実情にある。

（2）　以上の状況から、危険な盛土等を全国一律の基準で包括的に規制する法制度が必要であり、法制度の整備が行われることになった。

2　新たな法制度の創設

（1）　盛土等による災害から国民の生命・身体を守るため、「宅地造成等規制法」を法律名・目的も含めて抜本的に改正し、土地の用途（宅地、森林、農地等）にかかわらず、危険な盛土等を全国一律の基準で包括的に規制することにした。

　　法律名は、「宅地造成及び特定盛土等規制法」（通称「盛土規制法」）とし、国土交通省と農林水産省による共管法として両省が緊密に連携して対応することとし、国土交通大臣及び農林水産大臣は、盛土等に伴う災害の防止に関する基本方針を策定することを主な内容として、令和4年5月27日に公布した（法律は、公布の日から1年を超えない範囲内において政令で定める日から施行）。

（2）　本法律の主な内容は次のとおりである。

　1）　スキマのない規制

　（ア）　都道府県知事等（政令市・中核市を含む）が、宅地、農地、森林等の土地の用途にかかわらず、盛土等により人家等に被害を及ぼしうる区域を規制区域（宅地造成等工事規制区域、特定盛土等規制区域）として指定する。

　（イ）　宅地造成等の際に行われる盛土等だけでなく、単なる土捨て行為や土石の一時的な堆積についても、規制区域内では、都道府県知事等の許可の対象とする。

　2）　盛土等の安全性の確保

（ア）　盛土等を行うエリアの地形・地質等に応じて、災害防止のために必要な許可基準を
設定する。

（イ）　許可基準に沿って安全対策が行われているかどうかを確認するため、①施工状況の
定期報告、②施工中の中間検査及び工事完了時の完了検査等を実施する。

3)　責任の所在の明確化

（ア）　盛土等が行われた土地について、土地所有者等が常時安全な状態に維持する責務を
有することを明確化する。

（イ）　災害防止のため必要なときは、土地所有者等だけでなく、原因行為者に対しても、
是正措置等を命令できることとする。

4)　実効性のある罰則の措置

罰則が抑止力として十分機能するよう、無許可行為や命令違反等に対する罰則につい
て、条例による罰則の上限より高い水準に強化（最大で懲役3年以下、罰金1,000万
円以下、法人重科3億円以下）する。

（3）　今後については、国が検討している規制区域の指定マニュアル等に基づき、都道府県等
が基礎調査を行い、その結果を踏まえ、区域指定を行った上で、盛土等の規制が実施される
こととなる。

関　係　法　令

関係法令

森林法（抄）

昭和26年6月26日　法律第249号
最終改正：令和2年6月10日　法律第41号

第一章　総則
（この法律の目的）

第一条　この法律は、森林計画、保安林その他の森林に関する基本的事項を定めて、森林の保続培養と森林生産力の増進とを図り、もつて国土の保全と国民経済の発展とに資することを目的とする。

（定義）

第二条　この法律において「森林」とは、左に掲げるものをいう。但し、主として農地又は住宅地若しくはこれに準ずる土地として使用される土地及びこれらの上にある立木竹を除く。

一　木竹が集団して生育している土地及びその土地の上にある立木竹

二　前号の土地の外、木竹の集団的な生育に供される土地

2　この法律において「森林所有者」とは、権原に基き森林の土地の上に木竹を所有し、及び育成することができる者をいう。

3　この法律において「国有林」とは、国が森林所有者である森林及び国有林野の管理経営に関する法律（昭和二十六年法律第二百四十六号）第十条第一号に規定する分収林である森林をいい、「民有林」とは、国有林以外の森林をいう。

（承継人に対する効力）

第三条　この法律又はこの法律に基く命令の規定によつてした処分、手続その他の行為は、森林所有者、権原に基き森林の立木竹の使用若しくは収益をする者又は土地の所有者若しくは占有者の承継人に対しても、その効力を有する。

第二章　森林計画等
（全国森林計画等）

第四条　農林水産大臣は、政令で定めるところにより、森林・林業基本法（昭和三十九年法律第百六十一号）第十一条第一項の基本計画に即し、かつ、保安施設の整備の状況等を勘案して、全国の森林につき、五年ごとに、十五年を一期とする全国森林計画をたてなければならない。

2　全国森林計画においては、次に掲げる事項を、地勢その他の条件を勘案して主として流域別に全国の区域を分けて定める区域ごとに当該事項を明らかにすることを旨として、定めるものとする。

一　森林の整備及び保全の目標その他森林の整備及び保全に関する基本的な事項

二　森林の立木竹の伐採に関する事項（間伐に関する事項を除く。）

三　造林に関する事項

三の二　間伐及び保育に関する事項

三の三　公益的機能別森林施業（水源の涵養の機能その他の森林の有する公益的機能の別に応じて、当該森林の伐期の間隔の拡大及び伐採面積の規模の縮小その他の当該森林の有する公益的機能の維持増進を特に図るための森林施業をいう。第十一条第五項第二号ロにおいて同じ。）を推進すべき森林（以下「公益的機能別施業森林」という。）の整備に関する事項

　　四　林道の開設その他林産物の搬出に関する事項

　　四の二　森林施業の合理化に関する事項

　　四の三　森林の保護に関する事項

　　五　森林の土地の保全に関する事項

　　六　保安施設に関する事項

　　七　その他必要な事項

3　全国森林計画は、良好な自然環境の保全及び形成その他森林の有する公益的機能の維持増進に適切な考慮が払われたものでなければならない。

4　全国森林計画は、環境基本法（平成五年法律第九十一号）第十五条第一項の規定による環境基本計画と調和するものでなければならない。

5　農林水産大臣は、全国森林計画に掲げる森林の整備及び保全の目標の計画的かつ着実な達成に資するため、全国森林計画の作成と併せて、五年ごとに、森林整備保全事業（造林、間伐及び保育並びに林道の開設及び改良の事業並びに森林の造成及び維持に必要な事業で政令で定める者が実施するものをいう。以下同じ。）に関する計画（以下「森林整備保全事業計画」という。）をたてなければならない。

6　森林整備保全事業計画においては、全国森林計画の計画期間のうち最初の五年間に係る森林整備保全事業の実施の目標及び事業量を定めるものとする。

7　農林水産大臣は、森林の現況、経済事情等に変動があつたため必要と認めるときは、全国森林計画及び森林整備保全事業計画を変更することができる。

8　農林水産大臣は、全国森林計画をたて、又はこれを変更しようとするときは、環境大臣その他関係行政機関の長に協議し、かつ、林政審議会及び都道府県知事の意見を聴かなければならない。

9　農林水産大臣は、全国森林計画をたて、又はこれを変更するには、閣議の決定を経なければならない。

10　農林水産大臣は、全国森林計画をたて、又はこれを変更したときは、遅滞なく、その概要を公表するとともに、当該計画（変更の場合にあつては、変更後の計画）を環境大臣その他関係行政機関の長及び都道府県知事に通知しなければならない。

11　前三項の規定は、森林整備保全事業計画について準用する。この場合において、第八項及び前項中「環境大臣その他関係行政機関の長」とあるのは、「関係行政機関の長」と読み替えるものとする。

第四条の二　国は、森林整備保全事業計画の達成を図るため、その実施につき必要な措置を講ずるものとする。

（地域森林計画）
第五条　都道府県知事は、全国森林計画に即して、森林計画区別に、その森林計画区に係る民有林

（その自然的経済的社会的諸条件及びその周辺の地域における土地の利用の動向からみて、森林として利用することが相当でないと認められる民有林を除く。）につき、五年ごとに、その計画をたてる年の翌年四月一日以降十年を一期とする地域森林計画をたてなければならない。

2　地域森林計画においては、次に掲げる事項を定めるものとする。

一　その対象とする森林の区域

二　森林の有する機能別の森林の整備及び保全の目標その他森林の整備及び保全に関する基本的な事項

三　伐採立木材積その他森林の立木竹の伐採に関する事項（間伐に関する事項を除く。）

四　造林面積その他造林に関する事項

五　間伐立木材積その他間伐及び保育に関する事項

六　公益的機能別施業森林の区域（以下「公益的機能別施業森林区域」という。）の基準その他公益的機能別施業森林の整備に関する事項

七　林道の開設及び改良に関する計画、搬出方法を特定する必要のある森林の所在及びその搬出方法その他林産物の搬出に関する事項

八　委託を受けて行う森林の施業又は経営の実施、森林施業の共同化その他森林施業の合理化に関する事項

九　鳥獣害を防止するための措置を実施すべき森林の区域（以下「鳥獣害防止森林区域」という。）の基準その他の鳥獣害の防止に関する事項

十　森林病害虫の駆除及び予防その他の森林の保護に関する事項（前号に掲げる事項を除く。）

十一　樹根及び表土の保全その他森林の土地の保全に関する事項

十二　保安林の整備、第四十一条の保安施設事業に関する計画その他保安施設に関する事項

3　地域森林計画においては、前項各号に掲げる事項のほか、森林の整備及び保全のために必要な事項を定めるよう努めるものとする。

4　第四条第三項の規定は、地域森林計画に準用する。

5　都道府県知事は、森林の現況、経済事情等に変動があつたため必要と認めるときは、地域森林計画を変更することができる。

（地域森林計画の案の縦覧等）

第六条　都道府県知事は、地域森林計画をたて、又はこれを変更しようとするときは、あらかじめ、農林水産省令で定めるところにより、その旨を公告し、当該地域森林計画の案を当該公告の日からおおむね三十日間の期間を定めて公衆の縦覧に供しなければならない。

2　前項の規定による公告があつたときは、当該地域森林計画の案に意見がある者は、同項の縦覧期間満了の日までに、当該都道府県知事に、理由を付した文書をもつて、意見を申し立てることができる。

3　都道府県知事は、第一項の縦覧期間満了後、当該地域森林計画の案について、都道府県森林審議会及び関係市町村長の意見を聴かなければならない。この場合において、当該地域森林計画の案に係る森林計画区の区域内に第七条の二第一項の森林計画の対象となる国有林があるときは、都道府県知事は、併せて関係森林管理局長の意見を聴かなければならない。

4　都道府県知事は、前項の規定により地域森林計画の案について都道府県森林審議会の意見を聴く

場合には、第二項の規定により申立てがあつた意見の要旨を都道府県森林審議会に提出しなければならない。

5　都道府県知事は、地域森林計画をたて、又はこれを変更しようとするときは、前条第三項に規定する事項を除き、農林水産省令で定めるところにより、当該地域森林計画に定める事項のうち次の各号に掲げるものの区分に応じ、当該各号に定める手続を経なければならない。

一　次号及び第三号に掲げる事項以外の事項　農林水産大臣に協議すること。

二　前条第二項第二号の森林の整備及び保全の目標、同項第三号の伐採立木材積、同項第四号の造林面積、同項第五号の間伐立木材積並びに同項第十二号の保安林の整備　農林水産大臣に協議し、その同意を得ること。

三　前条第二項第八号に掲げる事項　農林水産大臣に届け出ること。

6　都道府県知事は、地域森林計画に前条第三項に規定する事項を定め、又は当該事項に係る地域森林計画の変更をしようとするときは、農林水産省令で定めるところにより、農林水産大臣に届け出なければならない。

7　都道府県知事は、地域森林計画をたて、又はこれを変更したときは、遅滞なく、これを公表するとともに、関係市町村長に通知し、かつ、農林水産大臣に報告しなければならない。この場合においては、第二項の規定により申立てがあつた意見の要旨及び当該意見の処理の結果を併せて公表しなければならない。

　（国有林の地域別の森林計画）

第七条の二　森林管理局長は、全国森林計画に即して、森林計画区別に、その管理経営する国有林で当該森林計画区に係るもの（その自然的経済的社会的諸条件及びその周辺の地域における土地の利用の動向からみて、森林として利用することが相当でないと認められる国有林を除く。）につき、五年ごとに、その計画をたてる年の翌年四月一日以降十年を一期とする森林計画をたてなければならない。

2　前項の森林計画においては、次に掲げる事項を定めるものとする。

一　第五条第二項第一号から第五号まで、第七号及び第十号から第十二号までに掲げる事項

二　公益的機能別施業森林区域及び当該公益的機能別施業森林区域内における施業の方法その他公益的機能別施業森林の整備に関する事項

三　森林施業の合理化に関する事項

四　鳥獣害防止森林区域及び当該鳥獣害防止森林区域内における鳥獣害の防止に関する事項

五　その他必要な事項

3　第四条第三項及び第五条第五項の規定は、第一項の森林計画について準用する。

4　第六条第一項及び第二項の規定は、第一項の規定により森林管理局長が森林計画をたてる場合に準用する。

5　森林管理局長は、前項において準用する第六条第一項の縦覧期間満了後、当該森林計画の案について、関係都道府県知事及び関係市町村長の意見を聴かなければならない。

6　森林管理局長は、第一項の森林計画をたて、又はこれを変更したときは、遅滞なく、これを公表するとともに、関係都道府県知事及び関係市町村長に通知しなければならない。この場合においては、第四項において準用する第六条第二項の規定により申立てがあつた意見の要旨及び当該意見の

処理の結果を併せて公表しなければならない。

（開発行為の許可）

第十条の二　地域森林計画の対象となつている民有林（第二十五条又は第二十五条の二の規定により指定された保安林並びに第四十一条の規定により指定された保安施設地区の区域内及び海岸法（昭和三十一年法律第百一号）第三条の規定により指定された海岸保全区域内の森林を除く。）において開発行為（土石又は樹根の採掘、開墾その他の土地の形質を変更する行為で、森林の土地の自然的条件、その行為の態様等を勘案して政令で定める規模をこえるものをいう。以下同じ。）をしようとする者は、農林水産省令で定める手続に従い、都道府県知事の許可を受けなければならない。ただし、次の各号の一に該当する場合は、この限りでない。

一　国又は地方公共団体が行なう場合

二　火災、風水害その他の非常災害のために必要な応急措置として行なう場合

三　森林の土地の保全に著しい支障を及ぼすおそれが少なく、かつ、公益性が高いと認められる事業で農林水産省令で定めるものの施行として行なう場合

2　都道府県知事は、前項の許可の申請があつた場合において、次の各号のいずれにも該当しないと認めるときは、これを許可しなければならない。

一　当該開発行為をする森林の現に有する土地に関する災害の防止の機能からみて、当該開発行為により当該森林の周辺の地域において土砂の流出又は崩壊その他の災害を発生させるおそれがあること。

一の二　当該開発行為をする森林の現に有する水害の防止の機能からみて、当該開発行為により当該機能に依存する地域における水害を発生させるおそれがあること。

二　当該開発行為をする森林の現に有する水源のかん養の機能からみて、当該開発行為により当該機能に依存する地域における水の確保に著しい支障を及ぼすおそれがあること。

三　当該開発行為をする森林の現に有する環境の保全の機能からみて、当該開発行為により当該森林の周辺の地域における環境を著しく悪化させるおそれがあること。

3　前項各号の規定の適用につき同項各号に規定する森林の機能を判断するに当たつては、森林の保続培養及び森林生産力の増進に留意しなければならない。

4　第一項の許可には、条件を附することができる。

5　前項の条件は、森林の現に有する公益的機能を維持するために必要最小限度のものに限り、かつ、その許可を受けた者に不当な義務を課することとなるものであつてはならない。

6　都道府県知事は、第一項の許可をしようとするときは、都道府県森林審議会及び関係市町村長の意見を聴かなければならない。

（監督処分）

第十条の三　都道府県知事は、森林の有する公益的機能を維持するために必要があると認めるときは、前条第一項の規定に違反した者若しくは同項の許可に附した同条第四項の条件に違反して開発行為をした者又は偽りその他の不正な手段により同条第一項の許可を受けて開発行為をした者に対し、その開発行為の中止を命じ、又は期間を定めて復旧に必要な行為をすべき旨を命ずることができる。

（適用除外）

第十条の四　この章の規定は、試験研究の目的に供している森林で農林水産大臣の指定するものその他農林水産省令で定める森林には適用しない。

第二章の二　営林の助長及び監督等
第一節　市町村等による森林の整備の推進

（市町村森林整備計画）

第十条の五　市町村は、その区域内にある地域森林計画の対象となつている民有林につき、五年ごとに、当該民有林の属する森林計画区に係る地域森林計画の計画期間の始期をその計画期間の始期とし、十年を一期とする市町村森林整備計画をたてなければならない。ただし、地域森林計画の変更により新たにその区域内にある民有林が当該地域森林計画の対象となつた市町村にあつては、その最初にたてる市町村森林整備計画については当該地域森林計画の計画期間の終期をその計画期間の終期とし、当該市町村森林整備計画に引き続く次の市町村森林整備計画については当該地域森林計画に引き続きたてられる次の地域森林計画の計画期間の始期をその計画期間の始期として、たてなければならない。

2　市町村森林整備計画においては、次に掲げる事項を定めるものとする。

一　伐採、造林、保育その他森林の整備に関する基本的事項

二　立木の標準伐期齢、立木の伐採の標準的な方法その他森林の立木竹の伐採に関する事項（間伐に関する事項を除く。）

三　造林樹種、造林の標準的な方法その他造林に関する事項

四　間伐を実施すべき標準的な林齢、間伐及び保育の標準的な方法その他間伐及び保育の基準

五　公益的機能別施業森林区域及び当該公益的機能別施業森林区域内における施業の方法その他公益的機能別施業森林の整備に関する事項

六　委託を受けて行う森林の施業又は経営の実施の促進に関する事項

七　森林施業の共同化の促進に関する事項

八　作業路網その他森林の整備のために必要な施設の整備に関する事項

九　鳥獣害防止森林区域及び当該鳥獣害防止森林区域内における鳥獣害の防止に関する事項

十　森林病害虫の駆除及び予防、火災の予防その他の森林の保護に関する事項（前号に掲げる事項を除く。）

3　市町村森林整備計画においては、前項各号に掲げる事項のほか、次に掲げる事項を定めるよう努めるものとする。

一　林業に従事する者の養成及び確保に関する事項

二　森林施業の合理化を図るために必要な機械の導入の促進に関する事項

三　林産物の利用の促進のために必要な施設の整備に関する事項

四　その他森林の整備のために必要な事項

4　市町村森林整備計画は、地域森林計画に適合したものでなければならない。

5　第四条第三項の規定は、市町村森林整備計画について準用する。

6　市町村は、市町村森林整備計画の案を作成しようとするときは、森林及び林業に関し学識経験を有する者の意見を聴かなければならない。

7　第六条第一項及び第二項の規定は、第一項の規定により市町村が市町村森林整備計画をたてる場合に準用する。この場合において、同条第一項及び第二項中「都道府県知事」とあるのは、「市町村の長」と読み替えるものとする。

8　市町村の長は、当該市町村の区域内に第七条の二第一項の森林計画の対象となる国有林があるときは、前項の規定により読み替えて準用する第六条第一項の縦覧期間満了後、当該市町村森林整備計画の案について、必要に応じ、関係森林管理局長の意見を聴かなければならない。

9　市町村は、市町村森林整備計画をたてようとするときは、第七項の規定により読み替えて準用する第六条第一項の縦覧期間満了後、都道府県知事に協議しなければならない。

10　市町村は、市町村森林整備計画をたてたときは、遅滞なく、これを公表するとともに、都道府県知事（当該市町村の区域内に第十九条第四項の規定による通知に係る農林水産大臣の認定を受けた森林経営計画の対象とする森林が存するときは、都道府県知事及び農林水産大臣）及び関係森林管理局長に当該市町村森林整備計画書の写しを送付しなければならない。この場合においては、第七項の規定により読み替えて準用する第六条第二項の規定により申立てがあつた意見の要旨及び当該意見の処理の結果を併せて公表しなければならない。

（森林の土地の所有者となつた旨の届出等）

第十条の七の二　地域森林計画の対象となつている民有林について、新たに当該森林の土地の所有者となつた者は、農林水産省令で定める手続に従い、市町村の長にその旨を届け出なければならない。ただし、国土利用計画法（昭和四十九年法律第九十二号）第二十三条第一項の規定による届出をしたときは、この限りでない。

2　市町村の長は、前項本文の規定による届出があつた場合において、当該届出に係る民有林が第二十五条若しくは第二十五条の二の規定により指定された保安林又は第四十一条の規定により指定された保安施設地区の区域内の森林であるときは、農林水産省令で定めるところにより、都道府県知事に当該届出の内容を通知しなければならない。

（伐採及び伐採後の造林の届出等）

第十条の八　森林所有者等は、地域森林計画の対象となつている民有林（第二十五条又は第二十五条の二の規定により指定された保安林及び第四十一条の規定により指定された保安施設地区の区域内の森林を除く。）の立木を伐採するには、農林水産省令で定めるところにより、あらかじめ、市町村の長に森林の所在場所、伐採面積、伐採方法、伐採齢、伐採後の造林の方法、期間及び樹種その他農林水産省令で定める事項を記載した伐採及び伐採後の造林の届出書を提出しなければならない。ただし、次の各号のいずれかに該当する場合は、この限りでない。

一　法令又はこれに基づく処分により伐採の義務のある者がその履行として伐採する場合

二　第十条の二第一項の許可を受けた者が当該許可に係る同項の開発行為をするために伐採する場合

三　第十条の十七第一項の規定による公告に係る第十条の十五第一項に規定する公益的機能維持増進協定（その変更につき第十条の十八において準用する第十条の十七第一項の規定による公告があつたときは、その変更後のもの）に基づいて伐採する場合

四　第十一条第五項の認定に係る森林経営計画（その変更につき第十二条第三項において読み替え

て準用する第十一条第五項の規定による認定があつたときは、その変更後のもの）において定め
られている伐採をする場合

五　森林所有者等が第四十九条第一項の許可を受けて伐採する場合

六　第百八十八条第三項の規定に基づいて伐採する場合

七　法令によりその立木の伐採につき制限がある森林で農林水産省令で定めるもの以外の森林（次
　　号において「普通林」という。）であつて、立木の果実の採取その他農林水産省令で定める用途
　　に主として供されるものとして市町村の長が当該森林所有者の申請に基づき指定したものにつき
　　伐採する場合

八　普通林であつて、自家の生活の用に充てるため必要な木材その他の林産物の採取の目的に供す
　　べきもののうち、市町村の長が当該森林所有者の申請に基づき農林水産省令で定める基準に従い
　　指定したものにつき伐採する場合

九　火災、風水害その他の非常災害に際し緊急の用に供する必要がある場合

十　除伐する場合

十一　その他農林水産省令で定める場合

2　森林所有者等は、農林水産省令で定めるところにより、前項の規定により提出された届出書に記
　載された伐採及び伐採後の造林に係る森林の状況について、市町村の長に報告しなければならな
　い。

3　第一項第九号に掲げる場合に該当して森林の立木を伐採した森林所有者等は、農林水産省令で定
　めるところにより、市町村の長に伐採の届出書を提出しなければならない。

（施業の勧告）

第十条の十　市町村の長は、森林所有者等がその森林の施業につき市町村森林整備計画を遵守してい
　ないと認める場合において、市町村森林整備計画の達成上必要があるときは、当該森林所有者等に
　対し、遵守すべき事項を示して、これに従つて施業すべき旨を勧告することができる。

　　第四節　公益的機能維持増進協定

（公益的機能維持増進協定）

第十条の十五　森林管理局長は、第七条の二第一項の森林計画に定められた公益的機能別施業森林区
　域内に存する国有林の有する公益的機能の維持増進を図るため必要があると認めるときは、当該国
　有林と一体として整備及び保全を行うことが相当と認められる市町村森林整備計画に定められた公
　益的機能別施業森林区域内に存する民有林の森林所有者等又は当該森林所有者等及び当該民有林の
　土地の所有者と次に掲げる事項を定めた協定（以下「公益的機能維持増進協定」という。）を締結
　して、当該公益的機能維持増進協定の目的となる森林の区域（以下「公益的機能維持増進協定区
　域」という。）内に存する森林の整備及び保全を行うことができる。

一　公益的機能維持増進協定区域及びその面積

二　森林管理局又は森林所有者等が行う森林施業の種類並びにその実施の方法及び時期その他公益
　　的機能維持増進協定区域内に存する森林の整備及び保全に関する事項

三　前号に掲げる事項を実施するために必要な林道の開設及び改良並びに作業路網その他の施設の
　　設置及び維持運営に関する事項

四　前二号に掲げる事項の実施に要する費用の負担

　五　公益的機能維持増進協定の有効期間

　六　公益的機能維持増進協定に違反した場合の措置

2　公益的機能維持増進協定については、公益的機能維持増進協定区域内に存する民有林の森林所有者等及び当該民有林の土地の所有者の全員の合意がなければならない。

3　公益的機能維持増進協定の有効期間は、十年を超えてはならない。

4　公益的機能維持増進協定の内容は、次に掲げる基準に適合するものでなければならない。

　一　国有林の有する公益的機能の維持増進を図るために有効かつ適切なものであること。

　二　民有林の有する公益的機能の維持増進に寄与するものであること。

　三　森林の利用を不当に制限するものでないこと。

　四　公益的機能維持増進協定区域内に存する民有林又は当該公益的機能維持増進協定区域に近接する民有林において、都道府県が治山事業（第四十一条第三項に規定する保安施設事業及び地すべり等防止法（昭和三十三年法律第三十号）第五十一条第一項第二号に規定する地すべり地域又はぼた山に関して同法第三条又は第四条の規定によつて指定された地すべり防止区域又はぼた山崩壊防止区域における同法第二条第四項に規定する地すべり防止工事又は同法第四十一条のぼた山崩壊防止工事に関する事業をいう。以下この号及び次項において同じ。）を行い、又は行おうとしているときは、当該治山事業の実施に関する計画との整合性に配慮したものであること。

　五　第一項各号に掲げる事項について農林水産省令で定める基準に適合するものであること。

5　森林管理局長は、公益的機能維持増進協定を締結しようとする場合において、当該公益的機能維持増進協定区域内に存する民有林又は当該公益的機能維持増進協定区域に近接する民有林において都道府県が治山事業を行い、又は行おうとしているときは、あらかじめ、当該都道府県の知事の意見を聴かなければならない。

　　第三章　保安施設

　　　第一節　保安林

　（指定）

第二十五条　農林水産大臣は、次の各号（指定しようとする森林が民有林である場合にあつては、第一号から第三号まで）に掲げる目的を達成するため必要があるときは、森林（民有林にあつては、重要流域（二以上の都府県の区域にわたる流域その他の国土保全上又は国民経済上特に重要な流域で農林水産大臣が指定するものをいう。以下同じ。）内に存するものに限る。）を保安林として指定することができる。ただし、海岸法第三条の規定により指定される海岸保全区域及び自然環境保全法（昭和四十七年法律第八十五号）第十四条第一項の規定により指定される原生自然環境保全地域については、指定することができない。

　一　水源のかん養

　二　土砂の流出の防備

　三　土砂の崩壊の防備

　四　飛砂の防備

　五　風害、水害、潮害、干害、雪害又は霧害の防備

　六　なだれ又は落石の危険の防止

七　火災の防備

　　八　魚つき

　　九　航行の目標の保存

　　十　公衆の保健

　　十一　名所又は旧跡の風致の保存

2　前項但書の規定にかかわらず、農林水産大臣は、特別の必要があると認めるときは、海岸管理者に協議して海岸保全区域内の森林を保安林として指定することができる。

3　農林水産大臣は、第一項第十号又は第十一号に掲げる目的を達成するため前二項の指定をしようとするときは、環境大臣に協議しなければならない。

4　農林水産大臣は、第一項又は第二項の指定をしようとするときは、林政審議会に諮問することができる。

第二十五条の二　都道府県知事は、前条第一項第一号から第三号までに掲げる目的を達成するため必要があるときは、重要流域以外の流域内に存する民有林を保安林として指定することができる。この場合には、同項ただし書及び同条第二項の規定を準用する。

2　都道府県知事は、前条第一項第四号から第十一号までに掲げる目的を達成するため必要があるときは、民有林を保安林として指定することができる。この場合には、同項ただし書及び同条第二項の規定を準用する。

3　都道府県知事は、前二項の指定をしようとするときは、都道府県森林審議会に諮問することができる。

　　（解除）

第二十六条　農林水産大臣は、保安林（民有林にあつては、第二十五条第一項第一号から第三号までに掲げる目的を達成するため指定され、かつ、重要流域内に存するものに限る。以下この条において同じ。）について、その指定の理由が消滅したときは、遅滞なくその部分につき保安林の指定を解除しなければならない。

2　農林水産大臣は、公益上の理由により必要が生じたときは、その部分につき保安林の指定を解除することができる。

3　前二項の規定により解除をしようとする場合には、第二十五条第三項及び第四項の規定を準用する。

第二十六条の二　都道府県知事は、民有林である保安林（第二十五条第一項第一号から第三号までに掲げる目的を達成するため指定されたものにあつては、重要流域以外の流域内に存するものに限る。以下この条において同じ。）について、その指定の理由が消滅したときは、遅滞なくその部分につき保安林の指定を解除しなければならない。

2　都道府県知事は、民有林である保安林について、公益上の理由により必要が生じたときは、その部分につき保安林の指定を解除することができる。

3　前二項の規定により解除をしようとする場合には、第二十五条の二第三項の規定を準用する。

4　都道府県知事は、第一項又は第二項の規定により解除をしようとする場合において、当該解除を

しようとする保安林が次の各号のいずれかに該当するときは、農林水産大臣に協議しなければならない。この場合において、当該保安林が、第一号に該当するとき、又は第二十五条第一項第一号から第三号までに掲げる目的を達成するため指定され、かつ、第二号に該当するときは、農林水産大臣の同意を得なければならない。

一　第二十五条第一項第一号から第三号までに掲げる目的を達成するため指定された保安林で、第一項又は第二項の規定により解除をしようとする面積が政令で定める規模以上であるもの

二　その全部又は一部が第四十一条第三項に規定する保安施設事業又は地すべり等防止法第二条第四項に規定する地すべり防止工事若しくは同法第四十一条のぼた山崩壊防止工事の施行に係る土地の区域内にある保安林

（指定又は解除の申請）

第二十七条　保安林の指定若しくは解除に利害関係を有する地方公共団体の長又はその指定若しくは解除に直接の利害関係を有する者は、農林水産省令で定める手続に従い、森林を保安林として指定すべき旨又は保安林の指定を解除すべき旨を書面により農林水産大臣又は都道府県知事に申請することができる。

2　都道府県知事以外の者が前項の規定により保安林の指定又は解除を農林水産大臣に申請する場合には、その森林の所在地を管轄する都道府県知事を経由しなければならない。

3　都道府県知事は、前項の場合には、遅滞なくその申請書に意見書を附して農林水産大臣に進達しなければならない。但し、申請が第一項の条件を具備しないか、又は次条の規定に違反していると認めるときは、その申請を進達しないで却下することができる。

第二十八条　農林水産大臣又は都道府県知事が前条第一項の申請に係る指定又は解除をしない旨の処分をしたときは、その申請をした者は、実地の状況に著しい変化が生じた場合でなければ、再び同一の理由で同項の申請をしてはならない。

（保安林予定森林又は解除予定保安林に関する通知等）

第二十九条　農林水産大臣は、保安林の指定又は解除をしようとするときは、あらかじめその旨並びに指定をしようとするときにあつてはその保安林予定森林の所在場所、当該指定の目的及び保安林の指定後における当該森林に係る第三十三条第一項に規定する指定施業要件、解除をしようとするときにあつてはその解除予定保安林の所在場所、保安林として指定された目的及び当該解除の理由をその森林の所在地を管轄する都道府県知事に通知しなければならない。その通知した内容を変更しようとするときもまた同様とする。

第三十条　都道府県知事は、前条の通知を受けたときは、遅滞なく、農林水産省令で定めるところにより、その通知の内容を告示し、その森林の所在する市町村の事務所に掲示するとともに、その森林の森林所有者及びその森林に関し登記した権利を有する者にその内容を通知しなければならない。この場合において、保安林の指定又は解除が第二十七条第一項の規定による申請に係るものであるときは、その申請者にも通知しなければならない。

第三十条の二　都道府県知事は、保安林の指定又は解除をしようとするときは、農林水産省令で定めるところにより、あらかじめその旨並びに指定をしようとするときにあつてはその保安林予定森林の所在場所、当該指定の目的及び保安林の指定後における当該森林に係る第三十三条第一項に規定する指定施業要件、解除をしようとするときにあつてはその解除予定保安林の所在場所、保安林として指定された目的及び当該解除の理由を告示し、その森林の所在する市町村の事務所に掲示するとともに、その森林の森林所有者及びその森林に関し登記した権利を有する者にその内容を通知しなければならない。その告示した内容を変更しようとするときもまた同様とする。

2　前項の場合には、前条後段の規定を準用する。

（保安林予定森林における制限）

第三十一条　都道府県知事は、前二条の規定による告示があつた保安林予定森林について、農林水産省令で定めるところにより、九十日を超えない期間内において、立木竹の伐採又は土石若しくは樹根の採掘、開墾その他の土地の形質を変更する行為を禁止することができる。

（意見書の提出）

第三十二条　第二十七条第一項に規定する者は、第三十条又は第三十条の二第一項の告示があつた場合においてその告示の内容に異議があるときは、農林水産省令で定める手続に従い、第三十条の告示にあつては都道府県知事を経由して農林水産大臣に、第三十条の二第一項の告示にあつては都道府県知事に、意見書を提出することができる。この場合には、その告示の日から三十日以内に意見書を都道府県知事に差し出さなければならない。

2　前項の規定による意見書の提出があつたときは、農林水産大臣は第三十条の告示に係る意見書について、都道府県知事は第三十条の二第一項の告示に係る意見書について、公開による意見の聴取を行わなければならない。この場合において、都道府県知事は、同項の告示に係る意見書の写しを農林水産大臣に送付しなければならない。

3　農林水産大臣又は都道府県知事は、前項の意見の聴取をしようとするときは、その期日の一週間前までに意見の聴取の期日及び場所をその意見書を提出した者に通知するとともにこれを公示しなければならない。

4　農林水産大臣又は都道府県知事は、第三十条又は第三十条の二第一項の告示の日から四十日を経過した後（第一項の意見書の提出があつたときは、これについて第二項の意見の聴取をした後）でなければ保安林の指定又は解除をすることができない。

5　農林水産大臣は、第三十条の二第一項の告示に係る第一項の意見書の提出があつた場合において、保安林として指定する目的を達成するためその他公益上の理由により特別の必要があると認めるときは、都道府県知事に対し、保安林の指定又は解除に関し必要な指示をすることができる。

6　前項の指示は、第二項の意見の聴取をした後でなければすることができない。

（指定又は解除の通知）

第三十三条　農林水産大臣は、保安林の指定又は解除をする場合には、その旨並びに指定をするときにあつてはその保安林の所在場所、当該指定の目的及び当該保安林に係る指定施業要件（立木の伐採の方法及び限度並びに立木を伐採した後において当該伐採跡地について行なう必要のある植栽の

— 150 —

方法、期間及び樹種をいう。以下同じ。）、解除をするときにあつてはその保安林の所在場所、保安林として指定された目的及び当該解除の理由を告示するとともに関係都道府県知事に通知しなければならない。

2 　保安林の指定又は解除は、前項の告示によつてその効力を生ずる。

3 　都道府県知事は、第一項の通知を受けたときは、その処分の内容をその処分に係る森林の森林所有者及びその処分が第二十七条第一項の申請に係るものであるときはその申請者に通知しなければならない。

4 　第一項の規定による通知に係る指定施業要件のうち立木の伐採の限度に関する部分は、当該保安林の指定に係る森林又は当該森林を含む保安林の集団を単位として定めるものとする。

5 　第一項の規定による通知に係る指定施業要件は、当該保安林の指定に伴いこの章の規定により当該森林について生ずべき制限が当該保安林の指定の目的を達成するため必要最小限度のものとなることを旨とし、政令で定める基準に準拠して定めるものとする。

6 　前各項の規定は、都道府県知事による保安林の指定又は解除について準用する。この場合において、第一項中「告示するとともに関係都道府県知事に通知しなければならない」とあるのは「告示しなければならない」と、第三項中「通知を受けた」とあるのは「告示をした」と、第四項及び前項中「通知」とあるのは「告示」と読み替えるものとする。

（指定施業要件の変更）

第三十三条の二　農林水産大臣又は都道府県知事は、保安林について、当該保安林に係る指定施業要件を変更しなければその保安林の指定の目的を達成することができないと認められるに至つたとき、又は当該保安林に係る指定施業要件を変更してもその保安林の指定の目的に支障を及ぼすことがないと認められるに至つたときは、当該指定施業要件を変更することができる。

2 　保安林について、その指定施業要件の変更に利害関係を有する地方公共団体の長又はその変更に直接の利害関係を有する者は、農林水産省令で定める手続に従い、当該指定施業要件を変更すべき旨を書面により農林水産大臣又は都道府県知事に申請することができる。

第三十三条の三　保安林の指定施業要件の変更については、第二十九条から第三十条の二まで、第三十二条第一項から第四項まで及び第三十三条の規定（保安林の指定に関する部分に限る。）を、保安林の指定施業要件の変更の申請については、第二十七条第二項及び第三項並びに第二十八条の規定を準用する。この場合において、第二十九条及び第三十条の二第一項中「その保安林予定森林の所在場所、当該指定の目的及び保安林の指定後における当該森林に係る」とあるのは「その保安林の所在場所、保安林として指定された目的及び当該変更に係る」と、第三十条（第三十条の二第二項において準用する場合を含む。）及び第三十二条第一項中「第二十七条第一項」とあるのは「第三十三条の二第二項」と、第三十三条第一項（同条第六項において準用する場合を含む。）中「当該指定の目的及び当該保安林に係る」とあるのは「保安林として指定された目的及び当該変更に係る」と、同条第三項（同条第六項において準用する場合を含む。）中「第二十七条第一項」とあるのは「第三十三条の二第二項」と読み替えるものとする。

（保安林における制限）

第三十四条 保安林においては、政令で定めるところにより、都道府県知事の許可を受けなければ、立木を伐採してはならない。ただし、次の各号のいずれかに該当する場合は、この限りでない。

　一　法令又はこれに基づく処分により伐採の義務のある者がその履行として伐採する場合

　二　次条第一項に規定する択伐による立木の伐採をする場合

　三　第三十四条の三第一項に規定する間伐のための立木の伐採をする場合

　四　第三十九条の四第一項の規定により地域森林計画に定められている森林施業の方法及び時期に関する事項に従つて立木の伐採をする場合

　五　森林所有者等が第四十九条第一項の許可を受けて伐採する場合

　六　第百八十八条第三項の規定に基づいて伐採する場合

　七　火災、風水害その他の非常災害に際し緊急の用に供する必要がある場合

　八　除伐する場合

　九　その他農林水産省令で定める場合

2　保安林においては、都道府県知事の許可を受けなければ、立竹を伐採し、立木を損傷し、家畜を放牧し、下草、落葉若しくは落枝を採取し、又は土石若しくは樹根の採掘、開墾その他の土地の形質を変更する行為をしてはならない。ただし、次の各号のいずれかに該当する場合は、この限りでない。

　一　法令又はこれに基づく処分によりこれらの行為をする義務のある者がその履行としてする場合

　二　森林所有者等が第四十九条第一項の許可を受けてする場合

　三　第百八十八条第三項の規定に基づいてする場合

　四　火災、風水害その他の非常災害に際し緊急の用に供する必要がある場合

　五　軽易な行為であつて農林水産省令で定めるものをする場合

　六　その他農林水産省令で定める場合

3　都道府県知事は、第一項の許可の申請があつた場合において、その申請に係る伐採の方法が当該保安林に係る指定施業要件に適合するものであり、かつ、その申請（当該保安林に係る指定施業要件を定めるについて同一の単位とされている保安林又はその集団の立木について当該申請が二以上あるときは、これらの申請のすべて）につき同項の許可をするとしてもこれにより当該指定施業要件を定めるについて同一の単位とされている保安林又はその集団に係る立木の伐採が当該指定施業要件に定める伐採の限度を超えることとならないと認められるときは、これを許可しなければならない。

4　都道府県知事は、第一項の許可の申請があつた場合において、その申請に係る伐採の方法が当該保安林に係る指定施業要件に適合するものであり、かつ、その申請（当該保安林に係る指定施業要件を定めるについて同一の単位とされている保安林又はその集団の立木について当該申請が二以上あるときは、これらの申請のすべて）につき同項の許可をするとすればこれにより当該指定施業要件を定めるについて同一の単位とされている保安林又はその集団に係る立木の伐採が当該指定施業要件に定める伐採の限度を超えることとなるが、その一部について同項の許可をするとすれば当該伐採の限度を超えることとならないと認められるときは、政令で定める基準に従い、当該伐採の限度まで、その申請に係る伐採の面積又は数量を縮減して、これを許可しなければならない。

5　都道府県知事は、第二項の許可の申請があつた場合には、その申請に係る行為がその保安林の指

定の目的の達成に支障を及ぼすと認められる場合を除き、これを許可しなければならない。

6　第一項又は第二項の許可には、条件を付することができる。

7　前項の条件は、当該保安林の指定の目的を達成するために必要最小限度のものに限り、かつ、その許可を受けた者に不当な義務を課することとなるものであつてはならない。

8　第一項の許可を受けた者は、当該許可に係る立木を伐採したときは、農林水産省令で定める手続に従い、その旨を、都道府県知事に届け出るとともに、その者が当該森林に係る森林所有者でないときは、当該森林所有者に通知しなければならない。

9　第一項第七号及び第二項第四号に掲げる場合に該当して当該行為をした者は、農林水産省令で定める手続に従い、都道府県知事に届出書を提出しなければならない。

10　都道府県知事は、第八項又は前項の規定により立木を伐採した旨の届出があつた場合（同項の規定による届出にあつては、第一項第七号に係るものに限る。）には、農林水産省令で定めるところにより、当該立木の所在地の属する市町村の長にその旨を通知しなければならない。ただし、当該伐採が、第十一条第五項の認定に係る森林経営計画（その変更につき第十二条第三項において読み替えて準用する第十一条第五項の規定による認定があつたときは、その変更後のもの）において定められているものである場合は、この限りでない。

（保安林における択伐の届出等）

第三十四条の二　保安林においては、当該保安林に係る指定施業要件に定める立木の伐採の方法に適合し、かつ、当該指定施業要件に定める伐採の限度を超えない範囲内において択伐による立木の伐採（人工植栽に係る森林の立木の伐採に限る。第三項において同じ。）をしようとする者は、前条第一項第一号、第四号から第七号まで及び第九号に掲げる場合を除き、農林水産省令で定める手続に従い、あらかじめ、都道府県知事に森林の所在場所、伐採立木材積、伐採方法その他農林水産省令で定める事項を記載した択伐の届出書を提出しなければならない。

2　都道府県知事は、前項の規定により提出された届出書に記載された伐採立木材積又は伐採方法に関する計画が当該保安林に係る指定施業要件に適合しないと認めるときは、当該届出書を提出した者に対し、その択伐の計画を変更すべき旨を命じなければならない。

3　前項の命令があつたときは、その命令があつた後に行われる択伐による立木の伐採については、同項の届出書の提出はなかつたものとみなす。

4　都道府県知事は、第一項の規定により択伐の届出書が提出された場合（前項の規定により届出書の提出がなかつたものとみなされる場合を除く。）には、農林水産省令で定めるところにより、当該択伐に係る立木の所在地の属する市町村の長にその旨を通知しなければならない。ただし、当該択伐が、第十一条第五項の認定に係る森林経営計画（その変更につき第十二条第三項において読み替えて準用する第十一条第五項の規定による認定があつたときは、その変更後のもの）において定められているものである場合は、この限りでない。

5　第一項の規定により択伐の届出書を提出した者は、当該届出に係る立木を伐採した場合において、その者が当該森林に係る森林所有者でないときは、農林水産省令で定める手続に従い、その旨を、当該森林所有者に通知しなければならない。

（保安林における間伐の届出等）

第三十四条の三　保安林においては、当該保安林に係る指定施業要件に定める立木の伐採の方法に適合し、かつ、当該指定施業要件に定める伐採の限度を超えない範囲内において間伐のため立木を伐採しようとする者は、第三十四条第一項第一号、第四号から第七号まで及び第九号に掲げる場合を除き、農林水産省令で定める手続に従い、あらかじめ、都道府県知事に森林の所在場所、間伐立木材積、間伐方法その他農林水産省令で定める事項を記載した間伐の届出書を提出しなければならない。

2　前条第二項から第四項までの規定は、前項の規定による間伐の届出について準用する。この場合において、同条第二項中「伐採立木材積又は伐採方法」とあるのは、「間伐立木材積又は間伐方法」と読み替えるものとする。

（保安林における植栽の義務）

第三十四条の四　森林所有者等が保安林の立木を伐採した場合には、当該保安林に係る森林所有者は、当該保安林に係る指定施業要件として定められている植栽の方法、期間及び樹種に関する定めに従い、当該伐採跡地について植栽をしなければならない。ただし、当該伐採をした森林所有者等が当該保安林に係る森林所有者でない場合において当該伐採があつたことを知らないことについて正当な理由があると認められるとき、当該伐採跡地について第三十八条第一項又は第三項の規定による造林に必要な行為をすべき旨の命令があつた場合（当該命令を受けた者が当該伐採跡地に係る森林所有者以外の者であり、その者が行う当該命令の実施行為を当該森林所有者が拒んだ場合を除く。）その他農林水産省令で定める場合は、この限りでない。

（損失の補償）

第三十五条　国又は都道府県は、政令で定めるところにより、保安林として指定された森林の森林所有者その他権原に基づきその森林の立木竹又は土地の使用又は収益をする者に対し、保安林の指定によりその者が通常受けるべき損失を補償しなければならない。

（受益者の負担）

第三十六条　国又は都道府県は、保安林の指定によつて利益を受ける地方公共団体その他の者に、その受ける利益の限度において、前条の規定により補償すべき金額の全部又は一部を負担させることができる。

2　農林水産大臣又は都道府県知事は、前項の場合には、補償金額の全部又は一部を負担する者に対し、その負担すべき金額並びにその納付の期日及び場所を書面により通知しなければならない。

3　農林水産大臣又は都道府県知事は、前項の通知を受けた者が納付の期日を過ぎても同項の金額を完納しないときは、督促状により、期限を指定してこれを督促しなければならない。

4　前項の規定による督促を受けた者がその指定の期限までにその負担すべき金額を納付しないときは、農林水産大臣は国税滞納処分の例によつて、都道府県知事は地方税の滞納処分の例によつて、これを徴収することができる。この場合における徴収金の先取特権の順位は、国税及び地方税に次ぐものとする。

（担保権）

第三十七条　保安林の立木竹又は土地について先取特権、質権又は抵当権を有する者は、第三十五条の規定による補償金に対してもその権利を行うことができる。但し、その払渡前に差押をしなければならない。

（監督処分）

第三十八条　都道府県知事は、第三十四条第一項の規定に違反した者若しくは同項の許可に附した同条第六項の条件に違反して立木を伐採した者又は偽りその他不正な手段により同条第一項の許可を受けて立木を伐採した者に対し、伐採の中止を命じ、又は当該伐採跡地につき、期間、方法及び樹種を定めて造林に必要な行為を命ずることができる。

2　都道府県知事は、第三十四条第二項の規定に違反した者若しくは同項の許可に附した同条第六項の条件に違反して同条第二項の行為をした者又は偽りその他不正な手段により同項の許可を受けて同項の行為をした者に対し、その行為の中止を命じ、又は期間を定めて復旧に必要な行為をすべき旨を命ずることができる。

3　都道府県知事は、第三十四条の二第一項の規定に違反した者に対し、当該伐採跡地につき、期間、方法及び樹種を定めて造林に必要な行為を命ずることができる。

4　都道府県知事は、森林所有者が第三十四条の四の規定に違反して、保安林に係る指定施業要件として定められている植栽の期間内に、植栽をせず、又は当該指定施業要件として定められている植栽の方法若しくは樹種に関する定めに従つて植栽をしない場合には、当該森林所有者に対し、期間を定めて、当該保安林に係る指定施業要件として定められている植栽の方法と同一の方法により、当該指定施業要件として定められている樹種と同一の樹種のものを植栽すべき旨を命ずることができる。

（標識の設置）

第三十九条　都道府県知事は、民有林について保安林の指定があつたときは、その保安林の区域内にこれを表示する標識を設置しなければならない。この場合において、保安林の森林所有者は、その設置を拒み、又は妨げてはならない。

2　農林水産大臣は、国有林について保安林の指定をしたときは、その保安林の区域内にこれを表示する標識を設置しなければならない。

3　前二項の標識の様式は、農林水産省令で定める。

（保安林台帳）

第三十九条の二　都道府県知事は、保安林台帳を調製し、これを保管しなければならない。

2　都道府県知事は、前項の保安林台帳の閲覧を求められたときは、正当な理由がなければ、これを拒んではならない。

3　保安林台帳の記載事項その他その調製及び保管に関し必要な事項は、農林水産省令で定める。

（特定保安林の指定）

第三十九条の三　農林水産大臣は、全国森林計画に基づき、指定の目的に即して機能していないと認

められる保安林（当該目的に即して機能することを確保するため、その区域内にある森林の全部又は一部について造林、保育、伐採その他の森林施業を早急に実施する必要があると認められるものに限る。）を特定保安林として指定することができる。

2　都道府県知事は、農林水産省令で定めるところにより、当該都道府県の区域内の保安林を特定保安林として指定すべき旨を農林水産大臣に申請することができる。

3　農林水産大臣は、特定保安林の指定をしようとするときは、当該指定をしようとする保安林の所在場所を管轄する都道府県知事に協議しなければならない。

4　農林水産大臣は、特定保安林の指定をしたときは、遅滞なく、これを公表しなければならない。

5　前三項の規定は、特定保安林の指定の解除について準用する。

（地域森林計画の変更等）

第三十九条の四　都道府県知事は、当該都道府県の区域内の保安林が特定保安林として指定された場合において、当該特定保安林の区域内に第五条第一項の規定によりたてられた地域森林計画の対象となつている民有林があるときは、当該地域森林計画を変更し、当該民有林につき、当該特定保安林が保安林の指定の目的に即して機能することを確保することを旨として、次に掲げる事項を追加して定めなければならない。同項の規定により地域森林計画をたてる場合において特定保安林の区域内の民有林で当該地域森林計画の対象となるものがあるときも、同様とする。

一　造林、保育、伐採その他の森林施業を早急に実施する必要があると認められる森林（以下「要整備森林」という。）の所在

二　要整備森林について実施すべき造林、保育、伐採その他の森林施業の方法及び時期に関する事項

2　都道府県知事は、前項の規定により地域森林計画を変更し、又はこれをたてようとするときは、同項各号に掲げる事項のほか、要整備森林の整備のために必要な事項を定めるよう努めるものとする。

3　都道府県知事は、第一項の規定により地域森林計画を変更し、又はこれをたてようとする場合であつて、第六条第二項の規定により前二項に規定する事項に関し直接の利害関係を有する者から異議の申立てがあつたときは、公開による意見の聴取を行わなければならない。

4　都道府県知事は、前項の意見の聴取をしようとするときは、その期日の一週間前までに意見の聴取の期日及び場所をその異議の申立てをした者に通知するとともにこれを公示しなければならない。

5　都道府県知事は、第三項の異議の申立てがあつたときは、これについて同項の意見の聴取をした後でなければ、地域森林計画を変更し、又はこれをたてることができない。

（要整備森林に係る施業の勧告等）

第三十九条の五　都道府県知事は、森林所有者等が要整備森林について前条第一項の規定により地域森林計画に定められている森林施業の方法に関する事項を遵守していないと認める場合において、地域森林計画の達成上必要があるときは、当該森林所有者等に対し、遵守すべき事項を示して、これに従つて施業すべき旨を勧告することができる。

2　都道府県知事は、要整備森林について前項の規定による勧告をした場合において、その勧告を受

けた者がこれに従わないとき、又は従う見込みがないと認めるときは、その者に対し、当該要整備森林若しくは当該要整備森林の立木について所有権若しくは使用及び収益を目的とする権利を取得し、又は当該要整備森林の施業の委託を受けようとする者で当該都道府県知事の指定を受けたものと当該要整備森林若しくは当該要整備森林の立木についての所有権の移転若しくは使用及び収益を目的とする権利の設定若しくは移転又は当該要整備森林の施業の委託に関し協議すべき旨を勧告することができる。

3　地方公共団体及び国立研究開発法人森林研究・整備機構（以下この項において「機構」という。）は、前項の指定を受けたときは、速やかに、同項の規定による勧告を受けた者に対し、当該勧告に係る協議（機構にあつては、国立研究開発法人森林研究・整備機構法（平成十一年法律第百九十八号）第十三条第一項第四号に掲げる業務に係るものに限る。）の申入れをするよう努めるものとする。

（市町村の長による施業の勧告の特例）

第三十九条の六　要整備森林については、第十条の十の規定は、適用しない。

（要整備森林における保安施設事業の実施）

第三十九条の七　都道府県知事が第三十九条の五第二項の規定による勧告をした場合において、その勧告に係る協議が調わず、又は協議をすることができないときであつて、農林水産省令で定めるところにより都道府県知事が当該勧告に係る要整備森林において第四十一条第三項に規定する保安施設事業（森林の造成事業又は森林の造成に必要な事業に限る。）を行うときは、当該要整備森林の土地の所有者その他その土地に関し権利を有する者（次項において「関係人」という。）は、その実施行為を拒んではならない。

2　都道府県は、その行つた前項の行為により損失を受けた関係人に対し、通常生ずべき損失を補償しなければならない。

（保安林に係る権限の適切な行使）

第四十条　農林水産大臣及び都道府県知事は、第二十五条第一項各号に掲げる目的が十分に達成されるよう、同条及び第二十五条の二の規定による保安林の指定に係る権限を適切に行使するものとする。

2　前項に定めるもののほか、農林水産大臣及び都道府県知事は、保安林制度の負う使命に鑑み、保安林に関しこの法律及びこれに基づく政令の規定によりその権限に属させられた事務を適正に遂行するほか、保安林に係る制限の遵守及び義務の履行につき有効な指導及び援助を行い、その他保安林の整備及び保全のため必要な措置を講じて、保安林が常にその指定の目的に即して機能することを確保するように努めなければならない。

　　第二節　保安施設地区

（指定）

第四十一条　農林水産大臣は、第二十五条第一項第一号から第七号までに掲げる目的を達成するため、国が森林の造成事業又は森林の造成若しくは維持に必要な事業を行う必要があると認めるとき

は、その事業を行うのに必要な限度において森林又は原野その他の土地を保安施設地区として指定することができる。

2 農林水産大臣は、民有林又は国の所有に属さない原野その他の土地について、第二十五条第一項第四号から第七号までに掲げる目的を達成するため前項の指定をしようとするときは、都道府県知事の意見を聴かなければならない。

3 農林水産大臣は、第一項の事業（以下「保安施設事業」という。）を都道府県が行う必要があると認めて都道府県知事から申請があつた場合において、その申請を相当と認めるときは、その事業を行うのに必要な限度において森林又は原野その他の土地を保安施設地区として指定することができる。

4 第二十五条第一項但書及び第二項の規定は、第一項又は前項の指定をしようとする場合に準用する。この場合において、第二十五条第二項中「森林を保安林として」とあるのは、「森林又は原野その他の土地を保安施設地区として」と読み替えるものとする。

　　（指定の有効期間）

第四十二条　前条の保安施設地区の指定の有効期間は、七年以内において農林水産大臣が定める期間とする。但し、農林水産大臣は、必要があると認めるときは、三年を限りその有効期間を延長することができる。

　　（解除）

第四十三条　農林水産大臣は、国又は都道府県が保安施設事業を廃止したときは、遅滞なく保安施設地区の指定を解除しなければならない。

2 保安施設地区の指定後一年を経過した時に国又は都道府県がなお保安施設事業に着手していないときは、その時に、指定はその効力を失う。

　　（保安林に関する規定の準用）

第四十四条　保安施設地区の指定については、第二十九条、第三十条、第三十一条、第三十二条第一項から第四項まで、第三十三条第一項から第五項まで及び第三十九条の規定を、保安施設地区に係る指定施業要件の変更については、第二十九条、第三十条、第三十二条第一項から第四項まで及び第三十三条第一項から第五項までの規定（農林水産大臣による保安林の指定に関する部分に限る。）並びに第三十三条の二第一項の規定（農林水産大臣による保安林の指定施業要件の変更に関する部分に限る。）を、保安施設地区に係る指定施業要件の変更の申請については、第二十七条第二項及び第三項、第二十八条並びに第三十三条の二第二項の規定（農林水産大臣に対する申請に関する部分に限る。）を、保安施設地区の指定の解除については、第三十三条第一項から第三項までの規定を、保安施設地区における制限については、第三十四条から第三十四条の三までの規定を準用する。ただし、保安施設地区の指定に係る森林が保安林である場合には第三十一条、第三十四条から第三十四条の三までの規定、災害を復旧するため緊急に保安施設事業を行う必要がある場合には第三十二条第四項の規定は、準用しない。

（受忍義務）

第四十五条 保安施設地区の土地の所有者その他その土地に関し権利を有する者（以下この節におい
て「関係人」という。）は、国又は都道府県が、その保安施設地区において、その指定の有効期間
内に行う造林、森林土木事業その他の保安施設事業の実施行為並びにその期間内及びその期間満了
後十年以内に行う保安施設事業に係る施設の維持管理行為を拒んではならない。

2 国又は都道府県は、その行つた前項の行為により損失を受けた関係人に対し、通常生ずべき損失
を補償しなければならない。

（費用区分）

第四十六条 国は、その行う保安施設事業により利益を受ける都道府県にその事業に要した費用の三
分の一以内を負担させることができる。

2 国は、都道府県が行う保安施設事業に対し、その要した費用の三分の二以内を補助することがで
きる。

（保安施設地区台帳）

第四十六条の二 都道府県知事は、保安施設地区台帳を調製し、これを保管しなければならない。

2 保安施設地区台帳については、第三十九条の二第二項及び第三項の規定を準用する。

（保安林への転換）

第四十七条 保安施設地区であつて第四十二条の規定による指定の有効期間の満了の時に森林である
ものは、既に保安林となつているものを除き、その時に、第二十五条又は第二十五条の二の規定に
より保安林として指定され、これについて第三十三条の規定による告示及び通知があり、当該保安
施設地区に係る指定施業要件が引き続き当該保安林の指定施業要件となつたものとみなす。

（適用除外）

第四十八条 国又は都道府県が保安施設地区において行う第四十五条第一項の行為については、第四
十四条において準用する第三十四条から第三十四条の三までの規定（その保安施設地区の指定に係
る森林が保安林である場合には第三十四条から第三十四条の三までの規定）は、適用しない。

第四章 土地の使用

（立入調査等）

第四十九条 森林所有者等は、森林施業に関する測量又は実地調査のため必要があるときは、市町村
の長の許可を受けて、他人の土地に立ち入り、又は測量若しくは実地調査の支障となる立木竹を伐
採することができる。

2 市町村の長は、前項の許可の申請があつたときは、土地の占有者及び立木竹の所有者にその旨を
通知し、意見書を提出する機会を与えなければならない。

3 第一項の許可を受けた者は、他人の土地に立ち入り、又は立木竹を伐採する場合には、あらかじ
めその土地の占有者又は立木竹の所有者に通知しなければならない。ただし、あらかじめ通知する
ことが困難であるときは、この限りでない。

4　第一項の規定により他人の土地に立ち入り、又は立木竹を伐採しようとする者は、同項の許可を受けたことを証する書面を携帯し、その土地の占有者又は立木竹の所有者にこれを呈示しなければならない。

5　第一項の規定により他人の土地に立ち入り、又は立木竹を伐採した者は、これによつて生じた損失を補償しなければならない。

6　森林所有者等は、森林に重大な損害を与えるおそれのある害虫、獣類、菌類又はウイルスが森林に発生し、又は発生するおそれがある場合において、その駆除又は予防のため必要があるときは、市町村の長の許可を受けて他人の土地に立ち入ることができる。この場合には、第二項から前項までの規定を準用する。

（使用権設定に関する認可）

第五十条　森林から木材、竹材若しくは薪炭を搬出し、又は林道、木材集積場その他森林施業に必要な設備をする者は、その搬出又は設備のため他人の土地を使用することが必要且つ適当であつて他の土地をもつて代えることが著しく困難であるときは、その土地を管轄する都道府県知事の認可を受けて、その土地の所有者（所有者以外に権原に基きその土地を使用する者がある場合には、その者及び所有者）に対し、これを使用する権利（以下「使用権」という。）の設定に関する協議を求めることができる。

2　都道府県知事は、前項の規定による認可の申請があつたときは、その土地の所有者及びその土地に関し所有権以外の権利を有する者（以下「関係人」という。）の出頭を求めて、農林水産省令で定めるところにより、公開による意見の聴取を行わなければならない。

3　都道府県知事は、前項の意見の聴取をしようとするときは、その期日の一週間前までに事案の要旨並びに意見の聴取の期日及び場所を当事者に通知するとともにこれを公示しなければならない。

4　第二項の意見の聴取に際しては、当事者に対して、当該事案について、証拠を提示し、意見を述べる機会を与えなければならない。

5　都道府県知事は、第一項の認可をしたときは、その旨をその土地の所有者及び関係人に通知するとともにその土地の所在する市町村の事務所に掲示しなければならない。

6　第一項の認可を受けた者は、同項の搬出又は設備に関する測量又は実地調査のため必要があるときは、他人の土地に立ち入り、又は測量若しくは実地調査の支障となる立木竹を伐採することができる。この場合には、前条第三項から第五項までの規定を準用する。

第七章　雑則

（立入調査等）

第百八十八条　農林水産大臣、都道府県知事又は市町村の長は、この法律の施行のため必要があるときは、森林所有者等からその施業の状況に関する報告を徴することができる。

2　農林水産大臣、都道府県知事又は市町村の長は、この法律の施行のため必要があるときは、当該職員又はその委任した者に、他人の森林に立ち入つて、測量又は実地調査をさせることができる。

3　農林水産大臣、都道府県知事又は市町村の長は、この法律の施行のため必要があるときは、当該職員に、他人の森林に立ち入つて、標識を建設させ、又は前項の測量若しくは実地調査若しくは標識建設の支障となる立木竹を伐採させることができる。

4　前二項の規定により他人の森林に立ち入ろうとする者は、その身分を示す証明書を携帯し、関係者にこれを提示しなければならない。

5　第二項及び第三項の規定による立入調査の権限は、犯罪捜査のために認められたものと解してはならない。

6　国、都道府県又は市町村は、第二項又は第三項の規定による処分によつて損失を受けた者に対し、通常生ずべき損失を補償しなければならない。

（掲示）

第百八十九条　農林水産大臣、都道府県知事又は市町村の長は、この法律又はこの法律に基づく命令の規定による通知又は命令をする場合において、相手方が知れないとき、又はその所在が不分明なときは、その通知又は命令に係る森林、土地又は工作物等の所在地の属する市町村の事務所の掲示場にその通知又は命令の内容を掲示するとともに、その要旨及び掲示した旨を官報又は都道府県若しくは市町村の公報に掲載しなければならない。この場合においては、その掲示を始めた日又は官報若しくは都道府県若しくは市町村の公報に掲載した日のいずれか遅い日から十四日を経過した日に、その通知又は命令は、相手方に到達したものとみなす。

（不服申立て）

第百九十条　第十条の二、第二十五条から第二十六条の二まで、第二十七条第三項ただし書（第三十三条の三及び第四十四条において準用する場合を含む。）、第三十三条の二（第四十四条において準用する場合を含む。）、第三十四条（第四十四条において準用する場合を含む。）、第四十一条若しくは第四十三条第一項の規定による処分又は第二十八条（第三十三条の三及び第四十四条において準用する場合を含む。）に規定する処分に不服がある者は、その不服の理由が鉱業、採石業又は砂利採取業との調整に関するものであるときは、公害等調整委員会に対して裁定の申請をすることができる。この場合においては、審査請求をすることができない。

2　行政不服審査法（平成二十六年法律第六十八号）第二十二条の規定は、前項の処分につき、処分をした行政庁が誤つて審査請求又は再調査の請求をすることができる旨を教示した場合に準用する。

3　第四章の規定による都道府県知事の裁定についての審査請求においては、損失の補償金の額についての不服をその裁定についての不服の理由とすることができない。

（森林所有者等に関する情報の利用等）

第百九十一条の二　都道府県知事及び市町村の長は、この法律の施行に必要な限度で、その保有する森林所有者等の氏名その他の森林所有者等に関する情報を、その保有に当たつて特定された利用の目的以外の目的のために内部で利用することができる。

2　都道府県知事及び市町村の長は、この法律の施行のため必要があるときは、関係する地方公共団体の長その他の者に対して、森林所有者等の把握に関し必要な情報の提供を求めることができる。

（森林の土地の境界の確定のための措置）

第百九十一条の三　国は、森林の施業が適切に行われるためには森林の土地の境界の確定が重要であ

ることに鑑み、全国の森林の土地について地籍調査の実施の一層の促進を図る等その境界の確定が速やかに行われるよう必要な措置を講ずるよう努めるものとする。

　（森林に関するデータベースの整備等）
第百九十一条の七　第百九十一条の四及び第百九十一条の五に定めるもののほか、国及び地方公共団体は、森林の施業が適切に行われるためには森林に関する正確な情報の把握が重要であることに鑑み、森林に関するデータベースの整備その他森林に関する正確な情報を把握するために必要な措置を講ずるよう努めるものとする。

　（地方公共団体が行う保安林等の買入れに係る財政上の措置）
第百九十一条の九　国は、地方公共団体が保安林その他森林の有する公益的機能を維持することが特に必要であると認められる森林の買入れを行うことができるよう、第四十六条第二項の規定による補助その他の必要な財政上の措置を講ずるものとする。

　（都道府県の費用負担）
第百九十二条　次に掲げる費用は、都道府県の負担とする。
　一　地域森林計画の作成に要する費用
　二　保安林に関し都道府県知事が行う事務に要する費用
　三　第三十五条の規定により都道府県が行う損失の補償に要する費用

　（国庫の補助）
第百九十三条　国は、都道府県に対し、毎年度予算の範囲内において、政令で定めるところにより、造林及び地域森林計画に定める林道の開設又は拡張につき、都道府県が自ら行う場合にあつてはその要する費用の一部を、市町村その他政令で定める者が行う場合にあつてはその者に対し都道府県が補助する費用の一部を補助する。

第百九十六条　国は、都道府県に対し、政令で定めるところにより、第百九十二条の規定により都道府県が負担する費用の二分の一を補助する。

　（事務の区分）
第百九十六条の二　この法律の規定により地方公共団体が処理することとされている事務のうち、次に掲げるものは、地方自治法（昭和二十二年法律第六十七号）第二条第九項第一号に規定する第一号法定受託事務とする。
　一　第二十五条の二、第二十六条の二、第二十七条第一項、第三十三条の二及び第三十九条第一項の規定により都道府県が処理することとされている事務（第二十五条第一項第一号から第三号までに掲げる目的を達成するための指定に係る保安林に関するものに限る。）
　二　第二十七条第二項及び第三項（申請書に意見書を付する事務に関する部分を除く。）、第三十条並びに第三十三条第三項（これらの規定を第三十三条の三において準用する場合を含む。）の規定により都道府県が処理することとされている事務

三　第三十条の二第一項、同条第二項において準用する第三十条後段、第三十二条第二項及び第三項並びに第三十三条第六項において準用する同条第一項及び第三項（これらの規定を第三十三条の三において準用する場合を含む。）の規定により都道府県が処理することとされている事務（第二十五条第一項第一号から第三号までに掲げる目的を達成するための指定に係る保安林に関するものに限る。）

　四　第三十一条、第三十二条第一項（第三十三条の三において準用する場合を含む。）、第三十四条から第三十四条の三まで、第三十八条及び第三十九条の二第一項の規定により都道府県が処理することとされている事務（民有林にあつては、第二十五条第一項第一号から第三号までに掲げる目的を達成するための指定に係る保安林に関するものに限る。）

　五　第四十四条において準用する第二十七条第二項及び第三項（申請書に意見書を付する事務に関する部分を除く。）、第三十条、第三十一条、第三十二条第一項、第三十三条第三項、第三十四条から第三十四条の三まで並びに第三十九条第一項の規定並びに第四十六条の二第一項の規定により都道府県が処理することとされている事務

　六　第十条の七の二第二項の規定により市町村が処理することとされている事務（第二十五条第一項第一号から第三号までに掲げる目的を達成するための指定に係る保安林又は保安施設地区の区域内の森林に関するものに限る。）

2　第十条の七の二第二項の規定により市町村が処理することとされている事務（第二十五条第一項第四号から第十一号までに掲げる目的を達成するための指定に係る保安林に関するものに限る。）は、地方自治法第二条第九項第二号に規定する第二号法定受託事務とする。

　　第八章　罰則

第百九十七条　森林においてその産物（人工を加えたものを含む。）を窃取した者は、森林窃盗とし、三年以下の懲役又は三十万円以下の罰金に処する。

第百九十八条　森林窃盗が保安林の区域内において犯したものであるときは、五年以下の懲役又は五十万円以下の罰金に処する。

第百九十九条　森林窃盗の贓物を原料として木材、木炭その他の物品を製造した場合には、その物品は、森林窃盗の贓物とみなす。

第二百条　民法（明治二十九年法律第八十九号）第百九十六条（占有者による費用の償還請求）の規定は、森林窃盗の贓物の回復には適用しない。ただし、善意の取得者についてはこの限りでない。

第二百一条　森林窃盗の贓物を収受した者は、三年以下の懲役又は三十万円以下の罰金に処する。
2　森林窃盗の贓物の運搬、寄蔵、故買又は牙保をした者は、五年以下の懲役又は五十万円以下の罰金に処する。

第二百二条　他人の森林に放火した者は、二年以上の有期懲役に処する。
2　自己の森林に放火した者は、六月以上七年以下の懲役に処する。

3 　前項の場合において、他人の森林に延焼したときは、六月以上十年以下の懲役に処する。

4 　前二項の場合において、その森林が保安林であるときは、一年以上の有期懲役に処する。

第二百三条 　火を失して他人の森林を焼燬した者は、五十万円以下の罰金に処する。

2 　火を失して自己の森林を焼燬し、これによつて公共の危険を生じさせた者も前項と同様とする。

第二百四条 　第百九十七条、第百九十八条及び第二百二条の未遂罪は、これを罰する。

第二百五条 　第二十一条第一項又は第二十二条の規定に違反した者は、二十万円以下の罰金に処する。この場合において、その火入れをした森林が保安林であるときは、三十万円以下の罰金に処する。

2 　第二十一条第一項又は第二十二条の規定に違反し、これによつて他人の森林を焼燬した者は、三十万円以下の罰金に処する。この場合において、その森林が保安林であるときは、五十万円以下の罰金に処する。

第二百六条 　次の各号のいずれかに該当する者は、三年以下の懲役又は三百万円以下の罰金に処する。

一 　第十条の二第一項の規定に違反し、開発行為をした者

二 　第十条の三の規定による命令に違反した者

三 　第三十四条第二項（第四十四条において準用する場合を含む。）の規定に違反し、土石又は樹根の採掘、開墾その他の土地の形質を変更する行為をした者

四 　第三十八条第二項の規定による命令（土石又は樹根の採掘、開墾その他の土地の形質を変更する行為の中止又は復旧に必要な行為をすべき旨を命ずる部分に限る。）に違反した者

第二百七条 　次の各号のいずれかに該当する者は、百五十万円以下の罰金に処する。

一 　第三十四条第一項（第四十四条において準用する場合を含む。）の規定に違反し、保安林又は保安施設地区の区域内の森林の立木を伐採した者

二 　第三十四条第二項（第四十四条において準用する場合を含む。）の規定に違反し、立竹を伐採し、立木を損傷し、家畜を放牧し、又は下草、落葉若しくは落枝を採取する行為をした者

三 　第三十八条第一項の規定による命令、同条第二項の規定による命令（土石又は樹根の採掘、開墾その他の土地の形質を変更する行為の中止又は復旧に必要な行為をすべき旨を命ずる部分を除く。）又は同条第三項若しくは第四項の規定による命令に違反した者

第二百八条 　次の各号のいずれかに該当する者は、百万円以下の罰金に処する。

一 　第十条の八第一項の規定に違反し、届出書の提出をしないで立木を伐採した者

二 　第十条の九第三項又は第四項の規定による命令に違反した者

三 　第三十一条（第四十四条において準用する場合を含む。）の規定による禁止命令に違反し、立木竹の伐採又は土石若しくは樹根の採掘、開墾その他の土地の形質を変更する行為をした者

四 　第三十四条の二第一項（第四十四条において準用する場合を含む。）の規定に違反し、届出書

の提出をしないで択伐による立木の伐採をした者

　　五　第三十四条の三第一項（第四十四条において準用する場合を含む。）の規定に違反し、届出書の提出をしないで間伐のため立木を伐採した者

第二百九条　第三十九条第一項又は第二項（これらの規定を第四十四条において準用する場合を含む。）の規定により設置した標識を移動し、汚損し、又は破壊した者は、五十万円以下の罰金に処する。

第二百十条　次の各号のいずれかに該当する者は、三十万円以下の罰金に処する。

　　一　第十条の八第二項の規定に違反して、報告をせず、又は虚偽の報告をした者

　　二　第十条の八第三項又は第三十四条第九項（第四十四条において準用する場合を含む。）の規定に違反して、届出書の提出をしない者

　　三　第三十四条第八項（第四十四条において準用する場合を含む。）の規定に違反して、都道府県知事に届け出ない者

第二百十一条　第百九十七条若しくは第百九十八条の罪（これらの未遂罪を含む。）又は第二百一条の罪を犯した者には、情状により懲役刑及び罰金刑を併科することができる。

第二百十二条　法人（法人でない団体で代表者又は管理人の定めのあるものを含む。以下この項において同じ。）の代表者若しくは管理人又は法人若しくは人の代理人、使用人その他の従業者が、その法人又は人の業務又は財産に関し、第二百五条から第二百十条までの違反行為をしたときは、行為者を罰するほか、その法人又は人に対して各本条の罰金刑を科する。

2　法人でない団体について前項の規定の適用がある場合には、その代表者又は管理人が、その訴訟行為につき法人でない団体を代表するほか、法人を被告人又は被疑者とする場合の刑事訴訟に関する法律の規定を準用する。

第二百十三条　第十条の七の二第一項の規定に違反して、届出をせず、又は虚偽の届出をした者は、十万円以下の過料に処する。

　　附　　則　（令和二年六月一〇日法律第四一号）　抄

　　（施行期日）

第一条　この法律は、公布の日から起算して三月を経過した日から施行する。ただし、次の各号に掲げる規定は、当該各号に定める日から施行する。

　　一　第三条、第七条及び第十条の規定並びに附則第四条、第六条、第八条、第十一条、第十三条、第十五条及び第十六条の規定　公布の日

　　（政令への委任）

第六条　附則第二条から前条までに規定するもののほか、この法律の施行に関し必要な経過措置は、政令で定める。

森林法施行令（抄）

昭和26年7月31日　政令第276号
最終改正：令和4年9月22日　政令第313号

（全国森林計画）

第二条　法第四条第一項の全国森林計画は、これをたてる年の翌年四月一日から十五年間を計画の期間としてたてるものとする。

（森林整備保全事業を実施する者）

第二条の二　法第四条第五項の政令で定める者は、造林、間伐及び保育の事業については次に掲げる者（第一号に掲げる者にあつては国有林野事業（国有林野の管理経営に関する法律（昭和二十六年法律第二百四十六号）第二条第二項に規定する国有林野事業をいう。以下この条において同じ。）を行う場合又は法第二十五条第一項第一号から第七号までに掲げる目的を達成するために行う場合に、第二号に掲げる者にあつては森林の経営を行う場合又は同項第一号から第七号までに掲げる目的を達成するために行う場合に限る。）とし、林道の開設及び改良の事業については第一号、第二号、第四号及び第五号に掲げる者（第一号に掲げる者にあつては国有林野事業を行う場合に、第二号に掲げる者にあつては森林の経営を行う場合に限る。）とし、森林の造成及び維持に必要な事業については第一号及び第二号に掲げる者とする。

一　国

二　地方公共団体

三　国立研究開発法人森林研究・整備機構

四　森林組合

五　森林組合連合会

六　森林整備法人（分収林特別措置法（昭和三十三年法律第五十七号）第十条第二号に規定する森林整備法人をいう。第十一条第五号において同じ。）

（開発行為の規模）

第二条の三　法第十条の二第一項の政令で定める規模は、次の各号に掲げる行為の区分に応じ、それぞれ当該各号に定める規模とする。

一　専ら道路の新設又は改築を目的とする行為　当該行為に係る土地の面積一ヘクタールで、かつ、道路（路肩部分及び屈曲部又は待避所として必要な拡幅部分を除く。）の幅員三メートル

二　太陽光発電設備の設置を目的とする行為　当該行為に係る土地の面積〇・五ヘクタール

三　前二号に掲げる行為以外の行為　当該行為に係る土地の面積一ヘクタール

（指定施業要件を定める場合の基準）

第四条　法第三十三条第五項（同条第六項（法第三十三条の三において準用する場合を含む。）並びに法第三十三条の三及び第四十四条において準用する場合を含む。）の政令で定める基準は、別表

第二のとおりとする。

　（伐採の許可）
第四条の二　択伐による立木の伐採につき法第三十四条第一項（法第四十四条において準用する場合を含む。）の許可を受けようとする者は、その伐採を開始する日の三十日前までに、都道府県知事に、次に掲げる事項を記載した伐採許可申請書を提出しなければならない。
　一　伐採箇所の所在
　二　伐採樹種
　三　伐採材積
　四　伐採の方法
　五　伐採の期間
　六　その他農林水産省令で定める事項
2　皆伐による立木の伐採につき法第三十四条第一項（法第四十四条において準用する場合を含む。）の許可を受けようとする者は、当該保安林又は保安施設地区内の森林につき次項の規定による公表のあつた日から三十日以内に、都道府県知事に、次に掲げる事項を記載した伐採許可申請書を提出しなければならない。
　一　伐採箇所の所在
　二　伐採樹種
　三　伐採面積
　四　伐採の方法
　五　伐採の期間
　六　その他農林水産省令で定める事項
3　都道府県知事は、伐採年度（毎年四月一日から翌年三月三十一日までの期間をいう。以下同じ。）ごとに、その前伐採年度の二月一日並びに当該伐採年度の六月一日、九月一日及び十二月一日（これらの日が日曜日に当たるときはその翌日、これらの日が土曜日に当たるときはその翌々日）に、保安林及び保安施設地区内の森林の当該伐採年度における皆伐による立木の伐採につき法第三十四条第一項（法第四十四条において準用する場合を含む。）の許可をすべき皆伐面積の限度を公表しなければならない。
4　前項の規定により公表する皆伐面積の限度は、指定施業要件を定めるについて同一の単位とされている保安林若しくはその集団又は保安施設地区若しくはその集団の森林（以下「同一の単位とされる保安林等」という。）ごとに、二月一日又はその翌日若しくは翌々日に公表すべきものにあつては、当該同一の単位とされる保安林等の当該年の四月一日に始まる伐採年度に係る指定施業要件に定める皆伐面積の限度（別表第二の第二号（一）イの基準に準拠して定められる皆伐面積の限度をいうものとする。以下この項において同じ。）たる面積とし、六月一日、九月一日及び十二月一日又はこれらの日の翌日若しくは翌々日に公表すべきものにあつては、その二月一日又はその翌日若しくは翌々日に公表した面積（当該年の二月一日から十一月三十日までに新たに指定された保安林又は保安施設地区内の森林については当該伐採年度に係る指定施業要件に定める皆伐面積の限度、その期間内に指定施業要件に定める皆伐面積の限度に変更があつた保安林又は保安施設地区内の森林については当該公表をすべき日の前日において効力を有する当該伐採年度に係る指定施業要

— 167 —

件に定める皆伐面積の限度）から、当該公表をすべき日の前日までに皆伐による立木の伐採につき法第三十四条第一項（法第四十四条において準用する場合を含む。）の許可をした面積がある場合にはその面積を差し引いて得た面積（以下この項において「残存許容限度」という。）とする。この場合において残存許容限度が存しない保安林又は保安施設地区内の森林については、前項の規定にかかわらず、当該期日に係る同項の規定による公表は、しないものとする。

5　都道府県知事は、第一項の伐採許可申請書の提出があつたときはその提出のあつた日から三十日以内に、第二項の伐採許可申請書の提出があつたときは同項の期間満了後三十日以内に、許可するかどうかを決定し、これを書面により申請者に通知するものとする。

（伐採面積等を縮減して許可する場合の基準）

第四条の三　法第三十四条第四項の政令で定める基準は、次のとおりとする。

一　同一の単位とされる保安林等の立木について皆伐による伐採をしようとする申請が二以上ある場合には、おおむね、次により、その申請に係る伐採の面積を当該同一の単位とされる保安林等につき前条第三項の規定により公表された皆伐面積の限度まで縮減する。

　イ　同一の単位とされる保安林等ごとに、申請に係る伐採面積の合計を当該申請がされた森林の森林所有者別に区分した場合に、当該森林所有者でその区分された面積が当該同一の単位とされる保安林等においてその者が森林所有者となつている森林の年伐面積の限度（当該森林につき当該申請前に当該伐採年度における皆伐による伐採に係る法第三十四条第一項の許可がされている場合には、その許可された面積をその年伐面積の限度たる面積から差し引いて得た面積。以下この号において同じ。）を超えないものが森林所有者となつている当該同一の単位とされる保安林等に係る伐採については、縮減しない。

　ロ　同一の単位とされる保安林等ごとに、申請に係る伐採面積の合計を当該申請がされた森林の森林所有者別に区分した場合に、当該森林所有者でその区分された面積が当該同一の単位とされる保安林等においてその者が森林所有者となつている森林の年伐面積の限度を超えるものが森林所有者となつている当該同一の単位とされる保安林等に係る伐採については、当該森林の年伐面積の限度（当該森林に係る伐採の申請が二以上あるときは、その申請面積に応じて当該年伐面積の限度たる面積をあん分して得た面積）まで縮減する。

　ハ　ロの場合において、当該同一の単位とされる保安林等につき、ロの規定によるとして伐採が認められる面積の合計にイの規定による伐採が認められる申請がある場合にはその申請面積の合計を加えた総計の面積が前条第三項の規定により公表された皆伐面積の限度に達しないときは、ロの規定にかかわらず、その達するまでの部分の面積をロの規定によるとすれば縮減される伐採の申請のその縮減部分の面積に応じてあん分した面積（当該申請が一であるときは、その達するまでの部分の面積の全部）を当該申請につきロの規定によるとして伐採が認められる面積に加えて得た面積まで縮減する。

二　保安機能の維持又は強化を図る必要があるためその指定施業要件として別表第二の第二号（一）ロの基準に準拠して一箇所当たりの面積の限度が定められている森林の一の箇所の立木について皆伐による伐採をしようとする申請が二以上ある場合には、当該箇所に係る当該一箇所当たりの面積の限度たる面積（当該箇所につき当該申請前に当該伐採年度における皆伐による伐採に係る法第三十四条第一項の許可がされている場合には、その許可された面積をその一箇所当た

りの面積の限度たる面積から差し引いて得た面積。次号において同じ。）を当該申請面積に応じ
てあん分して得た面積まで縮減する。

三　同一の単位とされる保安林等の立木又は前号の森林の一の箇所の立木について皆伐による伐採
をしようとする申請が一である場合には、それぞれ、当該同一の単位とされる保安林等につき前
条第三項の規定により公表された皆伐面積の限度又は当該箇所に係る一箇所当たりの面積の限度
たる面積まで縮減する。

四　風害又は霧害の防備をその指定の目的とする保安林又は保安施設地区の森林でその指定施業要
件として別表第二の第二号（一）ハの基準に準拠して皆伐後の残存部分に関する定めが定められ
ているものの立木につき皆伐による伐採をしようとする申請については、その申請の内容を勘案
して公正妥当な方法により当該残存部分に関する定めに適合するまで縮減する。

五　択伐による伐採をしようとする申請については、当該森林に係る指定施業要件として別表第二
の第二号（一）ニの基準に準拠して定められている材積の限度まで縮減する。

2　前項第一号の年伐面積の限度は、農林水産省令で定めるところにより算出するものとする。

（損失の補償）

第五条　法第三十五条の規定による損失の補償は、法第二十五条第一項第一号から第三号までに掲げ
る目的を達成するため指定された保安林に係るものにあつては国が、同項第四号から第十一号まで
に掲げる目的を達成するため指定された保安林に係るものにあつては都道府県が行う。

（保安施設事業に要する費用の補助額）

第六条　法第四十六条第二項の規定による保安施設事業に要する費用に関する補助金の額は、工事費
（修繕に係るものを除く。）の額に次の各号に掲げる事業の区分に応じそれぞれ当該各号に定める割
合を乗じて得た額に相当する額とする。

一　災害による土砂の崩壊等の危険な状況に対処するために緊急治山事業として実施される事業
　三分の二

二　激甚な災害が発生した地域において再度災害を防止するため前号の緊急治山事業に引き続いて
実施される事業及び次に掲げる事業以外の事業であつて火山地、火山麓又は火山現象により著し
い被害を受けるおそれのある地域において実施されるもの　十分の五・五
　イ　保安林整備事業として実施される事業
　ロ　防災林造成事業として実施される事業
　ハ　保安林管理道整備事業として実施される事業
　ニ　農林水産業施設災害復旧事業費国庫補助の暫定措置に関する法律（昭和二十五年法律第百六
十九号）又は公共土木施設災害復旧事業費国庫負担法（昭和二十六年法律第九十七号）の規定
の適用を受ける災害復旧事業の施行のみでは再度災害の防止に十分な効果が期待できないと認
められるためこれと合併して行う新設又は改良に関する事業その他当該災害復旧事業以外の事
業であつて、再度災害を防止するため土砂の崩壊その他の危険な状況に対処して特に緊急に施
行すべきもの

三　保安林整備事業として実施される事業のうち保育事業又は森林の買入れに係るもの　三分の一

四　前三号に掲げる事業以外の事業　二分の一

（都道府県森林審議会の部会）

第七条　都道府県知事は、必要があると認めるときは、都道府県森林審議会に部会を置き、その所掌事務を分掌させることができる。

2　部会に部会長を置き、会長が指名する委員をもつて充てる。

3　委員の所属部会は、会長が定める。

4　都道府県森林審議会が特に定めた事項については、部会の決議をもつて総会の決議とすることができる。

第十五条　法第百九十六条の規定による国の補助は、各年度において、次に掲げる額について行う。

　一　法第百九十二条第一号に規定する費用については、農林水産大臣が地域森林計画の作成面積等を考慮して定める基準により算定した賃金、職員の旅費、備品費、消耗品費その他の経費の額に相当する額

　二　法第百九十二条第二号に規定する費用については、農林水産大臣が保安林の面積等を考慮して定める基準により算定した賃金、職員の旅費、備品費、消耗品費その他の経費の額に相当する額

　三　法第百九十二条第三号に規定する費用については、農林水産大臣が保安林の立木の価額等を考慮して定める基準により算定した補償費その他の経費の額に相当する額

附　則　（令和三年三月三一日政令第一三七号）　抄

（施行期日）

第一条　この政令は、令和三年四月一日から施行する。

（森林法施行令の一部改正に伴う経過措置）

第九条　特定市町村の区域内においてこの政令の施行の際現に施行されている林道の開設又は拡張に係る事業であって、当該事業に要する費用につき令和二年度以前の予算に係る国の補助金が交付されたものについての令和三年度から令和八年度までの各年度の予算に係る国の補助については、なお従前の例による。

2　前条の規定による改正後の森林法施行令附則第四項及び第五項の規定は、令和三年度から令和八年度までの各年度の予算に係る国の補助、令和三年度から令和八年度までの各年度の国庫債務負担行為に基づき令和九年度以降の年度に支出すべきものとされる国の補助及び令和三年度から令和八年度までの各年度の予算に係る国の補助で令和九年度以降の年度に繰り越されるものについて適用する。

附　則　（令和四年九月二十二日政令第三百十三号）

　この政令は、令和五年四月一日から施行する。

別表第二 （第四条—第四条の三関係）

事項	基準
一　伐採の方法	（一）　主伐に係るもの 　イ　水源のかん養又は風害、干害若しくは霧害の防備をその指定の目的とする保安林にあつては、原則として、伐採種の指定をしない。 　ロ　土砂の流出の防備、土砂の崩壊の防備、飛砂の防備、水害、潮害若しくは雪害の防備、魚つき、航行の目標の保存、公衆の保健又は名所若しくは旧跡の風致の保存をその指定の目的とする保安林にあつては、原則として、択伐による。 　ハ　なだれ若しくは落石の危険の防止若しくは火災の防備をその指定の目的とする保安林又は保安施設地区内の森林にあつては、原則として、伐採を禁止する。 　ニ　伐採の禁止を受けない森林につき伐採をすることができる立木は、原則として、標準伐期齢以上のものとする。 （二）　間伐に係るもの 　イ　主伐に係る伐採の禁止を受けない森林にあつては、伐採をすることができる箇所は、原則として、農林水産省令で定めるところにより算出される樹冠疎密度が十分の八以上の箇所とする。 　ロ　主伐に係る伐採の禁止を受ける森林にあつては、原則として、伐採を禁止する。
二　伐採の限度	（一）　主伐に係るもの 　イ　同一の単位とされる保安林等において伐採年度ごとに皆伐による伐採をすることができる面積の合計は、原則として、当該同一の単位とされる保安林等のうちこれに係る伐採の方法として択伐が指定されている森林及び主伐に係る伐採の禁止を受けている森林以外のものの面積の合計に相当する数を、農林水産省令で定めるところにより、当該指定の目的を達成するため相当と認められる樹種につき当該指定施業要件を定める者が標準伐期齢を基準として定める伐期齢に相当する数で除して得た数に相当する面積を超えないものとする。 　ロ　地形、気象、土壌等の状況により特に保安機能の維持又は強化を図る必要がある森林については、伐採年度ごとに皆伐による伐採をすることができる一箇所当たりの面積の限度は、農林水産省令で定めるところによりその保安機能の維持又は強化を図る必要の程度に応じ当該指定施業要件を定める者が指定する面積とする。 　ハ　風害又は霧害の防備をその指定の目的とする保安林における皆伐による伐採は、原則として、その保安林のうちその立木の全部又は相当部分がおおむね標準伐期齢以上である部分が幅二十メートル以上にわたり帯状に残存することとなるようにするものとする。 　ニ　伐採年度ごとに択伐による伐採をすることができる立木の材積は、原則として、当該伐採年度の初日におけるその森林の立木の材積に相当する数に農林水産省令で定めるところにより算出される択伐率を乗じて得た数に相当する材積を超えないものとする。 （二）　間伐に係るもの 　伐採年度ごとに伐採をすることができる立木の材積は、原則として、当該伐採年度の初日におけるその森林の立木の材積の十分の三・五を超えず、かつ、その伐採によりその森林に係る第一号（二）イの樹冠疎密度が十分の八を下つたとしても当該伐採年度の翌伐採年度の初日から起算しておおむね五年後においてその森林の当該樹冠疎密度が十分の八以上に回復することが確実であると認められる範囲内の材積を超えないものとする。
三　植栽	（一）　方法に係るもの 　満一年以上の苗（当該苗と同等の大きさのものとして農林水産省令で定める基準に適合する苗を含む。）を、おおむね、一ヘクタール当たり伐採跡地につき的確な更新を図るために必要なものとして農林水産省令で定める植栽本数以上の割合で均等に分布するように植栽するものとする。 （二）　期間に係るもの 　伐採が終了した日を含む伐採年度の翌伐採年度の初日から起算して二年以内に植栽するものとする。 （三）　樹種に係るもの 　保安機能の維持又は強化を図り、かつ、経済的利用に資することができる樹種として指定施業要件を定める者が指定する樹種を植栽するものとする。

注　第三号の事項は、植栽によらなければ的確な更新が困難と認められる伐採跡地につき定めるものとする。

森林法施行規則（抄）

$$\left[\begin{array}{l}\text{昭和26年 8 月 1 日　省令第54号} \\ \text{最終改正：令和 4 年 9 月10日　省令第56号}\end{array}\right]$$

第一章　森林計画等
（地域森林計画の協議等の手続）
第三条　法第六条第五項第一号及び第二号の規定による協議は、同条第三項の規定による意見の聴取の後（法第三十九条の四第三項の異議の申立てがあつたときは、法第六条第三項及び第三十九条の四第三項の規定による意見の聴取の後）、法第五条第二項第八号及び第三項に規定する事項に係るものを除き、法第六条第七項の規定により公表しようとする地域森林計画並びにその対象とする森林において樹種、林相、林齢及び森林所有者を同じくする森林ごとに明らかにされた森林の面積、立木の材積、森林の年間成長量その他の森林の現況に関する資料並びに森林計画区ごとに明らかにされた造林面積、伐採立木材積その他の森林施業の実施に関する資料を農林水産大臣に提出してするものとする。

2　法第六条第五項第三号又は第六項の規定による届出は、同条第三項の規定による意見の聴取の後、それぞれ地域森林計画に記載しようとする法第五条第二項第八号又は第三項に規定する事項を記載した書類を農林水産大臣に提出してするものとする。

（開発行為の許可の申請）
第四条　法第十条の二第一項の許可を受けようとする者は、申請書に次に掲げる書類を添え、都道府県知事に提出しなければならない。

一　開発行為に係る森林の位置図及び区域図

二　開発行為に関する計画書

三　開発行為に係る森林について当該開発行為の施行の妨げとなる権利を有する者の相当数の同意を得ていることを証する書類

四　許可を受けようとする者（独立行政法人等登記令（昭和三十九年政令第二十八号）第一条に規定する独立行政法人等を除く。）が、法人である場合には当該法人の登記事項証明書（これに準ずるものを含む。）、法人でない団体である場合には代表者の氏名並びに規約その他当該団体の組織及び運営に関する定めを記載した書類、個人の場合にはその住民票の写し若しくは個人番号カード（行政手続における特定の個人を識別するための番号の利用等に関する法律（平成二十五年法律第二十七号）第二条第七項に規定する個人番号カードをいう。以下同じ。）の写し又はこれらに類するものであって氏名及び住所を証する書類

五　開発行為に関し、他の行政庁の免許、許可、認可その他の処分を必要とする場合には、当該処分に係る申請の状況を記載した書類（既に処分があったものについては、当該処分があったことを証する書類）

六　開発行為を行うために必要な資力及び信用があることを証する書類

七　前各号に掲げるもののほか、都道府県知事が必要と認める書類

（開発行為の許可を要しない事業）

第五条 法第十条の二第一項第三号の農林水産省令で定める事業は、次の各号のいずれかに該当するものに関する事業とする。

一　鉄道事業法（昭和六十一年法律第九十二号）による鉄道事業者又は索道事業者がその鉄道事業又は索道事業で一般の需要に応ずるものの用に供する施設

二　軌道法（大正十年法律第七十六号）による軌道又は同法が準用される無軌条電車の用に供する施設

三　学校教育法（昭和二十二年法律第二十六号）第一条に規定する学校（大学を除く。）

四　土地改良法（昭和二十四年法律第百九十五号）第二条第二項第一号に規定する土地改良施設及び同項第二号に規定する区画整理

五　放送法（昭和二十五年法律第百三十二号）第二条第二号に規定する基幹放送の用に供する放送設備

六　漁港漁場整備法（昭和二十五年法律第百三十七号）第三条に規定する漁港施設

七　港湾法（昭和二十五年法律第二百十八号）第二条第五項に規定する港湾施設

八　港湾法第二章の規定により設立された港務局が行う事業（前号に該当するものを除く。）

九　道路運送法（昭和二十六年法律第百八十三号）第二条第八項に規定する一般自動車道若しくは専用自動車道（同法第三条第一号の一般旅客自動車運送事業若しくは貨物自動車運送事業法（平成元年法律第八十三号）第二条第二項に規定する一般貨物自動車運送事業の用に供するものに限る。）又は同号イに規定する一般乗合旅客自動車運送事業（路線を定めて定期に運行する自動車により乗合旅客の運送を行うものに限る。）若しくは貨物自動車運送事業法第二条第二項に規定する一般貨物自動車運送事業（同条第六項に規定する特別積合せ貨物運送をするものに限る。）の用に供する施設

十　博物館法（昭和二十六年法律第二百八十五号）第二条第一項に規定する博物館

十一　航空法（昭和二十七年法律第二百三十一号）による公共の用に供する飛行場に設置される施設で当該飛行場の機能を確保するため必要なもの若しくは当該飛行場を利用する者の利便を確保するため必要なもの又は同法第二条第五項に規定する航空保安施設で公共の用に供するもの

十二　ガス事業法（昭和二十九年法律第五十一号）第二条第十三項に規定するガス工作物（同条第五項に規定する一般ガス導管事業の用に供するものに限る。）

十三　土地区画整理法（昭和二十九年法律第百十九号）第二条第一項に規定する土地区画整理事業

十四　工業用水道事業法（昭和三十三年法律第八十四号）第二条第六項に規定する工業用水道施設

十五　自動車ターミナル法（昭和三十四年法律第百三十六号）第二条第五項に規定する一般自動車ターミナル

十六　電気事業法（昭和三十九年法律第百七十号）第二条第一項第八号に規定する一般送配電事業、同項第十号に規定する送電事業又は同項第十一号の二に規定する配電事業の用に供する同項第十八号に規定する電気工作物

十七　都市計画法（昭和四十三年法律第百号）第四条第十五項に規定する都市計画事業（第十三号に該当するものを除く。）

十八　熱供給事業法（昭和四十七年法律第八十八号）第二条第四項に規定する熱供給施設

十九　石油パイプライン事業法（昭和四十七年法律第百五号）第五条第二項第二号に規定する事業

用施設

第二章　営林の助長及び監督等
第一節　市町村等による森林の整備の推進
（伐採及び伐採後の造林の届出）
第九条　法第十条の八第一項の届出書は、伐採を開始する日前九十日から三十日までの間に提出しなければならない。

2　前項の届出書は、伐採をする者と当該伐採後の造林をする者とが異なる場合には、これらの者が共同して提出しなければならない。

3　第一項の届出書には、次に掲げる書類を添付しなければならない。

一　届出の対象となる森林の位置図及び区域図

二　届出者（国、地方公共団体及び独立行政法人等登記令第一条に規定する独立行政法人等を除く。）が、法人である場合には当該法人の登記事項証明書（これに準ずるものを含む。）、法人でない団体である場合には代表者の氏名並びに規約その他当該団体の組織及び運営に関する定めを記載した書類、個人の場合にはその住民票の写し若しくは個人番号カードの写し又はこれらに類するものであって氏名及び住所を証する書類

三　届出の対象となる森林の伐採に関し、他の行政庁の免許、許可、認可その他の処分を必要とする場合には、当該処分に係る申請の状況を記載した書類（既に処分があったものについては、当該処分があったことを証する書類）

四　届出の対象となる森林の土地の登記事項証明書（これに準ずるものを含む。）

五　届出者が届出の対象となる森林の土地の所有者でない場合には、当該森林を伐採する権原を有することを証する書類

六　届出者が届出の対象となる森林の土地に隣接する森林の土地の所有者と境界の確認を行ったことを証する書類

七　前各号に掲げるもののほか、市町村の長が必要と認める書類

4　前項第六号に掲げる書類については、次の各号のいずれかに該当する場合には、その添付を省略することができる。

一　届出の対象となる森林の土地が隣接する森林の土地との境界に接していないことが明らかな場合

二　地形、地物その他の土地の範囲を明示するのに適当なものにより届出の対象となる森林の土地が隣接する森林の土地との境界が明らかな場合

三　届出の対象となる森林の土地に隣接する森林の土地の所有者と境界の確認を確実に行うと認められる場合

第三章　保安施設
第一節　保安林
（保安林の指定等の申請）
第四十八条　法第二十七条第一項の規定による保安林の指定若しくは解除又は法第三十三条の二第二項（法第四十四条において準用する場合を含む。）の規定による指定施業要件の変更の申請は、申

請書に次に掲げる書類を添え、農林水産大臣又は都道府県知事に提出してしなければならない。

一　森林の位置図及び区域図

二　当該申請者が国の機関の長又は地方公共団体の長以外の者であるときは当該申請者が当該申請に係る指定若しくは解除又は指定施業要件の変更に直接の利害関係を有する者であることを証する書類

2　前項の書類のほか、当該申請者が保安林を森林以外の用途に供すること（以下この項において「転用」という。）を目的としてその解除を申請する者であるときは、次に掲げる書類を添付しなければならない。

一　転用の目的に係る事業又は施設に関する計画書

二　転用に伴って失われる当該保安林の機能に代替する機能を果たすべき施設の設置に関する計画書

三　前二号の事業又は施設の設置に関し、他の行政庁の免許、許可、認可その他の処分を必要とする場合には、当該処分に係る申請の状況を記載した書類（既に処分があったものについては、当該処分があったことを証する書類）

四　転用の目的に係る事業を行い、又は施設を設置する者（国、地方公共団体及び独立行政法人等登記令第一条に規定する独立行政法人等を除く。）が、法人である場合には当該法人の登記事項証明書（これに準ずるものを含む。）、法人でない団体である場合には代表者の氏名並びに規約その他当該団体の組織及び運営に関する定めを記載した書類、個人の場合にはその住民票の写し若しくは個人番号カードの写し又はこれらに類するものであって氏名及び住所を証する書類

五　第一号及び第二号の事業又は施設の設置に必要な資力及び信用があることを証する書類

六　前各号に掲げるもののほか、都道府県知事が必要と認める書類

（告示及び公示の方法）

第四十九条　法第三十条（法第三十三条の三及び第四十四条において準用する場合を含む。）及び第三十条の二（法第三十三条の三において準用する場合を含む。）の規定による告示並びに法第五十二条第一項の規定による公示は、条例の告示と同一の方法によつてするものとする。

（保安林予定森林における制限）

第五十条　都道府県知事は、法第三十一条（法第四十四条において準用する場合を含む。）の規定による禁止は、次に掲げる事項を告示し、その保安林予定森林の所在する市町村の事務所の掲示場に掲示するとともに、権原に基づきその保安林予定森林において立木竹の伐採又は土石若しくは樹根の採掘、開墾その他の土地の形質を変更する行為をすることができる者に対し、次に掲げる事項を記載した書面を送付してするものとする。

一　保安林予定森林のうち禁止の対象となる森林の所在場所

二　禁止すべき行為の内容

三　禁止の期間

（意見書の提出）

第五十一条　法第三十二条第一項（法第三十三条の三及び第四十四条において準用する場合を含む。）

の規定による意見書を提出しようとする者が国の機関の長又は地方公共団体の長以外の者であるときは、当該意見書のほか、当該意見書を提出しようとする者が当該意見書の提出に係る保安林の指定若しくは解除又は指定施業要件の変更に直接の利害関係を有する者であることを証する書類を添付しなければならない。

（農林水産大臣が行う意見の聴取）

第五十二条　法第三十二条第二項（法第三十三条の三及び第四十四条において準用する場合を含む。）の規定により農林水産大臣が行う意見の聴取は、農林水産大臣又はその指名する者が議長として主宰する意見聴取会によつて行う。

2　法第三十二条第一項（法第三十三条の三及び第四十四条において準用する場合を含む。）の規定による意見書の提出をした者（以下「意見書提出者」という。）がその代理人を意見聴取会に出席させようとするときは、代理人一人を選任し、当該選任に係る代理人の権限を証する書面に代理人の氏名及び住所を記載して、これを意見聴取会の開始前に議長又は議長の指名する者に提出しなければならない。

3　議長は、意見聴取会において、出席した意見書提出者又はその代理人に異議の要旨及び理由を陳述させるものとする。ただし、議長は、その者が正当な理由がないのに異議の要旨及び理由を陳述しないと認めるときは、その者がその陳述をしたものとして意見聴取会の議事を運営することができる。

4　議長は、意見聴取会の議事の運営上必要があると認めるときは、意見書提出者又はその代理人の陳述について、その時間を制限することができる。

5　意見書提出者又はその代理人は、発言しようとするときは、議長の許可を受けなければならない。

6　議長は、特に必要があると認めるときは、意見聴取会を傍聴している者に発言を許可することができる。

7　前二項の規定により発言を許可された者の発言は、その意見の聴取に係る案件の範囲を超えてはならない。

8　第四項の規定によりその陳述につき時間を制限された者がその制限された時間を超えて陳述したとき、又は第五項若しくは第六項の規定により発言を許可された者が前項の範囲を超えて発言し、若しくは不穏当な言動があつたときは、議長は、その陳述若しくは発言を禁止し、又は退場を命ずることができる。

9　議長は、意見聴取会の秩序を維持するため必要があるときは、その秩序を乱し、又は不穏な言動をした者を退場させることができる。

10　議長は、意見聴取会の終了後遅滞なく意見聴取会の経過に関する重要な事項を記載した調書を作成し、これに記名しなければならない。

（樹冠疎密度）

第五十三条　令別表第二の第一号（二）イの樹冠疎密度は、おおむね二十メートル平方の森林の区域に係る樹冠投影面積を当該区域の面積で除して算出するものとする。

（伐採の限度を算出する基礎となる樹種の伐期齢）

第五十四条　令別表第二の第二号（一）イの規定による伐期齢は、標準伐期齢を下らない範囲内において、当該保安林又は保安施設地区の指定の目的、当該森林の立木の生育状況等を勘案して定めるものとする。

（皆伐することができる一箇所当たりの面積）

第五十五条　令別表第二の第二号（一）ロの規定による面積の指定は、二十ヘクタールを超えない範囲内において、当該森林の地形、気象、土壌等の状況を勘案してするものとする。

（択伐率）

第五十六条　令別表第二の第二号（一）ニの択伐率は、当該伐採年度の初日における当該森林の立木の材積から前回の択伐を終えたときの当該森林の立木の材積を減じて得た材積を当該伐採年度の初日における当該森林の立木の材積で除して算出するものとする。ただし、その算出された率が十分の三を超えるときは、十分の三とする。

2　伐採跡地につき植栽によらなければ的確な更新が困難と認められる森林についての令別表第二の第二号（一）ニの択伐率は、前項の規定にかかわらず、同項本文の規定により算出された率又は付録第七の算式により算出された率のいずれか小さい率とする。ただし、その率が十分の四を超えるときは、十分の四とする。

3　保安林又は保安施設地区の指定後最初に択伐による伐採を行う森林についての令別表第二の第二号（一）ニの択伐率は、前二項の規定にかかわらず、十分の三（伐採跡地につき植栽によらなければ的確な更新が困難と認められる森林については、十分の四）に当該森林につき指定施業要件を定める者が当該森林の立木の材積その他立木の構成状態に応じて定める係数を乗じて算出するものとする。ただし、伐採跡地につき植栽によらなければ的確な更新が困難と認められる森林につき、その算出された率が付録第七の算式により算出された率を超えるときは、当該算式により算出された率とする。

（植栽の方法）

第五十七条　令別表第二の第三号（一）の基準は、満一年未満の苗にあっては、同一の樹種の満一年以上の苗と同等の根元径及び苗長を有するものであることとする。

2　令別表第二の第三号（一）の植栽本数は、保安林又は保安施設地区内の森林において植栽する樹種ごとに、付録第八の算式により算出された本数とする。ただし、次の各号のいずれかに該当する場合は、この限りではない。

一　その算出された本数が三千本を超える場合

二　地盤が安定し、土砂の流出又は崩壊その他の災害を発生させるおそれがなく、かつ、自然的社会的条件からみて効率的な施業が可能である場合

3　択伐による伐採をすることができる森林についての令別表第二の第三号（一）の植栽本数は、前項の規定にかかわらず、同項の規定により算出された本数に、当該伐採年度の初日における当該森林の立木の材積から当該択伐を終えたときの当該森林の立木の材積を減じて得た材積を当該伐採年度の初日における当該森林の立木の材積で除して得られた率を乗じて得た本数とする。

（伐採許可申請書の記載事項）

第五十八条 令第四条の二第一項第六号及び同条第二項第六号の農林水産省令で定める事項は、次のとおりとする。

一 伐採をしようとする立木の年齢

二 択伐による伐採にあつては、当該伐採箇所の面積

三 法第三十四条第十項ただし書に規定する森林に係る伐採にあつては、その旨

（立木の伐採の許可の申請）

第五十九条 令第四条の二第一項及び第二項の申請書には、次に掲げる書類を添付しなければならない。

一 立木の伐採に係る森林の位置図及び区域図

二 許可を受けようとする者（国、地方公共団体及び独立行政法人等登記令第一条に規定する独立行政法人等を除く。）が、法人である場合には当該法人の登記事項証明書（これに準ずるものを含む。）、法人でない団体である場合には代表者の氏名並びに規約その他当該団体の組織及び運営に関する定めを記載した書類、個人の場合にはその住民票の写し若しくは個人番号カードの写し又はこれらに類するものであって氏名及び住所を証する書類

三 立木の伐採に関し、他の行政庁の免許、許可、認可その他の処分を必要とする場合には、当該処分に係る申請の状況を記載した書類（既に処分があったものについては、当該処分があったことを証する書類）

四 申請の対象となる森林の土地の登記事項証明書（これに準ずるものを含む。）

五 許可を受けようとする者が申請の対象となる森林の土地の所有者でない場合には、当該森林を伐採する権原を有することを証する書類

六 許可を受けようとする者が申請の対象となる森林の土地に隣接する森林の土地の所有者と境界の確認を行ったことを証する書類

七 前各号に掲げるもののほか、都道府県知事が必要と認める書類

2 前項第六号に掲げる書類については、次の各号のいずれかに該当する場合には、その添付を省略することができる。

一 申請の対象となる森林の土地が隣接する森林の土地との境界に接していないことが明らかな場合

二 地形、地物その他の土地の範囲を明示するのに適当なものにより申請の対象となる森林の土地が隣接する森林の土地との境界が明らかな場合

三 申請の対象となる森林の土地に隣接する森林の土地の所有者と境界の確認を確実に行うと認められる場合

（立木の伐採の許可を要しない場合）

第六十条 法第三十四条第一項第九号（法第四十四条において準用する場合を含む。）の農林水産省令で定める場合は、次のとおりとする。

一 国又は都道府県が保安施設事業、砂防法第一条の砂防工事又は地すべり等防止法による地すべり防止工事若しくはぼた山崩壊防止工事を実施するため立木を伐採する場合

二　法令又はこれに基づく処分により測量、実地調査又は施設の保守の支障となる立木を伐採する場合

三　倒木又は枯死木を伐採する場合

四　こうぞ、みつまたその他農林水産大臣が定めるかん木を伐採する場合

五　法第三十四条第二項の規定による許可を受けて、当該保安林の機能に代替する機能を有する施設を設置し、又は当該施設を改良するため、あらかじめ都道府県知事に届け出たところに従って立木を伐採する場合

六　樹木又は林業種苗に損害を与える害虫、菌類及びバイラスであって都道府県知事が指定するものを駆除し、又はそのまん延を防止するため、あらかじめ都道府県知事に届け出たところに従って立木を伐採する場合

七　林産物の搬出その他森林施業に必要な設備を設置するため、あらかじめ都道府県知事に届け出たところに従って立木を伐採する場合

八　その土地の占有者及びその立木の所有者の同意を得て土地収用法（昭和二十六年法律第二百十九号）第三条各号に掲げる事業のために必要な測量又は実地調査を行なう場合において、その支障となる立木を除去するため、あらかじめ都道府県知事に届け出たところに従って立木を伐採する場合

九　道路、鉄道、電線その他これらに準ずる設備又は住宅、学校その他の建築物に対し、著しく被害を与え、若しくは与えるおそれがあり、又は当該設備若しくは建築物の用途を著しく妨げている立木を緊急に除去するため、あらかじめ都道府県知事に届け出たところに従って立木を伐採する場合

十　国有林を管理する国の機関があらかじめ都道府県知事と協議するところに従い当該国有林の立木を伐採する場合

2　前項第五号から第九号までの規定による届出は、伐採をしようとする日の二週間前までに届出書を提出してしなければならない。

3　前項の届出書には、次に掲げる書類を添付しなければならない。ただし、第一項第五号の規定による届出については、この限りでない。

一　立木の伐採に係る森林の位置図及び区域図

二　届出者（国、地方公共団体及び独立行政法人等登記令第一条に規定する独立行政法人等を除く。）が、法人である場合には当該法人の登記事項証明書（これに準ずるものを含む。）、法人でない団体である場合には代表者の氏名並びに規約その他当該団体の組織及び運営に関する定めを記載した書類、個人の場合にはその住民票の写し若しくは個人番号カードの写し又はこれらに類するものであって氏名及び住所を証する書類

三　立木の伐採に関し、他の行政庁の免許、許可、認可その他の処分を必要とする場合には、当該処分に係る申請の状況を記載した書類（既に処分があったものについては、当該処分があったことを証する書類）

四　届出の対象となる森林の土地の登記事項証明書（これに準ずるものを含む。）

五　届出者が届出の対象となる森林の土地の所有者でない場合には、当該森林を伐採する権原を有することを証する書類

六　届出者が届出の対象となる森林の土地に隣接する森林の土地の所有者と境界の確認を行ったこ

とを証する書類

　　七　前各号に掲げるもののほか、都道府県知事が必要と認める書類

４　前項第六号に掲げる書類については、次の各号のいずれかに該当する場合には、その添付を省略することができる。

　　一　届出の対象となる森林の土地が隣接する森林の土地との境界に接していないことが明らかな場合

　　二　地形、地物その他の土地の範囲を明示するのに適当なものにより届出の対象となる森林の土地が隣接する森林の土地との境界が明らかな場合

　　三　届出の対象となる森林の土地に隣接する森林の土地の所有者と境界の確認を確実に行うと認められる場合

　　（立竹の伐採等の許可の申請）

第六十一条　法第三十四条第二項（法第四十四条において準用する場合を含む。）の許可を受けようとする者は、申請書に次に掲げる書類を添え、都道府県知事に提出しなければならない。

　　一　立竹の伐採に係る森林の位置図及び区域図

　　二　許可を受けようとする者（国、地方公共団体及び独立行政法人等登記令第一条に規定する独立行政法人等を除く。）が、法人である場合には当該法人の登記事項証明書（これに準ずるものを含む。）、法人でない団体である場合には代表者の氏名並びに規約その他当該団体の組織及び運営に関する定めを記載した書類、個人の場合にはその住民票の写し若しくは個人番号カードの写し又はこれらに類するものであって氏名及び住所を証する書類

　　三　立竹の伐採に関し、他の行政庁の免許、許可、認可その他の処分を必要とする場合には、当該処分に係る申請の状況を記載した書類（既に処分があったものについては、当該処分があったことを証する書類）

　　四　申請の対象となる森林の土地の登記事項証明書（これに準ずるものを含む。）

　　五　許可を受けようとする者が申請の対象となる森林の土地の所有者でない場合には、当該森林を伐採する権原を有することを証する書類

　　六　許可を受けようとする者が申請の対象となる森林の土地に隣接する森林の土地の所有者と境界の確認を行ったことを証する書類

　　七　前各号に掲げるもののほか、都道府県知事が必要と認める書類

２　前項第六号に掲げる書類については、次の各号のいずれかに該当する場合には、その添付を省略することができる。

　　一　申請の対象となる森林の土地が隣接する森林の土地との境界に接していないことが明らかな場合

　　二　地形、地物その他の土地の範囲を明示するのに適当なものにより申請の対象となる森林の土地が隣接する森林の土地との境界が明らかな場合

　　三　申請の対象となる森林の土地に隣接する森林の土地の所有者と境界の確認を確実に行うと認められる場合

（軽易な行為）

第六十二条　法第三十四条第二項第五号（法第四十四条において準用する場合を含む。）の農林水産省令で定める軽易な行為は、次のとおりとする。

一　造林又は保育のためにする地ごしらえ、下刈り、つる切り又は枝打ち

二　倒木又は枯死木の損傷

三　こうぞ、みつまたその他農林水産大臣が定めるかん木の損傷

（立竹の伐採等の許可を要しない場合）

第六十三条　法第三十四条第二項第六号（法第四十四条において準用する場合を含む。）の農林水産省令で定める場合は、次のとおりとする。

一　国又は都道府県が保安施設事業、砂防法第一条の砂防工事又は地すべり等防止法による地すべり防止工事若しくはぼた山崩壊防止工事を実施するためする場合

二　法令又はこれに基づく処分により測量、実地調査又は施設の保守のためする場合

三　自家の生活の用に充てるため、あらかじめ都道府県知事に届け出たところに従つて下草、落葉又は落枝を採取する場合

四　学術研究の目的に供するため、あらかじめ都道府県知事に届け出たところに従つて下草、落葉又は落枝を採取する場合

五　国有林を管理する国の機関があらかじめ都道府県知事と協議するところに従い当該国有林の区域内においてする場合

2　前項第三号及び第四号の規定による届出は、行為をしようとする日の二週間前までに届出書を提出してしなければならない。

3　前項の届出書には、図面を添えなければならない。

（年伐面積の限度）

第六十四条　令第四条の三第二項の規定による年伐面積の限度の算出は、当該森林所有者が同一の単位とされる保安林等において森林所有者となつている森林のうち指定施業要件としてその立木の伐採につき択伐が指定されている森林及び主伐に係る伐採の禁止を受けている森林以外のものの面積を令別表第二の第二号（一）イに規定する伐期齢に相当する数で除してするものとする。

（許可に係る伐採の届出等）

第六十五条　法第三十四条第八項（法第四十四条において準用する場合を含む。）の規定による届出は、伐採の終わつた日から三十日以内に届出書を都道府県知事に提出してしなければならない。

2　法第三十四条第八項（法第四十四条において準用する場合を含む。）の規定による通知は、伐採の終わつた日から三十日以内に次に掲げる事項を記載した書面を送付してしなければならない。

一　通知人の氏名又は名称及び住所

二　伐採に係る森林の所在場所

三　伐採面積

四　伐採の終わつた日

（保安林における緊急伐採等の届出）

第六十六条 法第三十四条第九項（法第四十四条において準用する場合を含む。）の届出書は、伐採その他の行為の終わつた日から三十日以内に提出しなければならない。

（市町村の長への通知の方法）

第六十七条 法第三十四条第十項（法第四十四条において準用する場合を含む。）の規定による通知は、次に掲げる事項を記載した書面を送付してするものとする。

一　伐採箇所の所在

二　伐採箇所の面積

三　伐採の方法

四　伐採齢

五　伐採樹種

六　伐採の期間

（保安林の択伐及び間伐の届出）

第六十八条 法第三十四条の二第一項及び第三十四条の三第一項（これらの規定を法第四十四条において準用する場合を含む。）の届出書は、択伐又は間伐を開始する日前九十日から二十日までの間に提出しなければならない。

2　前項の届出書には、次に掲げる書類を添付しなければならない。

一　届出の対象となる森林の位置図及び区域図

二　届出者（国、地方公共団体及び独立行政法人等登記令第一条に規定する独立行政法人等を除く。）が、法人である場合には当該法人の登記事項証明書（これに準ずるものを含む。）、法人でない団体である場合には代表者の氏名並びに規約その他当該団体の組織及び運営に関する定めを記載した書類、個人の場合にはその住民票の写し若しくは個人番号カードの写し又はこれらに類するものであって氏名及び住所を証する書類

三　保安林の択伐及び間伐に関し、他の行政庁の免許、許可、認可その他の処分を必要とする場合には、当該処分に係る申請の状況を記載した書類（既に処分があったものについては、当該処分があったことを証する書類）

四　届出の対象となる森林の土地の登記事項証明書（これに準ずるものを含む。）

五　届出者が届出の対象となる森林の土地の所有者でない場合には、当該森林を伐採する権原を有することを証する書類

六　届出者が届出の対象となる森林の土地に隣接する森林の土地の所有者と境界の確認を行ったことを証する書類

七　前各号に掲げるもののほか、都道府県知事が必要と認める書類

3　前項第六号に掲げる書類については、次の各号のいずれかに該当する場合には、その添付を省略することができる。

一　届出の対象となる森林の土地が隣接する森林の土地との境界に接していないことが明らかな場合

二　地形、地物その他の土地の範囲を明示するのに適当なものにより届出の対象となる森林の土地

が隣接する森林の土地との境界が明らかな場合

三　届出の対象となる森林の土地が隣接する森林の土地の所有者と境界の確認を確実に行うと認められる場合

（保安林の択伐及び間伐の届出書の記載事項）

第六十九条　法第三十四条の二第一項及び第三十四条の三第一項（これらの規定を法第四十四条において準用する場合を含む。）の農林水産省令で定める事項は、次のとおりとする。

一　伐採樹種

二　伐採しようとする立木の年齢

三　伐採箇所の面積

四　伐採の期間

五　法第三十四条の二第四項ただし書（法第三十四条の三第二項（法第四十四条において準用する場合を含む。）及び第四十四条において準用する場合を含む。）に規定する森林に係る伐採にあつては、その旨

（市町村の長への通知の方法）

第七十条　法第三十四条の二第四項（法第三十四条の三第二項（法第四十四条において準用する場合を含む。）及び第四十四条において準用する場合を含む。）の規定による通知については、第六十七条の規定を準用する。

（森林所有者への通知の方法）

第七十一条　法第三十四条の二第五項（法第四十四条において準用する場合を含む。）の規定による通知については、第六十五条第二項の規定を準用する。

（植栽の義務の例外）

第七十二条　法第三十四条の四ただし書の農林水産省令で定める場合は、次に掲げる場合において都道府県知事が認めたときとする。

一　火災、風水害その他の非常災害により当該伐採跡地の現況等に著しい変更を生じたため、当該保安林に係る指定施業要件として定められている植栽の方法、期間又は樹種に関する定めに従つて植栽をすることが著しく困難な場合

二　保安林のうち指定施業要件としてその立木の伐採につき択伐が指定されている森林及び主伐に係る伐採の禁止を受けている森林以外のもの（人工植栽に係る森林に限る。）について、択伐によりその立木を伐採した後、当該伐採跡地につき、当該保安林に係る指定施業要件として定められている植栽の期間に関する定めに従わずに植栽をすることが不適当でない場合

（保安林の標識）

第七十三条　法第三十九条（法第四十四条において準用する場合を含む。）の標識の様式は、別記様式の例による。

（保安林台帳）

第七十四条　法第三十九条の二第一項の保安林台帳は、保安林（当該保安林が二以上の市町村の区域内にある場合には、それぞれの市町村の区域に属する当該保安林の部分）ごとに調製するものとする。

2　前項の保安林台帳は、帳簿及び図面をもつて組成するものとする。

3　前項の帳簿には、次に掲げる事項を記載するものとする。

一　保安林に指定された年月日及び当該保安林の指定に係る法第三十三条第一項（同条第六項において準用する場合を含む。）の規定による告示の番号

二　保安林の所在場所及び面積

三　保安林の指定の目的

四　保安林に係る指定施業要件

五　保安林に指定された時における当該保安林の概況

六　その他必要な事項

4　第二項の図面は、平面図とし、次に掲げる事項を記載するものとする。

一　保安林の境界線

二　大字名、字名、地番及びその境界線

三　保安林に係る指定施業要件

四　調製年月日

五　その他必要な事項

5　都道府県知事は、前二項の帳簿及び図面の記載事項に変更があつたときは、速やかにこれを訂正するものとする。

（特定保安林の指定等の申請）

第七十五条　法第三十九条の三第二項の規定による特定保安林の指定の申請又は同条第五項において準用する同条第二項の規定による特定保安林の指定の解除の申請は、次に掲げる事項を記載した申請書に、当該特定保安林に係る法第三十九条の二第一項の保安林台帳の写しを添え、これを農林水産大臣に提出してしなければならない。

一　申請に係る特定保安林の所在場所及び面積

二　申請に係る特定保安林の指定の目的

三　申請の理由

四　特定保安林の指定の解除の申請にあつては、特定保安林として指定された年月日

（異議の申立て）

第七十六条　法第三十九条の四第三項の異議の申立ては、異議申立書に、同条第一項各号に掲げる事項に関し直接の利害関係を有する者であることを証する書類を添え、これを都道府県知事に提出してしなければならない。ただし、国の機関の長又は地方公共団体の長が異議の申立てをするときは、当該書類を添付することを要しない。

（要整備森林における保安施設事業の実施）

第七十七条　都道府県知事は、法第三十九条の七第一項の規定により同項の保安施設事業を行おうと
　するときは、あらかじめ、当該保安施設事業の実施に係る要整備森林の森林所有者及びその要整備
　森林に関し登記した権利を有する者に当該保安施設事業の内容、着手の時期その他必要な事項を通
　知しなければならない。

　　　　　　第二節　保安施設地区

（国が行う保安施設事業）

第七十八条　法第四十一条第一項に規定する国が保安施設事業を行う必要があると認めるときとは、
　次の各号のいずれかに該当するときとする。

　一　国有林野以外の森林又は原野その他の土地において保安施設事業を行う場合であつて、次のい
　　ずれかに該当し、かつ、当該保安施設事業が国土の保全上特に重要なものであると認められると
　　き。

　　イ　当該保安施設事業の事業費の総額がおおむね五十億円以上であるとき。

　　ロ　当該保安施設事業が高度の技術を必要とするとき。

　　ハ　当該保安施設事業の及ぼす利害の影響が一の都府県の区域を超えるとき。

　二　国有林野において保安施設事業を行うとき。

2　前項の規定によるほか、法第四十一条第一項に規定する国が保安施設事業を行う必要があると認
　めるときとは、大規模災害からの復興に関する法律（平成二十五年法律第五十五号）第二条第九号
　に掲げる特定大規模災害等（以下「特定大規模災害等」という。）を受けた都道府県の知事から要
　請があり、かつ、国が、当該都道府県における法第四十一条第三項に規定する保安施設事業（特定
　大規模災害等による被害を受けた施設の災害復旧事業（公共土木施設災害復旧事業費国庫負担法
　（昭和二十六年法律第九十七号）の規定の適用を受ける災害復旧事業をいう。以下同じ。）、災害復
　旧事業の施行のみでは再度災害の防止に十分な効果が期待できないと認められるためこれと合併し
　て行う新設又は改良に関する事業その他災害復旧事業以外の事業であつて再度災害を防止するため
　土砂の崩壊その他の危険な状況に対処するために緊急に実施されるものに限る。）の実施体制その
　他の地域の実情及び国の事務の遂行への支障の有無を勘案して、特定大規模災害等からの円滑かつ
　迅速な復興のため当該保安施設事業を行う必要があると判断したときとする。

3　国は、保安施設事業（国有林野において行うものを除く。以下この項において同じ。）を行おう
　とするとき又は保安施設事業を廃止しようとするときは、関係都道府県の意見を聴かなければなら
　ない。

（保安施設地区指定の申請）

第七十九条　法第四十一条第三項の規定による申請は、申請書に事業計画書を添え、農林水産大臣に
　提出してしなければならない。

（有効期間の延長）

第八十条　農林水産大臣は、法第四十二条ただし書の規定により保安施設地区の指定の有効期間を延
　長しようとするときは、その有効期間の満了の日の六十日前までに、その旨を告示するとともに、

これをその保安施設地区の土地の所有者及び土地に関し登記した権利を有する者に通知しなければ
ならない。

（保安施設地区の指定に係る通知等の内容）

第八十一条　法第四十四条において準用する法第二十九条の規定による通知は、同条に規定する事項
のほか、保安施設地区の指定の有効期間についてするものとする。

　2　法第四十四条において準用する法第三十三条第一項の規定（保安施設地区の指定の場合に限
る。）による告示及び通知は、同項に規定する事項のほか、保安施設地区の指定の有効期間につ
いてするものとする。

（保安施設地区台帳）

第八十二条　法第四十六条の二第一項の保安施設地区台帳については、第七十四条の規定を準用す
る。

第四章　土地の使用

（立入調査等に関する許可）

第八十三条　法第四十九条第一項又は第六項の規定による許可を受けようとする者は、次に掲げる事
項を記載した申請書を市町村長に提出しなければならない。

一　申請人の氏名又は名称及び住所

二　許可を受けようとする目的

三　立ち入るべき土地の所在、地番及び地目

四　立ち入るべき土地の所有者及び関係人の氏名又は名称及び住所（これらの事項を記載すること
　ができない場合には、その旨及びその理由）

五　立入りの時期及び期間

六　立木竹の伐採をするかどうか並びに伐採をする場合にあつてはその箇所及び数量

第五章　雑則

（申請書等の様式）

第百六条　第四条の申請書、第六条第二項の指定申請書、第七条第一項の届出書、第九条第一項の届
出書、第十二条（第十三条第二項において準用する場合を含む。）の申請書、第十四条の二の報告
書、第十五条の届出書、第二十九条の二第一項の申請書、第二十九条の三の申出書、第二十九条の
五第一項の申請書、第三十四条の認定請求書、第四十二条第一項及び第二項の変更認定請求書、第
四十四条第二項の届出書、第四十五条の届出書、第四十八条第一項の申請書、第五十一条の意見
書、第五十九条の申請書、第六十条第二項の届出書、第六十一条の申請書、第六十三条第二項の届
出書、第六十五条第一項及び第六十六条の届出書、第六十八条の届出書、第七十六条の異議申立
書、第七十九条の申請書、第九十二条第四項の認定書、第九十四条第一項の受験願書、同項第三号
の書類、第九十五条第一項の合格証書、同条第二項の再交付申請書、第百四条の三第一項の申出書
並びに第百四条の五第一項の申出書の様式は、別に定めて告示する。

附　則　（令和四年二月一五日農林水産省令第九号）

この省令は、公布の日から施行する。

附　則　（令和四年九月三十日農林水産省令第五十六号）

この省令は、令和五年四月一日から施行する。

ただし、第五条の改正規定は、公布の日から施行する。

付録第一（第三十八条関係）

$$Np \times \frac{V}{Vw}$$

Np は、市町村森林整備計画において定められている樹種別及び仕立ての方法別の標準的な植栽本数

V は、主伐として伐採し、又は伐採することとされている立木の材積

Vw は、主伐としての伐採の直前の当該森林の立木の材積

付録第二（第三十八条、第三十九条関係）

$$\left[\frac{F_1}{T_1} + \frac{F_2}{T_2} \right] \times 5$$

F_1 は、当該森林経営計画の始期における林齢が標準伐期齢に達しない計画的間伐対象森林（災害等防止措置を講ずべき森林、法第三十九条の四第一項第一号に規定する要整備森林（以下この付録において「要整備森林」という。）、複層林施業森林、特定広葉樹育成施業森林及び当該森林経営計画の始期前五年以内に間伐が実施されたことが明らかである森林を除く。）の面積

T_1 は、当該森林経営計画の始期における林齢が標準伐期齢に達しない計画的間伐対象森林（災害等防止措置を講ずべき森林、要整備森林、複層林施業森林及び特定広葉樹育成施業森林を除く。）につき定められている間伐を実施すべき標準的な林齢が同一である森林の面積に当該標準的な林齢の差のうち最小のものを乗じて得た数値の総和を当該森林経営計画の始期における林齢が標準伐期齢に達しない計画的間伐対象森林（災害等防止措置を講ずべき森林、要整備森林、複層林施業森林及び特定広葉樹育成施業森林を除く。）の面積で除して得た数値

F_2 は、当該森林経営計画の始期における林齢が標準伐期齢以上である計画的間伐対象森林（災害等防止措置を講ずべき森林、要整備森林、複層林施業森林、特定広葉樹育成施業森林及び当該森林経営計画の始期前十年以内に間伐が実施されたことが明らかである森林を除く。）の面積

T_2 は、当該森林経営計画の始期における林齢が標準伐期齢以上である計画的間伐対象森林（災害等防止措置を講ずべき森林、要整備森林、複層林施業森林及び特定広葉樹育成施業森林を除く。）につき定められている間伐を実施すべき標準的な林齢が同一である森林の面積に当該標準的な林齢（標準伐期齢以上であるものに限る。）の差のうち最小のものを乗じて得た数値の総和を当該森林経営計画の始期における林齢が標準伐期齢以上である計画的間伐対象森林（災害等防止措置を講ずべき森林、要整備森林、複層林施業森林及び特定広葉樹育成施業森林を除く。）の面積で除して得た数値

付録第三 （第三十八条、第三十九条関係）

$$\left[Z + \frac{V_w - V_n}{T} \right] \times 5$$

Z は、当該計画的伐採対象森林（択伐複層林施業森林及び特定広葉樹育成施業森林を除く。以下この付録において同じ。）の年間成長量（当該森林が木材の生産機能の維持増進を図るための森林施業を推進すべき森林として市町村森林整備計画において定められている森林である場合には、当該森林の年間成長量に百分の百二十を乗じて得た値）

V_w は、当該森林経営計画の始期における当該計画的伐採対象森林の立木の材積

V_n は、当該計画的伐採対象森林と同一の樹種の単層林が標準伐期齢に達しているものとして算出される当該単層林の立木の材積の二分の一に相当する材積

T は、当該計画的伐採対象森林につき定められている標準伐期齢が同一である森林の面積に当該標準伐期齢を乗じて得た数値の総和を当該計画的伐採対象森林の面積で除して得た数値

付録第四 （第三十八条、第三十九条関係）

$$Z + \frac{V_w - V_n}{T} - V_c$$

Z は、付録第三の算式により算出される材積を超える部分の材積（以下この付録において「超過材積」という。）に係る立木の伐採を行う森林（以下この付録において「超過伐採予定森林」という。）の属する森林計画区（超過伐採予定森林の所在する市町村の区域内にあるものに限る。）内に存する森林（択伐複層林施業森林及び特定広葉樹育成施業森林を除く。）であつて、法第十一条第五項（法第十二条第三項において読み替えて準用する場合を含む。）の認定に係る森林経営計画に係る計画的伐採対象森林のうち超過伐採予定森林の経営を行う者が自ら森林の経営を行うもの（以下この付録において「調整対象森林」という。）の当該超過材積に係る立木の伐採をする年における年間成長量（当該森林が木材の生産機能の維持増進を図るための森林施業を推進すべき森林として市町村森林整備計画において定められている森林である場合には、当該森林の年間成長量に百分の百二十を乗じて得た値）

V_w は、当該森林経営計画の始期における当該調整対象森林の立木の材積 V_n は、当該調整対象森林と同一の樹種の単層林が標準伐期齢に達しているものとして算出される当該単層林の立木の材積の二分の一に相当する材積

T は、当該調整対象森林につき定められている標準伐期齢が同一である森林の面積に当該標準伐期齢を乗じて得た数値の総和を当該調整対象森林の面積で除して得た数値

V_c は、法第十一条第五項（法第十二条第三項において読み替えて準用する場合を含む。）の認定に係る森林経営計画において、当該調整対象森林につき、当該超過材積に係る立木の伐採をする年に伐採することとされる立木の材積

付録第五 （第三十九条関係）

（一） 市町村森林整備計画において一般樹種の伐採を完了すべき目標たる時期が定められている森林

$$\left[Z + \frac{V_w - V_n}{T} \right] \times 5$$

（二）　市町村森林整備計画において一般樹種の伐採を完了すべき目標たる時期が定められている森林
以外の森林

$$Z \times 5 + Vw - Vn$$

Zは、当該森林の一般樹種の立木の年間成長量

Vwは、当該森林の一般樹種の立木の材積

Vnは、当該森林の特定広葉樹と同一の樹種の単層林が標準伐期齢に達しているものとして算出され
る当該単層林の立木の材積の二分の一に相当する材積

Tは、当該森林経営計画の始期から市町村森林整備計画において定められている一般樹種の伐採を
完了すべき目標たる時期までの年数（当該年数が五年を下回る場合にあつては、五）

付録第六（第四十条、第四十三条関係）

$$\Sigma D_i S_i$$

D_iは、市町村森林整備計画において定められている森林の土地の傾斜度及び木材の搬出の方法の区
分別の単位面積当たりの設置すべき作業路網の延長

S_iは、当該計画的伐採対象森林から作業路網の整備を行わない森林を除いたもののうち土地の傾斜
度及び木材の搬出の方法が同一であるものの面積

付録第七（第五十六条関係）

$$\frac{Vo - Vs \times \frac{7}{10}}{Vo}$$

Voは、当該伐採年度の初日における当該森林の立木の材積

Vsは、当該森林と同一の樹種の単層林が標準伐期齢に達しているものとして算出される当該単層林
の立木の材積

付録第八（第五十七条関係）

$$3,000 \times (5 / V)^{2/3}$$

Vは、当該森林において、植栽する樹種ごとに、同一の樹種の単層林が標準伐期齢に達しているも
のとして算出される一ヘクタール当たりの当該単層林の立木の材積を標準伐期齢で除して得た数値

別記様式（第七十三条関係）

1 第1種標識（木標柱）

備考
一 右側面には、制限又は注意事項の概要を記載すること。
二 左側面には、設置時期を記載すること。
三 裏面には、標識の設置者の名称を記載すること。

2 第2種標識（標札）

3 第3種標識（制札）

— 190 —

宅地造成及び特定盛土等規制法

> 昭和36年11月7日　法律第191号
> 最終改正：令和4年6月17日　法律第68号

（目的）

第一条　この法律は、宅地造成、特定盛土等又は土石の堆積に伴う崖崩れ又は土砂の流出による災害の防止のため必要な規制を行うことにより、国民の生命及び財産の保護を図り、もつて公共の福祉に寄与することを目的とする。

（定義）

第二条　この法律において、次の各号に掲げる用語の意義は、当該各号に定めるところによる。

一　宅地農地、採草放牧地及び森林（以下この条、第二十一条第四項及び第四十条第四項において「農地等」という。）並びに道路、公園、河川その他政令で定める公共の用に供する施設の用に供されている土地（以下「公共施設用地」という。）以外の土地をいう。

二　宅地造成　宅地以外の土地を宅地にするために行う盛土その他の土地の形質の変更で政令で定めるものをいう。

三　特定盛土等　宅地又は農地等において行う盛土その他の土地の形質の変更で、当該宅地又は農地等に隣接し、又は近接する宅地において災害を発生させるおそれが大きいものとして政令で定めるものをいう。

四　土石の堆積　宅地又は農地等において行う土石の堆積で政令で定めるもの（一定期間の経過後に当該土石を除却するものに限る。）をいう。

五　災害　崖崩れ又は土砂の流出による災害をいう。

六　設計　その者の責任において、設計図書（宅地造成、特定盛土等又は土石の堆積に関する工事を実施するために必要な図面（現寸図その他これに類するものを除く。）及び仕様書をいう。第五十五条第二項において同じ。）を作成することをいう。

七　工事主　宅地造成、特定盛土等若しくは土石の堆積に関する工事の請負契約の注文者又は請負契約によらないで自らその工事をする者をいう。

八　工事施行者　宅地造成、特定盛土等若しくは土石の堆積に関する工事の請負人又は請負契約によらないで自らその工事をする者をいう。

九　造成宅地　宅地造成又は特定盛土等（宅地において行うものに限る。）に関する工事が施行された宅地をいう。

第二章　基本方針及び基礎調査（基本方針）

第三条　主務大臣は、宅地造成、特定盛土等又は土石の堆積に伴う災害の防止に関する基本的な方針（以下「基本方針」という。）を定めなければならない。

2　基本方針においては、次に掲げる事項について定めるものとする。

一　この法律に基づき行われる宅地造成、特定盛土等又は土石の堆積に伴う災害の防止に関する基

本的な事項

　　二　次条第一項の基礎調査の実施について指針となるべき事項

　　三　第十条第一項の規定による宅地造成等工事規制区域の指定、第二十六条第一項の規定による特定盛土等規制区域の指定及び第四十五条第一項の規定による造成宅地防災区域の指定について指針となるべき事項

　　四　前三号に掲げるもののほか、宅地造成、特定盛土等又は土石の堆積に伴う災害の防止に関する重要事項

3　主務大臣は、基本方針を定めるときは、あらかじめ、関係行政機関の長に協議するとともに、社会資本整備審議会、食料・農業・農村政策審議会及び林政審議会の意見を聴かなければならない。

4　主務大臣は、基本方針を定めたときは、遅滞なく、これを公表しなければならない。

5　前二項の規定は、基本方針の変更について準用する。

　　（基礎調査）

第四条　都道府県（地方自治法（昭和二十二年法律第六十七号）第二百五十二条の十九第一項の指定都市（以下この項、次条第一項、第十五条第一項及び第三十四条第一項において「指定都市」という。）又は同法第二百五十二条の二十二第一項の中核市（以下この項、次条第一項、第十五条第一項及び第三十四条第一項において「中核市」という。）の区域内の土地については、それぞれ指定都市又は中核市。第十五条第一項及び第三十四条第一項を除き、以下同じ。）は、基本方針に基づき、おおむね五年ごとに、第十条第一項の規定による宅地造成等工事規制区域の指定、第二十六条第一項の規定による特定盛土等規制区域の指定及び第四十五条第一項の規定による造成宅地防災区域の指定その他この法律に基づき行われる宅地造成、特定盛土等又は土石の堆積に伴う災害の防止のための対策に必要な基礎調査として、宅地造成、特定盛土等又は土石の堆積に伴う崖崩れ又は土砂の流出のおそれがある土地に関する地形、地質の状況その他主務省令で定める事項に関する調査（以下「基礎調査」という。）を行うものとする。

2　都道府県は、基礎調査の結果を、主務省令で定めるところにより、関係市町村長（特別区の長を含む。以下同じ。）に通知するとともに、公表しなければならない。

　　（基礎調査のための土地の立入り等）

第五条　都道府県知事（指定都市又は中核市の区域内の土地については、それぞれ指定都市又は中核市の長。第五十条を除き、以下同じ。）は、基礎調査のために他人の占有する土地に立ち入つて測量又は調査を行う必要があるときは、その必要の限度において、他人の占有する土地に、自ら立ち入り、又はその命じた者若しくは委任した者に立ち入らせることができる。

2　前項の規定により他人の占有する土地に立ち入ろうとする者は、立ち入ろうとする日の三日前までに、その旨を当該土地の占有者に通知しなければならない。

3　第一項の規定により建築物が存し、又は垣、柵その他の工作物で囲まれた他人の占有する土地に立ち入るときは、その立ち入る者は、立入りの際、あらかじめ、その旨を当該土地の占有者に告げなければならない。

4　日出前及び日没後においては、土地の占有者の承諾があつた場合を除き、前項に規定する土地に立ち入つてはならない。

5　土地の占有者は、正当な理由がない限り、第一項の規定による立入りを拒み、又は妨げてはならない。

（基礎調査のための障害物の伐除及び土地の試掘等）

第六条　前条第一項の規定により他人の占有する土地に立ち入つて測量又は調査を行う者は、その測量又は調査を行うに当たり、やむを得ない必要があつて、障害となる植物若しくは垣、柵その他の工作物（以下この条、次条第二項及び第五十八条第二号において「障害物」という。）を伐除しようとする場合又は当該土地に試掘若しくはボーリング若しくはこれに伴う障害物の伐除（以下この条、次条第二項及び同号において「試掘等」という。）を行おうとする場合において、当該障害物又は当該土地の所有者及び占有者の同意を得ることができないときは、当該障害物の所在地を管轄する市町村長の許可を受けて当該障害物を伐除し、又は当該土地の所在地を管轄する都道府県知事の許可を受けて当該土地に試掘等を行うことができる。この場合において、市町村長が許可を与えるときは障害物の所有者及び占有者に、都道府県知事が許可を与えるときは土地又は障害物の所有者及び占有者に、あらかじめ、意見を述べる機会を与えなければならない。

2　前項の規定により障害物を伐除しようとする者又は土地に試掘等を行おうとする者は、伐除しようとする日又は試掘等を行おうとする日の三日前までに、その旨を当該障害物又は当該土地若しくは障害物の所有者及び占有者に通知しなければならない。

3　第一項の規定により障害物を伐除しようとする場合（土地の試掘又はボーリングに伴う障害物の伐除をしようとする場合を除く。）において、当該障害物の所有者及び占有者がその場所にいないためその同意を得ることが困難であり、かつ、その現状を著しく損傷しないときは、都道府県知事又はその命じた者若しくは委任した者は、前二項の規定にかかわらず、当該障害物の所在地を管轄する市町村長の許可を受けて、直ちに、当該障害物を伐除することができる。この場合においては、当該障害物を伐除した後、遅滞なく、その旨をその所有者及び占有者に通知しなければならない。

（証明書等の携帯）

第七条　第五条第一項の規定により他人の占有する土地に立ち入ろうとする者は、その身分を示す証明書を携帯しなければならない。

2　前条第一項の規定により障害物を伐除しようとする者又は土地に試掘等を行おうとする者は、その身分を示す証明書及び市町村長又は都道府県知事の許可証を携帯しなければならない。

3　前二項に規定する証明書又は許可証は、関係人の請求があつたときは、これを提示しなければならない。

（土地の立入り等に伴う損失の補償）

第八条　都道府県は、第五条第一項又は第六条第一項若しくは第三項の規定による行為により他人に損失を与えたときは、その損失を受けた者に対して、通常生ずべき損失を補償しなければならない。

2　前項の規定による損失の補償については、都道府県と損失を受けた者とが協議しなければならない。

3 前項の規定による協議が成立しないときは、都道府県又は損失を受けた者は、政令で定めるところにより、収用委員会に土地収用法（昭和二十六年法律第二百十九号）第九十四条第二項の規定による裁決を申請することができる。

（基礎調査に要する費用の補助）

第九条 国は、都道府県に対し、予算の範囲内において、都道府県の行う基礎調査に要する費用の一部を補助することができる。

第三章　宅地造成等工事規制区域

第十条 都道府県知事は、基本方針に基づき、かつ、基礎調査の結果を踏まえ、宅地造成、特定盛土等又は土石の堆積（以下この章及び次章において「宅地造成等」という。）に伴い災害が生ずるおそれが大きい市街地若しくは市街地となろうとする土地の区域又は集落の区域（これらの区域に隣接し、又は近接する土地の区域を含む。第五項及び第二十六条第一項において「市街地等区域」という。）であつて、宅地造成等に関する工事について規制を行う必要があるものを、宅地造成等工事規制区域として指定することができる。

2 都道府県知事は、前項の規定により宅地造成等工事規制区域を指定しようとするときは、関係市町村長の意見を聴かなければならない。

3 第一項の指定は、この法律の目的を達成するため必要な最小限度のものでなければならない。

4 都道府県知事は、第一項の指定をするときは、主務省令で定めるところにより、当該宅地造成等工事規制区域を公示するとともに、その旨を関係市町村長に通知しなければならない。

5 市町村長は、宅地造成等に伴い市街地等区域において災害が生ずるおそれが大きいため第一項の指定をする必要があると認めるときは、その旨を都道府県知事に申し出ることができる。

6 第一項の指定は、第四項の公示によつてその効力を生ずる。

第四章　宅地造成等工事規制区域内における宅地造成等に関する工事等の規制

（住民への周知）

第十一条 工事主は、次条第一項の許可の申請をするときは、あらかじめ、主務省令で定めるところにより、宅地造成等に関する工事の施行に係る土地の周辺地域の住民に対し、説明会の開催その他の当該宅地造成等に関する工事の内容を周知させるため必要な措置を講じなければならない。

（宅地造成等に関する工事の許可）

第十二条 宅地造成等工事規制区域内において行われる宅地造成等に関する工事については、工事主は、当該工事に着手する前に、主務省令で定めるところにより、都道府県知事の許可を受けなければならない。ただし、宅地造成等に伴う災害の発生のおそれがないと認められるものとして政令で定める工事については、この限りでない。

2 都道府県知事は、前項の許可の申請が次に掲げる基準に適合しないと認めるとき、又はその申請の手続がこの法律若しくはこの法律に基づく命令の規定に違反していると認めるときは、同項の許可をしてはならない。

一 当該申請に係る宅地造成等に関する工事の計画が次条の規定に適合するものであること。

二　工事主に当該宅地造成等に関する工事を行うために必要な資力及び信用があること。

三　工事施行者に当該宅地造成等に関する工事を完成するために必要な能力があること。

四　当該宅地造成等に関する工事（土地区画整理法（昭和二十九年法律第百十九号）第二条第一項に規定する土地区画整理事業その他の公共施設の整備又は土地利用の増進を図るための事業として政令で定めるものの施行に伴うものを除く。）をしようとする土地の区域内の土地について所有権、地上権、質権、賃借権、使用貸借による権利又はその他の使用及び収益を目的とする権利を有する者の全ての同意を得ていること。

3　都道府県知事は、第一項の許可に、工事の施行に伴う災害を防止するため必要な条件を付することができる。

4　都道府県知事は、第一項の許可をしたときは、速やかに、主務省令で定めるところにより、工事主の氏名又は名称、宅地造成等に関する工事が施行される土地の所在地その他主務省令で定める事項を公表するとともに、関係市町村長に通知しなければならない。

（宅地造成等に関する工事の技術的基準等）

第十三条　宅地造成等工事規制区域内において行われる宅地造成等に関する工事（前条第一項ただし書に規定する工事を除く。第二十一条第一項において同じ。）は、政令（その政令で都道府県の規則に委任した事項に関しては、その規則を含む。）で定める技術的基準に従い、擁壁、排水施設その他の政令で定める施設（以下「擁壁等」という。）の設置その他宅地造成等に伴う災害を防止するため必要な措置が講ぜられたものでなければならない。

2　前項の規定により講ずべきものとされる措置のうち政令（同項の政令で都道府県の規則に委任した事項に関しては、その規則を含む。）で定めるものの工事は、政令で定める資格を有する者の設計によらなければならない。

（許可証の交付又は不許可の通知）

第十四条　都道府県知事は、第十二条第一項の許可の申請があつたときは、遅滞なく、許可又は不許可の処分をしなければならない。

2　都道府県知事は、前項の申請をした者に、同項の許可の処分をしたときは許可証を交付し、同項の不許可の処分をしたときは文書をもつてその旨を通知しなければならない。

3　宅地造成等に関する工事は、前項の許可証の交付を受けた後でなければ、することができない。

4　第二項の許可証の様式は、主務省令で定める。

（許可の特例）

第十五条　国又は都道府県、指定都市若しくは中核市が宅地造成等工事規制区域内において行う宅地造成等に関する工事については、これらの者と都道府県知事との協議が成立することをもつて第十二条第一項の許可があつたものとみなす。

2　宅地造成等工事規制区域内において行われる宅地造成又は特定盛土等について当該宅地造成等工事規制区域の指定後に都市計画法（昭和四十三年法律第百号）第二十九条第一項又は第二項の許可を受けたときは、当該宅地造成又は特定盛土等に関する工事については、第十二条第一項の許可を受けたものとみなす。

（変更の許可等）

第十六条 第十二条第一項の許可を受けた者は、当該許可に係る宅地造成等に関する工事の計画の変更をしようとするときは、主務省令で定めるところにより、都道府県知事の許可を受けなければならない。ただし、主務省令で定める軽微な変更をしようとするときは、この限りでない。

2 第十二条第一項の許可を受けた者は、前項ただし書の主務省令で定める軽微な変更をしたときは、遅滞なく、その旨を都道府県知事に届け出なければならない。

3 第十二条第二項から第四項まで、第十三条、第十四条及び前条第一項の規定は、第一項の許可について準用する。

4 第一項又は第二項の場合における次条から第十九条までの規定の適用については、第一項の許可又は第二項の規定による届出に係る変更後の内容を第十二条第一項の許可の内容とみなす。

5 前条第二項の規定により第十二条第一項の許可を受けたものとみなされた宅地造成又は特定盛土等に関する工事に係る都市計画法第三十五条の二第一項の許可又は同条第三項の規定による届出は、当該工事に係る第一項の許可又は第二項の規定による届出とみなす。

（完了検査等）

第十七条 宅地造成又は特定盛土等に関する工事について第十二条第一項の許可を受けた者は、当該許可に係る工事を完了したときは、主務省令で定める期間内に、主務省令で定めるところにより、その工事が第十三条第一項の規定に適合しているかどうかについて、都道府県知事の検査を申請しなければならない。

2 都道府県知事は、前項の検査の結果、工事が第十三条第一項の規定に適合していると認めた場合においては、主務省令で定める様式の検査済証を第十二条第一項の許可を受けた者に交付しなければならない。

3 第十五条第二項の規定により第十二条第一項の許可を受けたものとみなされた宅地造成又は特定盛土等に関する工事に係る都市計画法第三十六条第一項の規定による届出又は同条第二項の規定により交付された検査済証は、当該工事に係る第一項の規定による申請又は前項の規定により交付された検査済証とみなす。

4 土石の堆積に関する工事について第十二条第一項の許可を受けた者は、当該許可に係る工事（堆積した全ての土石を除却するものに限る。）を完了したときは、主務省令で定める期間内に、主務省令で定めるところにより、堆積されていた全ての土石の除却が行われたかどうかについて、都道府県知事の確認を申請しなければならない。

5 都道府県知事は、前項の確認の結果、堆積されていた全ての土石が除却されたと認めた場合においては、主務省令で定める様式の確認済証を第十二条第一項の許可を受けた者に交付しなければならない。

（中間検査）

第十八条 第十二条第一項の許可を受けた者は、当該許可に係る宅地造成又は特定盛土等（政令で定める規模のものに限る。）に関する工事が政令で定める工程（以下この条において「特定工程」という。）を含む場合において、当該特定工程に係る工事を終えたときは、その都度主務省令で定める期間内に、主務省令で定めるところにより、都道府県知事の検査を申請しなければならない。

2 都道府県知事は、前項の検査の結果、当該特定工程に係る工事が第十三条第一項の規定に適合していると認めた場合においては、主務省令で定める様式の当該特定工程に係る中間検査合格証を第十二条第一項の許可を受けた者に交付しなければならない。

3 特定工程ごとに政令で定める当該特定工程後の工程に係る工事は、前項の規定による当該特定工程に係る中間検査合格証の交付を受けた後でなければ、することができない。

4 都道府県は、第一項の検査について、宅地造成又は特定盛土等に伴う災害を防止するために必要があると認める場合においては、同項の政令で定める宅地造成若しくは特定盛土等の規模を当該規模未満で条例で定める規模とし、又は特定工程（当該特定工程後の前項に規定する工程を含む。）として条例で定める工程を追加することができる。

5 都道府県知事は、第一項の検査において第十三条第一項の規定に適合することを認められた特定工程に係る工事については、前条第一項の検査において当該工事に係る部分の検査をすることを要しない。

　　（定期の報告）

第十九条　第十二条第一項の許可（政令で定める規模の宅地造成等に関する工事に係るものに限る。）を受けた者は、主務省令で定めるところにより、主務省令で定める期間ごとに、当該許可に係る宅地造成等に関する工事の実施の状況その他主務省令で定める事項を都道府県知事に報告しなければならない。

2 都道府県は、前項の報告について、宅地造成等に伴う災害を防止するために必要があると認める場合においては、同項の政令で定める宅地造成等の規模を当該規模未満で条例で定める規模とし、同項の主務省令で定める期間を当該期間より短い期間で条例で定める期間とし、又は同項の主務省令で定める事項に条例で必要な事項を付加することができる。

　　（監督処分）

第二十条　都道府県知事は、偽りその他不正な手段により第十二条第一項若しくは第十六条第一項の許可を受けた者又はその許可に付した条件に違反した者に対して、その許可を取り消すことができる。

2 都道府県知事は、宅地造成等工事規制区域内において行われている宅地造成等に関する次に掲げる工事については、当該工事主又は当該工事の請負人（請負工事の下請人を含む。）若しくは現場管理者（第四項から第六項までにおいて「工事主等」という。）に対して、当該工事の施行の停止を命じ、又は相当の猶予期限を付けて、擁壁等の設置その他宅地造成等に伴う災害の防止のため必要な措置（以下この条において「災害防止措置」という。）をとることを命ずることができる。

　一　第十二条第一項又は第十六条第一項の規定に違反して第十二条第一項又は第十六条第一項の許可を受けないで施行する工事

　二　第十二条第三項（第十六条第三項において準用する場合を含む。）の規定により許可に付した条件に違反する工事

　三　第十三条第一項の規定に適合していない工事

　四　第十八条第一項の規定に違反して同項の検査を申請しないで施行する工事

3 都道府県知事は、宅地造成等工事規制区域内の次に掲げる土地については、当該土地の所有者、

管理者若しくは占有者又は当該工事主（第五項第一号及び第二号並びに第六項において「土地所有者等」という。）に対して、当該土地の使用を禁止し、若しくは制限し、又は相当の猶予期限を付けて、災害防止措置をとることを命ずることができる。

一　第十二条第一項又は第十六条第一項の規定に違反して第十二条第一項又は第十六条第一項の許可を受けないで宅地造成等に関する工事が施行された土地

二　第十七条第一項の規定に違反して同項の検査を申請せず、又は同項の検査の結果工事が第十三条第一項の規定に適合していないと認められた土地

三　第十七条第四項の規定に違反して同項の確認を申請せず、又は同項の確認の結果堆積されていた全ての土石が除却されていないと認められた土地

四　第十八条第一項の規定に違反して同項の検査を申請しないで宅地造成又は特定盛土等に関する工事が施行された土地

4　都道府県知事は、第二項の規定により工事の施行の停止を命じようとする場合において、緊急の必要により弁明の機会の付与を行うことができないときは、同項に規定する工事に該当することが明らかな場合に限り、弁明の機会の付与を行わないで、工事主等に対して、当該工事の施行の停止を命ずることができる。この場合において、当該工事主等が当該工事の現場にいないときは、当該工事に従事する者に対して、当該工事に係る作業の停止を命ずることができる。

5　都道府県知事は、次の各号のいずれかに該当すると認めるときは、自ら災害防止措置の全部又は一部を講ずることができる。この場合において、第二号に該当すると認めるときは、相当の期限を定めて、当該災害防止措置を講ずべき旨及びその期限までに当該災害防止措置を講じないときは自ら当該災害防止措置を講じ、当該災害防止措置に要した費用を徴収することがある旨を、あらかじめ、公告しなければならない。

一　第二項又は第三項の規定により災害防止措置を講ずべきことを命ぜられた工事主等又は土地所有者等が、当該命令に係る期限までに当該命令に係る措置を講じないとき、講じても十分でないとき、又は講ずる見込みがないとき。

二　第二項又は第三項の規定により災害防止措置を講ずべきことを命じようとする場合において、過失がなくて当該災害防止措置を命ずべき工事主等又は土地所有者等を確知することができないとき。

三　緊急に災害防止措置を講ずる必要がある場合において、第二項又は第三項の規定により災害防止措置を講ずべきことを命ずるいとまがないとき。

6　都道府県知事は、前項の規定により同項の災害防止措置の全部又は一部を講じたときは、当該災害防止措置に要した費用について、主務省令で定めるところにより、当該工事主等又は土地所有者等に負担させることができる。

7　前項の規定により負担させる費用の徴収については、行政代執行法（昭和二十三年法律第四十三号）第五条及び第六条の規定を準用する。

（工事等の届出）

第二十一条　宅地造成等工事規制区域の指定の際、当該宅地造成等工事規制区域内において行われている宅地造成等に関する工事の工事主は、その指定があつた日から二十一日以内に、主務省令で定めるところにより、当該工事について都道府県知事に届け出なければならない。

2　都道府県知事は、前項の規定による届出を受理したときは、速やかに、主務省令で定めるところにより、工事主の氏名又は名称、宅地造成等に関する工事が施行される土地の所在地その他主務省令で定める事項を公表するとともに、関係市町村長に通知しなければならない。

3　宅地造成等工事規制区域内の土地（公共施設用地を除く。以下この章において同じ。）において、擁壁等に関する工事その他の工事で政令で定めるものを行おうとする者（第十二条第一項若しくは第十六条第一項の許可を受け、又は同条第二項の規定による届出をした者を除く。）は、その工事に着手する日の十四日前までに、主務省令で定めるところにより、その旨を都道府県知事に届け出なければならない。

4　宅地造成等工事規制区域内において、公共施設用地を宅地又は農地等に転用した者（第十二条第一項若しくは第十六条第一項の許可を受け、又は同条第二項の規定による届出をした者を除く。）は、その転用した日から十四日以内に、主務省令で定めるところにより、その旨を都道府県知事に届け出なければならない。

（土地の保全等）

第二十二条　宅地造成等工事規制区域内の土地の所有者、管理者又は占有者は、宅地造成等（宅地造成等工事規制区域の指定前に行われたものを含む。次項及び次条第一項において同じ。）に伴う災害が生じないよう、その土地を常時安全な状態に維持するように努めなければならない。

2　都道府県知事は、宅地造成等工事規制区域内の土地について、宅地造成等に伴う災害の防止のため必要があると認める場合においては、その土地の所有者、管理者、占有者、工事主又は工事施行者に対し、擁壁等の設置又は改造その他宅地造成等に伴う災害の防止のため必要な措置をとることを勧告することができる。

（改善命令）

第二十三条　都道府県知事は、宅地造成等工事規制区域内の土地で、宅地造成若しくは特定盛土等に伴う災害の防止のため必要な擁壁等が設置されておらず、若しくは極めて不完全であり、又は土石の堆積に伴う災害の防止のため必要な措置がとられておらず、若しくは極めて不十分であるために、これを放置するときは、宅地造成等に伴う災害の発生のおそれが大きいと認められるものがある場合においては、その災害の防止のため必要であり、かつ、土地の利用状況その他の状況からみて相当であると認められる限度において、当該宅地造成等工事規制区域内の土地又は擁壁等の所有者、管理者又は占有者（次項において「土地所有者等」という。）に対して、相当の猶予期限を付けて、擁壁等の設置若しくは改造、地形若しくは盛土の改良又は土石の除却のための工事を行うことを命ずることができる。

2　前項の場合において、土地所有者等以外の者の宅地造成等に関する不完全な工事その他の行為によつて同項の災害の発生のおそれが生じたことが明らかであり、その行為をした者（その行為が隣地における土地の形質の変更又は土石の堆積であるときは、その土地の所有者を含む。以下この項において同じ。）に前項の工事の全部又は一部を行わせることが相当であると認められ、かつ、これを行わせることについて当該土地所有者等に異議がないときは、都道府県知事は、その行為をした者に対して、同項の工事の全部又は一部を行うことを命ずることができる。

3　第二十条第五項から第七項までの規定は、前二項の場合について準用する。

（立入検査）

第二十四条　都道府県知事は、第十二条第一項、第十六条第一項、第十七条第一項若しくは第四項、第十八条第一項、第二十条第一項から第四項まで又は前条第一項若しくは第二項の規定による権限を行うために必要な限度において、その職員に、当該土地に立ち入り、当該土地又は当該土地において行われている宅地造成等に関する工事の状況を検査させることができる。

2　第七条第一項及び第三項の規定は、前項の場合について準用する。

3　第一項の規定による立入検査の権限は、犯罪捜査のために認められたものと解してはならない。

（報告の徴取）

第二十五条　都道府県知事は、宅地造成等工事規制区域内の土地の所有者、管理者又は占有者に対して、当該土地又は当該土地において行われている工事の状況について報告を求めることができる。

第五章　特定盛土等規制区域

第二十六条　都道府県知事は、基本方針に基づき、かつ、基礎調査の結果を踏まえ、宅地造成等工事規制区域以外の土地の区域であつて、土地の傾斜度、渓流の位置その他の自然的条件及び周辺地域における土地利用の状況その他の社会的条件からみて、当該区域内の土地において特定盛土等又は土石の堆積が行われた場合には、これに伴う災害により市街地等区域その他の区域の居住者その他の者（第五項及び第四十五条第一項において「居住者等」という。）の生命又は身体に危害を生ずるおそれが特に大きいと認められる区域を、特定盛土等規制区域として指定することができる。

2　都道府県知事は、前項の規定により特定盛土等規制区域を指定しようとするときは、関係市町村長の意見を聴かなければならない。

3　第一項の指定は、この法律の目的を達成するため必要な最小限度のものでなければならない。

4　都道府県知事は、第一項の指定をするときは、主務省令で定めるところにより、当該特定盛土等規制区域を公示するとともに、その旨を関係市町村長に通知しなければならない。

5　市町村長は、特定盛土等又は土石の堆積に伴う災害により当該市町村の区域の居住者等の生命又は身体に危害を生ずるおそれが特に大きいため第一項の指定をする必要があると認めるときは、その旨を都道府県知事に申し出ることができる。

6　第一項の指定は、第四項の公示によつてその効力を生ずる。

第六章　特定盛土等規制区域内における特定盛土等又は土石の堆積に関する工事等の規制
（特定盛土等又は土石の堆積に関する工事の届出等）

第二十七条　特定盛土等規制区域内において行われる特定盛土等又は土石の堆積に関する工事については、工事主は、当該工事に着手する日の三十日前までに、主務省令で定めるところにより、当該工事の計画を都道府県知事に届け出なければならない。ただし、特定盛土等又は土石の堆積に伴う災害の発生のおそれがないと認められるものとして政令で定める工事については、この限りでない。

2　都道府県知事は、前項の規定による届出を受理したときは、速やかに、主務省令で定めるところにより、工事主の氏名又は名称、特定盛土等又は土石の堆積に関する工事が施行される土地の所在地その他主務省令で定める事項を公表するとともに、関係市町村長に通知しなければならない。

3　都道府県知事は、第一項の規定による届出があつた場合において、当該届出に係る工事の計画について当該特定盛土等又は土石の堆積に伴う災害の防止のため必要があると認めるときは、当該届出を受理した日から三十日以内に限り、当該届出をした者に対し、当該工事の計画の変更その他必要な措置をとるべきことを勧告することができる。

4　都道府県知事は、前項の規定による勧告を受けた者が、正当な理由がなくて当該勧告に係る措置をとらなかつたときは、その者に対し、相当の期限を定めて、当該勧告に係る措置をとるべきことを命ずることができる。

5　特定盛土等規制区域内において行われる特定盛土等について都市計画法第二十九条第一項又は第二項の許可の申請をしたときは、当該特定盛土等に関する工事については、第一項の規定による届出をしたものとみなす。

　　（変更の届出等）

第二十八条　前条第一項の規定による届出をした者は、当該届出に係る特定盛土等又は土石の堆積に関する工事の計画の変更（主務省令で定める軽微な変更を除く。）をしようとするときは、当該変更後の工事に着手する日の三十日前までに、主務省令で定めるところにより、当該変更後の工事の計画を都道府県知事に届け出なければならない。

2　前条第五項の規定により同条第一項の規定による届出をしたものとみなされた特定盛土等に関する工事に係る都市計画法第三十五条の二第一項の許可の申請は、当該工事に係る前項の規定による届出とみなす。

3　前条第二項から第四項までの規定は、第一項の規定による届出について準用する。

　　（住民への周知）

第二十九条　工事主は、次条第一項の許可の申請をするときは、あらかじめ、主務省令で定めるところにより、特定盛土等又は土石の堆積に関する工事の施行に係る土地の周辺地域の住民に対し、説明会の開催その他の当該特定盛土等又は土石の堆積に関する工事の内容を周知させるため必要な措置を講じなければならない。

　　（特定盛土等又は土石の堆積に関する工事の許可）

第三十条　特定盛土等規制区域内において行われる特定盛土等又は土石の堆積（大規模な崖崩れ又は土砂の流出を生じさせるおそれが大きいものとして政令で定める規模のものに限る。以下この条から第三十九条まで及び第五十五条第一項第二号において同じ。）に関する工事については、工事主は、当該工事に着手する前に、主務省令で定めるところにより、都道府県知事の許可を受けなければならない。ただし、特定盛土等又は土石の堆積に伴う災害の発生のおそれがないと認められるものとして政令で定める工事については、この限りでない。

2　都道府県知事は、前項の許可の申請が次に掲げる基準に適合しないと認めるとき、又はその申請の手続がこの法律若しくはこの法律に基づく命令の規定に違反していると認めるときは、同項の許可をしてはならない。

　一　当該申請に係る特定盛土等又は土石の堆積に関する工事の計画が次条の規定に適合するものであること。

二　工事主に当該特定盛土等又は土石の堆積に関する工事を行うために必要な資力及び信用があること。

　　三　工事施行者に当該特定盛土等又は土石の堆積に関する工事を完成するために必要な能力があること。

　　四　当該特定盛土等又は土石の堆積に関する工事（土地区画整理法第二条第一項に規定する土地区画整理事業その他の公共施設の整備又は土地利用の増進を図るための事業として政令で定めるものの施行に伴うものを除く。）をしようとする土地の区域内の土地について所有権、地上権、質権、賃借権、使用貸借による権利又はその他の使用及び収益を目的とする権利を有する者の全ての同意を得ていること。

3　都道府県知事は、第一項の許可に、工事の施行に伴う災害を防止するため必要な条件を付することができる。

4　都道府県知事は、第一項の許可をしたときは、速やかに、主務省令で定めるところにより、工事主の氏名又は名称、特定盛土等又は土石の堆積に関する工事が施行される土地の所在地その他主務省令で定める事項を公表するとともに、関係市町村長に通知しなければならない。

5　第一項の許可を受けた者は、当該許可に係る工事については、第二十七条第一項の規定による届出をすることを要しない。

　　（特定盛土等又は土石の堆積に関する工事の技術的基準等）

第三十一条　特定盛土等規制区域内において行われる特定盛土等又は土石の堆積に関する工事（前条第一項ただし書に規定する工事を除く。第四十条第一項において同じ。）は、政令（その政令で都道府県の規則に委任した事項に関しては、その規則を含む。）で定める技術的基準に従い、擁壁等の設置その他特定盛土等又は土石の堆積に伴う災害を防止するため必要な措置が講ぜられたものでなければならない。

2　前項の規定により講ずべきものとされる措置のうち政令（同項の政令で都道府県の規則に委任した事項に関しては、その規則を含む。）で定めるものの工事は、政令で定める資格を有する者の設計によらなければならない。

　　（条例で定める特定盛土等又は土石の堆積の規模）

第三十二条　都道府県は、第三十条第一項の許可について、特定盛土等又は土石の堆積に伴う災害を防止するために必要があると認める場合においては、同項の政令で定める特定盛土等又は土石の堆積の規模を当該規模未満で条例で定める規模とすることができる。

　　（許可証の交付又は不許可の通知）

第三十三条　都道府県知事は、第三十条第一項の許可の申請があつたときは、遅滞なく、許可又は不許可の処分をしなければならない。

2　都道府県知事は、前項の申請をした者に、同項の許可の処分をしたときは許可証を交付し、同項の不許可の処分をしたときは文書をもつてその旨を通知しなければならない。

3　特定盛土等又は土石の堆積に関する工事は、前項の許可証の交付を受けた後でなければ、することができない。

4　第二項の許可証の様式は、主務省令で定める。

　　（許可の特例）
第三十四条　国又は都道府県、指定都市若しくは中核市が特定盛土等規制区域内において行う特定盛
　　土等又は土石の堆積に関する工事については、これらの者と都道府県知事との協議が成立すること
　　をもつて第三十条第一項の許可があつたものとみなす。
2　特定盛土等規制区域内において行われる特定盛土等について当該特定盛土等規制区域の指定後に
　　都市計画法第二十九条第一項又は第二項の許可を受けたときは、当該特定盛土等に関する工事につ
　　いては、第三十条第一項の許可を受けたものとみなす。

　　（変更の許可等）
第三十五条　第三十条第一項の許可を受けた者は、当該許可に係る特定盛土等又は土石の堆積に関す
　　る工事の計画の変更をしようとするときは、主務省令で定めるところにより、都道府県知事の許可
　　を受けなければならない。ただし、主務省令で定める軽微な変更をしようとするときは、この限り
　　でない。
2　第三十条第一項の許可を受けた者は、前項ただし書の主務省令で定める軽微な変更をしたとき
　　は、遅滞なく、その旨を都道府県知事に届け出なければならない。
3　第三十条第二項から第四項まで、第三十一条から第三十三条まで及び前条第一項の規定は、第一
　　項の許可について準用する。
4　第一項又は第二項の場合における次条から第三十八条までの規定の適用については、第一項の許
　　可又は第二項の規定による届出に係る変更後の内容を第三十条第一項の許可の内容とみなす。
5　前条第二項の規定により第三十条第一項の許可を受けたものとみなされた特定盛土等に関する工
　　事に係る都市計画法第三十五条の二第一項の許可又は同条第三項の規定による届出は、当該工事に
　　係る第一項の許可又は第二項の規定による届出とみなす。

　　（完了検査等）
第三十六条　特定盛土等に関する工事について第三十条第一項の許可を受けた者は、当該許可に係る
　　工事を完了したときは、主務省令で定める期間内に、主務省令で定めるところにより、その工事が
　　第三十一条第一項の規定に適合しているかどうかについて、都道府県知事の検査を申請しなければ
　　ならない。
2　都道府県知事は、前項の検査の結果、工事が第三十一条第一項の規定に適合していると認めた場
　　合においては、主務省令で定める様式の検査済証を第三十条第一項の許可を受けた者に交付しなけ
　　ればならない。
3　第三十四条第二項の規定により第三十条第一項の許可を受けたものとみなされた特定盛土等に関
　　する工事に係る都市計画法第三十六条第一項の規定による届出又は同条第二項の規定により交付さ
　　れた検査済証は、当該工事に係る第一項の規定による申請又は前項の規定により交付された検査済
　　証とみなす。
4　土石の堆積に関する工事について第三十条第一項の許可を受けた者は、当該許可に係る工事（堆
　　積した全ての土石を除却するものに限る。）を完了したときは、主務省令で定める期間内に、主務

省令で定めるところにより、堆積されていた全ての土石の除却が行われたかどうかについて、都道府県知事の確認を申請しなければならない。

5 都道府県知事は、前項の確認の結果、堆積されていた全ての土石が除却されたと認めた場合においては、主務省令で定める様式の確認済証を第三十条第一項の許可を受けた者に交付しなければならない。

（中間検査）

第三十七条 第三十条第一項の許可を受けた者は、当該許可に係る特定盛土等（政令で定める規模のものに限る。）に関する工事が政令で定める工程（以下この条において「特定工程」という。）を含む場合において、当該特定工程に係る工事を終えたときは、その都度主務省令で定める期間内に、主務省令で定めるところにより、都道府県知事の検査を申請しなければならない。

2 都道府県知事は、前項の検査の結果、当該特定工程に係る工事が第三十一条第一項の規定に適合していると認めた場合においては、主務省令で定める様式の当該特定工程に係る中間検査合格証を第三十条第一項の許可を受けた者に交付しなければならない。

3 特定工程ごとに政令で定める当該特定工程後の工程に係る工事は、前項の規定による当該特定工程に係る中間検査合格証の交付を受けた後でなければ、することができない。

4 都道府県は、第一項の検査について、特定盛土等に伴う災害を防止するために必要があると認める場合においては、同項の政令で定める特定盛土等の規模を当該規模未満で条例で定める規模とし、又は特定工程（当該特定工程後の前項に規定する工程を含む。）として条例で定める工程を追加することができる。

5 都道府県知事は、第一項の検査において第三十一条第一項の規定に適合することを認められた特定工程に係る工事については、前条第一項の検査において当該工事に係る部分の検査をすることを要しない。

（定期の報告）

第三十八条 第三十条第一項の許可（政令で定める規模の特定盛土等又は土石の堆積に関する工事に係るものに限る。）を受けた者は、主務省令で定めるところにより、主務省令で定める期間ごとに、当該許可に係る特定盛土等又は土石の堆積に関する工事の実施の状況その他主務省令で定める事項を都道府県知事に報告しなければならない。

2 都道府県は、前項の報告について、特定盛土等又は土石の堆積に伴う災害を防止するために必要があると認める場合においては、同項の政令で定める特定盛土等若しくは土石の堆積の規模を当該規模未満で条例で定める規模とし、同項の主務省令で定める期間を当該期間より短い期間で条例で定める期間とし、又は同項の主務省令で定める事項に条例で必要な事項を付加することができる。

（監督処分）

第三十九条 都道府県知事は、偽りその他不正な手段により第三十条第一項若しくは第三十五条第一項の許可を受けた者又はその許可に付した条件に違反した者に対して、その許可を取り消すことができる。

2 都道府県知事は、特定盛土等規制区域内において行われている特定盛土等又は土石の堆積に関す

る次に掲げる工事については、当該工事主又は当該工事の請負人（請負工事の下請人を含む。）若しくは現場管理者（第四項から第六項までにおいて「工事主等」という。）に対して、当該工事の施行の停止を命じ、又は相当の猶予期限を付けて、擁壁等の設置その他特定盛土等若しくは土石の堆積に伴う災害の防止のため必要な措置（以下この条において「災害防止措置」という。）をとることを命ずることができる。

一　第三十条第一項又は第三十五条第一項の規定に違反して第三十条第一項又は第三十五条第一項の許可を受けないで施行する工事

二　第三十条第三項（第三十五条第三項において準用する場合を含む。）の規定により許可に付した条件に違反する工事

三　第三十一条第一項の規定に適合していない工事

四　第三十七条第一項の規定に違反して同項の検査を申請しないで施行する工事

3　都道府県知事は、特定盛土等規制区域内の次に掲げる土地については、当該土地の所有者、管理者若しくは占有者又は当該工事主（第五項第一号及び第二号並びに第六項において「土地所有者等」という。）に対して、当該土地の使用を禁止し、若しくは制限し、又は相当の猶予期限を付けて、災害防止措置をとることを命ずることができる。

一　第三十条第一項又は第三十五条第一項の規定に違反して第三十条第一項又は第三十五条第一項の許可を受けないで特定盛土等又は土石の堆積に関する工事が施行された土地

二　第三十六条第一項の規定に違反して同項の検査を申請せず、又は同項の検査の結果工事が第三十一条第一項の規定に適合していないと認められた土地

三　第三十六条第四項の規定に違反して同項の確認を申請せず、又は同項の確認の結果堆積されていた全ての土石が除却されていないと認められた土地

四　第三十七条第一項の規定に違反して同項の検査を申請しないで特定盛土等に関する工事が施行された土地

4　都道府県知事は、第二項の規定により工事の施行の停止を命じようとする場合において、緊急の必要により弁明の機会の付与を行うことができないときは、同項に規定する工事に該当することが明らかな場合に限り、弁明の機会の付与を行わないで、工事主等に対して、当該工事の施行の停止を命ずることができる。この場合において、当該工事主等が当該工事の現場にいないときは、当該工事に従事する者に対して、当該工事に係る作業の停止を命ずることができる。

5　都道府県知事は、次の各号のいずれかに該当すると認めるときは、自ら災害防止措置の全部又は一部を講ずることができる。この場合において、第二号に該当すると認めるときは、相当の期限を定めて、当該災害防止措置を講ずべき旨及びその期限までに当該災害防止措置を講じないときは自ら当該災害防止措置を講じ、当該災害防止措置に要した費用を徴収することがある旨を、あらかじめ、公告しなければならない。

一　第二項又は第三項の規定により災害防止措置を講ずべきことを命ぜられた工事主等又は土地所有者等が、当該命令に係る期限までに当該命令に係る措置を講じないとき、講じても十分でないとき、又は講ずる見込みがないとき。

二　第二項又は第三項の規定により災害防止措置を講ずべきことを命じようとする場合において、過失がなくて当該災害防止措置を命ずべき工事主等又は土地所有者等を確知することができないとき。

三　緊急に災害防止措置を講ずる必要がある場合において、第二項又は第三項の規定により災害防止措置を講ずべきことを命ずるいとまがないとき。

6　都道府県知事は、前項の規定により同項の災害防止措置の全部又は一部を講じたときは、当該災害防止措置に要した費用について、主務省令で定めるところにより、当該工事主等又は土地所有者等に負担させることができる。

7　前項の規定により負担させる費用の徴収については、行政代執行法第五条及び第六条の規定を準用する。

（工事等の届出）

第四十条　特定盛土等規制区域の指定の際、当該特定盛土等規制区域内において行われている特定盛土等又は土石の堆積に関する工事の工事主は、その指定があつた日から二十一日以内に、主務省令で定めるところにより、当該工事について都道府県知事に届け出なければならない。

2　都道府県知事は、前項の規定による届出を受理したときは、速やかに、主務省令で定めるところにより、工事主の氏名又は名称、特定盛土等又は土石の堆積に関する工事が施行される土地の所在地その他主務省令で定める事項を公表するとともに、関係市町村長に通知しなければならない。

3　特定盛土等規制区域内の土地（公共施設用地を除く。以下この章において同じ。）において、擁壁等に関する工事その他の工事で政令で定めるものを行おうとする者（第三十条第一項若しくは第三十五条第一項の許可を受け、又は第二十七条第一項、第二十八条第一項若しくは第三十五条第二項の規定による届出をした者を除く。）は、その工事に着手する日の十四日前までに、主務省令で定めるところにより、その旨を都道府県知事に届け出なければならない。

4　特定盛土等規制区域内において、公共施設用地を宅地又は農地等に転用した者（第三十条第一項若しくは第三十五条第一項の許可を受け、又は第二十七条第一項、第二十八条第一項若しくは第三十五条第二項の規定による届出をした者を除く。）は、その転用した日から十四日以内に、主務省令で定めるところにより、その旨を都道府県知事に届け出なければならない。

（土地の保全等）

第四十一条　特定盛土等規制区域内の土地の所有者、管理者又は占有者は、特定盛土等又は土石の堆積（特定盛土等規制区域の指定前に行われたものを含む。次項及び次条第一項において同じ。）に伴う災害が生じないよう、その土地を常時安全な状態に維持するように努めなければならない。

2　都道府県知事は、特定盛土等規制区域内の土地について、特定盛土等又は土石の堆積に伴う災害の防止のため必要があると認める場合においては、その土地の所有者、管理者、占有者、工事主又は工事施行者に対し、擁壁等の設置又は改造その他特定盛土等又は土石の堆積に伴う災害の防止のため必要な措置をとることを勧告することができる。

（改善命令）

第四十二条　都道府県知事は、特定盛土等規制区域内の土地で、特定盛土等に伴う災害の防止のため必要な擁壁等が設置されておらず、若しくは極めて不完全であり、又は土石の堆積に伴う災害の防止のため必要な措置がとられておらず、若しくは極めて不十分であるために、これを放置するときは、特定盛土等又は土石の堆積に伴う災害の発生のおそれが大きいと認められるものがある場合に

おいては、その災害の防止のため必要であり、かつ、土地の利用状況その他の状況からみて相当であると認められる限度において、当該特定盛土等規制区域内の土地又は擁壁等の所有者、管理者又は占有者（次項において「土地所有者等」という。）に対して、相当の猶予期限を付けて、擁壁等の設置若しくは改造、地形若しくは盛土の改良又は土石の除却のための工事を行うことを命ずることができる。

2　前項の場合において、土地所有者等以外の者の特定盛土等又は土石の堆積に関する不完全な工事その他の行為によつて同項の災害の発生のおそれが生じたことが明らかであり、その行為をした者（その行為が隣地における土地の形質の変更又は土石の堆積であるときは、その土地の所有者を含む。以下この項において同じ。）に前項の工事の全部又は一部を行わせることが相当であると認められ、かつ、これを行わせることについて当該土地所有者等に異議がないときは、都道府県知事は、その行為をした者に対して、同項の工事の全部又は一部を行うことを命ずることができる。

3　第三十九条第五項から第七項までの規定は、前二項の場合について準用する。

　　（立入検査）
第四十三条　都道府県知事は、第二十七条第四項（第二十八条第三項において準用する場合を含む。）、第三十条第一項、第三十五条第一項、第三十六条第一項若しくは第四項、第三十七条第一項、第三十九条第一項から第四項まで又は前条第一項若しくは第二項の規定による権限を行うために必要な限度において、その職員に、当該土地に立ち入り、当該土地又は当該土地において行われている特定盛土等若しくは土石の堆積に関する工事の状況を検査させることができる。

2　第七条第一項及び第三項の規定は、前項の場合について準用する。

3　第一項の規定による立入検査の権限は、犯罪捜査のために認められたものと解してはならない。

　　（報告の徴取）
第四十四条　都道府県知事は、特定盛土等規制区域内の土地の所有者、管理者又は占有者に対して、当該土地又は当該土地において行われている工事の状況について報告を求めることができる。

　　第七章　造成宅地防災区域
第四十五条　都道府県知事は、基本方針に基づき、かつ、基礎調査の結果を踏まえ、この法律の目的を達成するために必要があると認めるときは、宅地造成又は特定盛土等（宅地において行うものに限る。第四十七条第二項において同じ。）に伴う災害で相当数の居住者等に危害を生ずるものの発生のおそれが大きい一団の造成宅地（これに附帯する道路その他の土地を含み、宅地造成等工事規制区域内の土地を除く。）の区域であつて政令で定める基準に該当するものを、造成宅地防災区域として指定することができる。

2　都道府県知事は、擁壁等の設置又は改造その他前項の災害の防止のため必要な措置を講ずることにより、造成宅地防災区域の全部又は一部について同項の指定の事由がなくなつたと認めるときは、当該造成宅地防災区域の全部又は一部について同項の指定を解除するものとする。

3　第十条第二項から第六項までの規定は、第一項の規定による指定及び前項の規定による指定の解除について準用する。

第八章　造成宅地防災区域内における災害の防止のための措置

（災害の防止のための措置）

第四十六条　造成宅地防災区域内の造成宅地の所有者、管理者又は占有者は、前条第一項の災害が生じないよう、その造成宅地について擁壁等の設置又は改造その他必要な措置を講ずるように努めなければならない。

2　都道府県知事は、造成宅地防災区域内の造成宅地について、前条第一項の災害の防止のため必要があると認める場合においては、その造成宅地の所有者、管理者又は占有者に対し、擁壁等の設置又は改造その他同項の災害の防止のため必要な措置をとることを勧告することができる。

（改善命令）

第四十七条　都道府県知事は、造成宅地防災区域内の造成宅地で、第四十五条第一項の災害の防止のため必要な擁壁等が設置されておらず、又は極めて不完全であるために、これを放置するときは、同項の災害の発生のおそれが大きいと認められるものがある場合においては、その災害の防止のため必要であり、かつ、土地の利用状況その他の状況からみて相当であると認められる限度において、当該造成宅地又は擁壁等の所有者、管理者又は占有者（次項において「造成宅地所有者等」という。）に対して、相当の猶予期限を付けて、擁壁等の設置若しくは改造又は地形若しくは盛土の改良のための工事を行うことを命ずることができる。

2　前項の場合において、造成宅地所有者等以外の者の宅地造成又は特定盛土等に関する不完全な工事その他の行為によつて第四十五条第一項の災害の発生のおそれが生じたことが明らかであり、その行為をした者（その行為が隣地における土地の形質の変更であるときは、その土地の所有者を含む。以下この項において同じ。）に前項の工事の全部又は一部を行わせることが相当であると認められ、かつ、これを行わせることについて当該造成宅地所有者等に異議がないときは、都道府県知事は、その行為をした者に対して、同項の工事の全部又は一部を行うことを命ずることができる。

3　第二十条第五項から第七項までの規定は、前二項の場合について準用する。

（準用）

第四十八条　第二十四条の規定は都道府県知事が前条第一項又は第二項の規定による権限を行うため必要がある場合について、第二十五条の規定は造成宅地防災区域内における造成宅地の所有者、管理者又は占有者について準用する。

第九章　雑則

（標識の掲示）

第四十九条　第十二条第一項若しくは第三十条第一項の許可を受けた工事主又は第二十七条第一項の規定による届出をした工事主は、当該許可又は届出に係る土地の見やすい場所に、主務省令で定めるところにより、氏名又は名称その他の主務省令で定める事項を記載した標識を掲げなければならない。

（市町村長の意見の申出）

第五十条　市町村長は、宅地造成等工事規制区域、特定盛土等規制区域及び造成宅地防災区域内にお

ける宅地造成、特定盛土等又は土石の堆積に伴う災害の防止に関し、都道府県知事に意見を申し出ることができる。

（緊急時の指示）
第五十一条　主務大臣は、宅地造成、特定盛土等又は土石の堆積に伴う災害が発生し、又は発生するおそれがあると認められる場合において、当該災害を防止し、又は軽減するため緊急の必要があると認められるときは、都道府県知事に対し、この法律の規定により都道府県知事が行う事務のうち政令で定めるものに関し、必要な指示をすることができる。

（都道府県への援助）
第五十二条　主務大臣は、第十条第一項の規定による宅地造成等工事規制区域の指定、第二十六条第一項の規定による特定盛土等規制区域の指定及び第四十五条第一項の規定による造成宅地防災区域の指定その他この法律に基づく都道府県が行う事務が適正かつ円滑に行われるよう、都道府県に対する必要な助言、情報の提供その他の援助を行うよう努めなければならない。

（主務大臣等）
第五十三条　この法律における主務大臣は、国土交通大臣及び農林水産大臣とする。
2　この法律における主務省令は、主務大臣が共同で発する命令とする。

（政令への委任）
第五十四条　この法律に特に定めるもののほか、この法律によりなすべき公告の方法その他この法律の実施のため必要な事項は、政令で定める。

　　　第十章　罰則
第五十五条　次の各号のいずれかに該当する場合には、当該違反行為をした者は、三年以下の懲役又は千万円以下の罰金に処する。
　一　第十二条第一項又は第十六条第一項の規定に違反して、宅地造成、特定盛土等又は土石の堆積に関する工事をしたとき。
　二　第三十条第一項又は第三十五条第一項の規定に違反して、特定盛土等又は土石の堆積に関する工事をしたとき。
　三　偽りその他不正な手段により、第十二条第一項、第十六条第一項、第三十条第一項又は第三十五条第一項の許可を受けたとき。
　四　第二十条第二項から第四項まで又は第三十九条第二項から第四項までの規定による命令に違反したとき。
2　第十三条第一項又は第三十一条第一項の規定に違反して宅地造成、特定盛土等又は土石の堆積に関する工事の設計をした場合において、当該工事が施行されたときは、当該違反行為をした当該工事の設計をした者（設計図書を用いないで当該工事を施行し、又は設計図書に従わないで当該工事を施行したときは、当該工事施行者（当該工事施行者が法人である場合にあつては、その代表者）又はその代理人、使用人その他の従業者（次項において「工事施行者等」という。））は、三年以下

の懲役又は千万円以下の罰金に処する。

3　前項に規定する違反があつた場合において、その違反が工事主（当該工事主が法人である場合にあつては、その代表者）又はその代理人、使用人その他の従業者（以下この項において「工事主等」という。）の故意によるものであるときは、当該設計をした者又は工事施行者等を罰するほか、当該工事主等に対して前項の刑を科する。

第五十六条　次の各号のいずれかに該当する場合には、当該違反行為をした者は、一年以下の懲役又は三百万円以下の罰金に処する。

一　第十七条第一項若しくは第四項、第十八条第一項、第三十六条第一項若しくは第四項又は第三十七条第一項の規定による申請をせず、又は虚偽の申請をしたとき。

二　第十九条第一項又は第三十八条第一項の規定による報告をせず、又は虚偽の報告をしたとき。

三　第二十三条第一項若しくは第二項、第二十七条第四項（第二十八条第三項において準用する場合を含む。）、第四十二条第一項若しくは第二項又は第四十七条第一項若しくは第二項の規定による命令に違反したとき。

四　第二十四条第一項（第四十八条において準用する場合を含む。）又は第四十三条第一項の規定による検査を拒み、妨げ、又は忌避したとき。

第五十七条　第二十七条第一項又は第二十八条第一項の規定による届出をしないでこれらの規定に規定する工事を行い、又は虚偽の届出をしたときは、当該違反行為をした者は、一年以下の懲役又は百万円以下の罰金に処する。

第五十八条　次の各号のいずれかに該当する場合には、当該違反行為をした者は、六月以下の懲役又は三十万円以下の罰金に処する。

一　第五条第一項の規定による土地の立入りを拒み、又は妨げたとき。

二　第六条第一項に規定する場合において、市町村長の許可を受けないで障害物を伐除したとき、又は都道府県知事の許可を受けないで土地に試掘等を行つたとき。

三　第二十一条第一項若しくは第四項又は第四十条第一項若しくは第四項の規定による届出をせず、又は虚偽の届出をしたとき。

四　第二十一条第三項又は第四十条第三項の規定による届出をしないでこれらの規定に規定する工事を行い、又は虚偽の届出をしたとき。

五　第二十五条（第四十八条において準用する場合を含む。）又は第四十四条の規定による報告をせず、又は虚偽の報告をしたとき。

第五十九条　第四十九条の規定に違反したときは、当該違反行為をした者は、五十万円以下の罰金に処する。

第六十条　法人の代表者又は法人若しくは人の代理人、使用人その他の従業者が、その法人又は人の業務又は財産に関し、次の各号に掲げる規定の違反行為をしたときは、行為者を罰するほか、その法人に対して当該各号に定める罰金刑を、その人に対して各本条の罰金刑を科する。

一　第五十五条　三億円以下の罰金刑

二　第五十六条第三号　一億円以下の罰金刑

三　第五十六条第一号、第二号若しくは第四号又は前三条　各本条の罰金刑

第六十一条　第十六条第二項又は第三十五条第二項の規定に違反して、届出をせず、又は虚偽の届出をした者は、三十万円以下の過料に処する。

附　則　（令和四年五月二七日法律第五五号）　抄
　　（施行期日）

第一条　この法律は、公布の日から起算して一年を超えない範囲内において政令で定める日から施行する。ただし、附則第四条の規定は、公布の日から施行する。

　　（経過措置）

第二条　この法律の施行の際現にこの法律による改正前の宅地造成等規制法（以下この条において「旧法」という。）第三条第一項の規定による指定がされている宅地造成工事規制区域（以下この項及び次項において「旧宅地造成工事規制区域」という。）の区域内における宅地造成に関する工事等の規制については、この法律の施行の日（第三項において「施行日」という。）から起算して二年を経過する日（その日までにこの法律による改正後の宅地造成及び特定盛土等規制法（以下「新法」という。）第十条第四項の規定による公示がされた新法第四条第一項の都道府県の区域内にある旧宅地造成工事規制区域にあっては、当該公示の日の前日）までの間（次項において「経過措置期間」という。）は、なお従前の例による。

2　旧宅地造成工事規制区域の区域内において行われる宅地造成に関する工事について旧法第八条第一項本文（前項の規定によりなお従前の例によることとされる場合を含む。）の許可（経過措置期間の経過前にされた都市計画法（昭和四十三年法律第百号）第二十九条第一項又は第二項の許可を含む。）を受けた者に係る当該許可に係る宅地造成に関する工事の規制については、経過措置期間の経過後においても、なお従前の例による。

3　この法律の施行の際現に旧法第二十条第一項の規定による指定がされている造成宅地防災区域（以下この項において「旧造成宅地防災区域」という。）の指定の効力及び解除並びに旧造成宅地防災区域内における災害の防止のための措置については、施行日から起算して二年を経過する日（その日までに新法第四十五条第三項において準用する新法第十条第四項の規定による公示がされた新法第四条第一項の都道府県の区域内にある旧造成宅地防災区域にあっては、当該公示の日の前日）までの間は、なお従前の例による。

　　（罰則に関する経過措置）

第三条　この法律の施行前にした行為及び前条の規定によりなお従前の例によることとされる場合におけるこの法律の施行後にした行為に対する罰則の適用については、なお従前の例による。

　　（政令への委任）

第四条　前二条に定めるもののほか、この法律の施行に関し必要な経過措置（罰則に関する経過措置

を含む。）は、政令で定める。

　（検討）
第五条　政府は、この法律の施行後五年以内に、新法第十条第一項の宅地造成等工事規制区域及び新法第二十六条第一項の特定盛土等規制区域以外の土地における盛土等の状況その他この法律による改正後の規定の施行の状況等を勘案し、盛土等に関する工事、土砂の管理等に係る規制の在り方について検討を加え、必要があると認めるときは、その結果に基づいて所要の措置を講ずるものとする。

附　　則　（令和四年六月一七日法律第六八号）　抄
　（施行期日）
１　この法律は、刑法等一部改正法施行日から施行する。ただし、次の各号に掲げる規定は、当該各号に定める日から施行する。
　一　第五百九条の規定　公布の日

関 係 通 知
〈保安林関係〉

森林法に基づく保安林及び保安施設地区関係事務に係る処理基準について

平成12年4月27日付け　12林野治第790号
農林水産事務次官から各都道府県知事あて
最終改正：令和3年12月14日付　3林整治第1454号

　地方分権の推進を図るための関係法律の整備等に関する法律（平成11年法律第87号）による森林法（昭和26年法律第249号）の一部改正により、同法に基づき都道府県が行う保安林及び保安施設地区関係事務のうち、民有林の保安林であって同法第25条第1項第1号から第3号までに掲げる目的を達成するためのもの及び国有林の保安林並びに保安施設地区に関する事務が地方自治法（昭和22年法律第67号）第2条第9項第1号に規定する第1号法定受託事務とされたところである（森林法第196条の2参照）。

　これに伴い、森林法に基づく保安林及び保安施設地区関係の法定受託事務について、地方自治法第245条の9第1項の規定に基づく処理基準が、別紙のとおり定められたので、御了知の上、今後は、本基準によりこれらの事務を適正に処理されたい。

　以上、命により通知する。

別紙

森林法に基づく保安林及び保安施設地区関係事務に係る処理基準

　森林法（昭和26年法律第249号。以下「法」という。）第196条の2各号に掲げる法定受託事務の処理については、法令に定めるもののほか、この基準に定めるところによるものとする。

第1　保安林の指定

1　保安林の名称

　法第25条の2第1項の規定に基づき都道府県知事が指定する保安林の名称は次の①から③まで、法第25条の規定に基づき農林水産大臣が指定する保安林の名称は次の①から⑰までに掲げるとおりとし、都道府県知事が本基準に定めるところにより行う事務の処理に当たっては、当該名称を用いるものとする。

①水源かん養保安林
②土砂流出防備保安林
③土砂崩壊防備保安林
④飛砂防備保安林
⑤防風保安林
⑥水害防備保安林
⑦潮害防備保安林
⑧干害防備保安林
⑨防雪保安林

⑩防霧保安林

⑪なだれ防止保安林

⑫落石防止保安林

⑬防火保安林

⑭魚つき保安林

⑮航行目標保安林

⑯保健保安林

⑰風致保安林

2　指定施業要件

　都道府県知事が法第25条の2第1項の規定に基づき行う保安林の指定に伴い定める指定施業要件（法第33条第1項に規定する指定施業要件をいう。以下同じ。）については、森林法施行令（昭和26年政令第276号。以下「令」という。）別表第2に準拠するほか、次によるものとする。

（1）　伐採の方法の基準

　ア　主伐に係るもの

　（ア）　指定施業要件として定める伐採の方法は、別表1により定めるものとする。

　（イ）　伐採をすることができる立木は、標準伐期齢以上のものとする旨を定めるものとする。

　（ウ）　保安林の機能の維持又は強化を図るために樹種又は林相を改良することが必要であり、かつ、当該改良のためにする伐採が当該保安林の指定の目的の達成に支障を及ぼさないと認められるときは、前記（ア）及び（イ）によるほか、これら以外の方法によっても伐採をすることができる旨（以下「伐採方法の特例」という。）を定めることができるものとする。伐採方法の特例は、当該保安林の樹種又は林相を改良する必要が現に生じている場合又はこれが10年以内に生ずると見込まれる場合に限り定め得るものとし、指定の日から10年を超えない範囲内で当該特例の有効期間を定めるものとする。なお、伐採方法の特例のうち伐採種については、択伐とする森林については伐採種を定めないとすることができるものとし、禁伐とする森林については択伐とすることができるものとする。

　（エ）　伐採種は、当該森林の地況、林況等を勘案して、地番の区域又はその部分を単位として定めるものとする。

　イ　間伐に係るもの

　　　間伐の指定は、主伐に係る伐採種を定めない森林、択伐とする森林で択伐林型を造成するため間伐を必要とするもの及び禁伐とする森林で保育のために間伐をしなければ当該保安林の指定の目的を達成することができないものについて定めるものとする。

（2）　伐採の限度の基準

　・　主伐に係るもの

　（ア）　指定施業要件として定める立木の伐採の限度は、指定の目的に係る受益の対象が同一である保安林又はその集団を単位として定めるものとする。

　　　　この場合において、水源かん養保安林について受益の対象が同一である保安林又はそ

の集団とすべき単位区域の範囲は、林野庁長官が別に定める「単位区域概況表」による
ものとし、土砂流出防備保安林についても原則としてこれを用いることとする。なお、
これを用いることが不適当な場合においては、個々に定めるものとする。

(イ)　指定施業要件として定める立木の伐採の限度のうち1伐採年度において皆伐による伐
採をすることができる面積に係るものは、指定施業要件を定めるについて同一の単位と
されている保安林又はその集団のうち当該指定施業要件としてその立木の伐採につき択
伐が指定されている森林及び主伐に係る伐採の禁止を受けている森林以外のものの面積
を令別表第2第2号（一）イに規定する伐期齢に相当する数で除して得た面積（以下
「総年伐面積」という。）に、前伐採年度における伐採につき法第34条第1項の許可をし
た面積が当該前伐採年度の総年伐面積に達していない場合にはその達するまでの部分の
面積を加えて得た面積とする旨を定めるものとする。

(ウ)　令別表第2第2号（一）ロの1箇所当たりの皆伐面積の限度は、原則として、水源かん
ん養保安林及び土砂流出防備保安林（ただし、水源かん養保安林については、急傾斜地
の森林及び保安施設事業の施行地等の森林その他森林施業上当該森林と同一の取り扱い
をすることが適当と認められる森林に限る。）について定めるものとする。

　　なお、当該限度は、水源かん養保安林にあっては20ヘクタール以下、土砂流出防備保
安林にあっては10ヘクタール以下の範囲内において伐採跡地からの土砂の流出の危険
性、急激な疎開による周辺の森林への影響等に配慮して定めるものとする。

(エ)　前記(1)のアの（ウ）により樹種又は林相の改良のために伐採種を定めないものとされ
た保安林に係る1箇所当たりの皆伐面積の限度は、定めないものとする。

(オ)　令別表第2第2号（一）ニの択伐の限度は、伐採の方法として択伐が指定されている
森林及び伐採種を定めない森林に対して適用するものとする。

(カ)　保安林又は保安施設地区の指定後最初に択伐による伐採を行う森林についての択伐率
の算出に用いる係数は、当該森林における標準伐期齢以上の立木の材積が当該森林の立
木の材積の30パーセント（伐採跡地につき植栽によらなければ的確な更新が困難と認め
られる森林につき、保安林又は保安施設地区に指定後最初に択伐による伐採をする場合
には、40パーセント）以上である森林にあっては当該森林の立木度、その他の森林に
あっては当該森林の標準伐期齢以上の立木の材積が当該森林の立木の材積の30パーセン
ト（伐採跡地につき植栽によらなければ的確な更新が困難と認められる森林につき、保
安林又は保安施設地区に指定後最初に択伐による伐採をする場合には、40パーセント）
以上となる時期において推定される立木度とするものとする。この場合において、推定
立木度は、保安林の指定時における当該森林の立木度を将来の成長状態を加味して±10
分の1の範囲内で調整して得たものとする。

　　なお、立木度は、現在の林分蓄積と当該林分の林齢に相応する期待蓄積とを対比して
10分率をもって表すものとする。ただし、蓄積を計上するに至っていない幼齢林分につ
いては蓄積に代えて本数を用いるものとする。

(3)　植栽の基準

　　令別表第2第3号は、立木を伐採した後において現在の森林とおおむね同等の保安機能を有
する森林を再生する趣旨で設けられたものであるから、植栽以外の方法により的確な更新が期

待できる場合には、これを定めないものとする。この場合において、人工造林に係る森林及び森林所有者が具体的な植栽計画を立てている森林については、原則として、定めるものとする。

また、令別表第2第3号三の「経済的利用に資することができる樹種」については、当該保安林の指定目的、地形、気象、土壌等の状況及び樹種の経済的特性等を踏まえて、木材生産に資することができる樹種に限らず、幅広い用途の経済性の高い樹種を定めることができる。

3　指定の手続

法第25条の2第1項の規定に基づき都道府県知事が行う保安林の指定の手続及び法第25条の規定に基づき農林水産大臣が行う保安林の指定に関し都道府県知事が行う手続については、次によるものとする。

(1)　申請書の受理・進達

ア　法第27条第1項に規定する保安林の指定に直接の利害関係を有する者は、次のいずれかに該当する者とする。

(ア)　保安林の指定に係る森林の所有者その他権原に基づきその森林の立木竹又は土地の使用又は収益をする者

(イ)　保安林の指定により直接利益を受ける者又は現に受けている利益を直接害され、若しくは害されるおそれがある者

なお、(イ)における「保安林の指定により直接利益を受ける者」については、別表2を基本的な考え方とし、現地の実態をも踏まえながら適切に対処するものとする。

イ　申請者が当該申請に係る指定に直接の利害関係を有する者であるか否かについては、前記ア及び次に掲げる書類により判断するものとする。

(ア)　当該申請者が当該申請に係る森林の所有者である場合

a　当該申請に係る森林の土地が登記されている場合

(a)　当該申請者が、登記簿に登記された所有権、地上権、貸借権その他の権利の登記名義人(以下「登記名義人」という。)である場合には、登記事項証明書(登記記録に記録されている事項の全部を証明したものに限る。)

(b)　当該申請者が、登記名義人でない場合には、登記事項証明書(登記記録に記録されている事項の全部を証明したものに限る。)及び公正証書、戸籍の謄本又は売買契約書の写しその他当該申請者が当該森林の土地について登記名義人又はその承継人から所有権、地上権、貸借権その他の権利を取得していることを証する書類

b　当該申請に係る森林の土地が登記されていない場合

固定資産課税台帳に基づく証明書その他当該申請者が当該森林の土地について、その上に木竹を所有し、及び育成することにつき正当な権原を有する者であることを証する書類

(イ)　当該申請者が当該申請に係る森林の所有者以外の者である場合

当該申請により森林の保安機能が維持強化又は弱化されることによって、直接利益又は損失を受けることとなる土地、建築物その他の物件(以下「土地等」という。)につ

き権利者であることを証する登記事項証明書その他当該土地等について正当な権原を有する者であることを証する書類

ウ　都道府県知事が、申請を農林水産大臣に進達する場合には、その補正が不適法であって補正することができるものであるときは、直ちにその補正を求め、補正することができないものであるときは、法第27条第3項ただし書の規定により却下するものとする。また、都道府県知事自らが指定の権限を有する保安林の指定申請があった場合には、その申請が不適法であって補正することができるものであるときは、直ちにその補正を求め、補正することができないものであるときは、却下することとする。なお、これらの却下は、申請者に対し、理由を付した書面を送付してするものとする。

(2) 指定に係る調査等

ア　都道府県知事が行う保安林の指定に際しては、実地調査を行うほか適宜の方法により十分な調査を行い、次の書類（様式は林野庁長官が別に定める。）を作成の上、指定の適否を判断するものとする。

① 指定調書
② 指定調査地図
③ 位置図
④ その他必要な書類

イ　都道府県知事が、保安林に指定しようとする区域が1筆の土地の一部であるときは、当該区域の実測図を作成し、又は調査地図に地形地物を表示し、後日において現地を明りょうに確認できるようにしておくものとする。

(3) 保安林予定森林の告示等

ア　法第30条又は第30条の2の規定に基づく掲示の内容は、保安林予定森林の告示の内容に準ずるものとする。

イ　法第30条又は第30条の2の規定に基づく森林所有者等への通知には、次の事項を含めるものとする。

(ア) 同一の単位とされる保安林において伐採年度ごとに皆伐による伐採をすることができる面積（保安林の面積の異動等により変更することがある旨を付記する。）

(イ) 伐採種を定めない森林においてする主伐は、皆伐によることができる旨

(ウ) 標準伐期齢

(エ) 指定施業要件に従って樹種又は林相を改良するために伐採するときは、伐採跡地の植栽について条件を付することがある旨

(オ) その他必要な事項

ウ　保安林予定森林に係る区域が1筆の土地の一部である場合には、法第30条又は第30条の2の規定による通知書に当該部分を明示した図面を添付するものとする。

エ　指定の申請に係る森林について所在場所の名称又は地番の変更があったときにおいて、当該変更が法第30条又は第30条の2の規定による告示がなされる以前であるものであって当該変更前の所在場所の名称又は地番により告示がなされている場合にあっては、当該告示の訂正を行うものとする。

オ　指定目的の変更のためにする指定は、現に定められている指定目的に係る保安林の解除と

同時又は解除前に行うものとする。この場合において、法第30条及び第30条の2の規定による通知書には、指定目的の変更のためにする指定である旨を付記するものとする。

カ　現に保安林に指定されている森林についてその指定の目的以外の目的を達成するため重ねて保安林に指定する場合（以下「兼種保安林の指定」という。）における法第30条及び第30条の2の規定による通知書には、従前の指定目的に新たな目的を追加するための指定である旨を付記するものとする。

キ　保安林の指定の申請に対し、都道府県知事が指定をしない旨の処分をした場合には、遅滞なく申請者に対し指定をしない旨及びその理由を記載した書面を送付して通知するものとする。

ク　保安林予定森林について、事情の変更その他の理由により指定を取り止める場合には、当該保安林予定森林に係る告示、掲示及び通知を取り消すものとする。

(4)　意見の聴取

ア　意見書を提出しようとする者が当該意見書の提出に係る保安林の指定に直接の利害関係を有する者であるか否かの判断は、前記(1)のア及びイによるものとする。

イ　法第32条第1項に規定する意見書は、意見に係る森林及び理由が共通である場合に限り連署して提出することができるものとする。

ウ　都道府県知事は、法第32条第1項の規定に基づき農林水産大臣又は都道府県知事宛てに提出された意見書が、森林法施行規則（昭和26年農林省令第54号。以下「規則」という。）第51条に規定する提出部数が不足するもの、同条に規定する直接の利害を有する者であることを証する書類の添付がないものその他不適法であって補正することができるものであるときは、直ちにその補正を求めるものとする。

エ　都道府県知事は、法第32条第1項の規定に基づき都道府県知事宛てに提出された意見書が、法第32条第1項に規定する期間の経過後に差し出されたものその他不適法であって補正することができないものであるときは、これを却下することとする。なお、当該却下は、意見提出者に対し、理由を付した書面を送付してするものとする。

オ　法第32条第2項の規定に基づき都道府県知事が行う意見の聴取については、規則第52条の規定に準じて行うものとする。

カ　法第32条第3項の通知書には、同項に規定された事項のほか、次の事項を記載する。

（ア）　意見聴取会の開始時期

（イ）　意見書提出者が代理人をして意見の陳述をさせようとするときは、代理人1人を選任し、当該選任に係る代理人の権限を証する書面をあらかじめ提出すべき旨

（ウ）　陳述の時間を制限する必要があるときは、各意見書提出者又はその代理人の陳述予定時間

（エ）　意見聴取会当日には当該通知書を持参すべき旨

キ　法第32条第3項の規定に基づき都道府県知事が行う意見の聴取の期日等の公示は、都道府県公報に掲載してするとともに関係市町村の事務所及び意見の聴取の場所に掲示してするものとする。

(5)　指定の通知

ア　法第33条第3項（同条第6項において準用する場合を含む。）の規定に基づく森林所有者

等への保安林の指定の通知（以下「指定通知」という。）に当たっては、あらかじめ当該指定に係る森林所有者が法第30条又は第30条の2の規定による保安林予定森林の通知をした森林所有者と同一人であるかどうかを確認し、森林所有者に異動があった場合には新森林所有者を通知の相手方とする。

イ　指定通知の内容が法第30条又は第30条の2の規定による保安林予定森林の通知の内容と同一である場合には、森林所有者に異動があった場合を除き、通知書に保安林予定森林についての通知の内容と同一である旨を記載すれば足りるものとする。

ウ　指定に係る森林が1筆の土地の一部である場合には、指定通知に当該部分を明示した図面を添付するものとする。ただし、森林所有者に異動があった場合を除き、当該区域が保安林予定森林の区域と同一である場合には、この限りでない。

エ　指定目的の変更のためにする指定及び兼種保安林の指定に係る指定通知については、前記(3)のオ及びカを準用するものとする。

第2　保安林の解除

1　解除の要件

法第26条の2第1項又は第2項の規定に基づき都道府県知事が行う保安林の解除の要件は次のとおりとする。

(1)　指定の理由の消滅

法第26条の2第1項に規定する「指定の理由が消滅したとき」とは、次の各号のいずれかに該当するときとするものとする。

ア　受益の対象が消滅したとき

イ　自然現象等により保安林が破壊され、かつ、森林に復旧することが著しく困難と認められるとき

ウ　当該保安林の機能に代替する機能を果たすべき施設等が設置されたとき又はその設置が極めて確実と認められるとき

エ　森林施業を制限しなくても受益の対象を害するおそれがないと認められるとき

(2)　公益上の理由

法第26条の2第2項に規定する「公益上の理由により必要が生じたとき」とは、保安林を次に掲げる事業の用に供する必要が生じたときとするものとする。

ア　土地収用法（昭和26年法律第219号）その他の法令により土地を収用し又は使用できることとされている事業のうち、国等（国、地方公共団体、地方公共団体の組合、独立行政法人、地方独立行政法人、地方住宅供給公社、地方道路公社及び土地開発公社をいう。以下同じ。）が実施するもの

イ　国等以外の者が実施する事業のうち、別表3に掲げる事業に該当するもの

ウ　ア又はイに準ずるもの

(3)　転用を目的とする解除

前記(1)又は(2)による解除のうち、保安林を森林以外の用途に供すること（以下「転用」という。）を目的とするものについては、それぞれ次のア又はイに掲げる要件を備えなければならないものとする。

なお、保安林は、制度の趣旨からして森林以外の用途への転用を抑制すべきものであり、転用のための保安林の解除に当たっては、保安林の指定の目的並びに国民生活及び地域社会に果たすべき役割の重要性に鑑み、地域における森林の公益的機能が確保されるよう森林の保全と適正な利用との調整を図る等厳正かつ適切な措置を講ずるとともに、当該転用が保安林の有する機能に及ぼす影響の少ない区域を対象とするよう努めるものとする。

ア　「指定の理由の消滅」による解除

　（ア）　級地区分

　　　　　別表4の第1級地に該当する保安林については、原則として、解除は行わないものとする。同表の第2級地に該当する保安林については、地域における保安林の配備状況等及び当該転用の目的、態様、規模等を考慮の上、やむを得ざる事情があると認められ、かつ、当該保安林の指定の目的の達成に支障がないと認められる場合に限って転用に係る解除を行うものとする。

　（イ）　用地事情

　　　　　保安林の転用の目的に係る事業又は施設の設置（以下第2及び別紙において「事業等」という。）による土地利用が、その地域における公的な各種土地利用計画に即したものであり、かつ、当該転用の目的、その地域における土地利用の状況等からみて、その土地以外に他に適地を求めることができないか、又は著しく困難であること。ただし、都道府県（地方公営企業（地方公営企業法（昭和27年法律第292号）第2条の地方公営企業をいう。）を含む。）が事業主体となり製造場を整備する事業で、保安林の指定の解除を伴うもの（以下「製造場整備事業」という。）のうち、次の各号に掲げる要件を満たすものについては、これを適用しないものとする。この場合において、都道府県知事は、保安林の指定を解除したときは、製造場整備事業の事業区域（以下「整備事業区域」という。）内において残置し、又は造成した森林を保安林に指定するものとし、法第25条第1項の規定に基づく保安林の指定が必要なときには、法第27条第1項の規定に基づき農林水産大臣に申請するものとする。

　　　a　製造場整備事業が、公的な計画に位置付けられた重要分野に係るものであり、かつ、その地域における公的な各種土地利用計画に即したものであること。

　　　b　製造場整備事業が、既に整備された製造場（以下「既存製造場」という。）を拡張するものであり、かつ、製造場整備事業により新たに整備される製造場で実施される事業が既存製造場で実施されている事業（以下「既存事業」という。）と一体的に実施されるものであること。

　　　c　事業環境の変化等により、既存事業を整備事業区域内において拡張する必要があること。

　　　d　整備事業区域の主たる区域が、保安林以外であること。

　　　e　既存事業の事業区域に隣接した土地に保安林以外の利用可能な土地がある場合は、当該土地を優先して利用する計画に基づいて実施されるものであること。

　　　f　整備事業区域が、既存事業の主要な施設が存する区域に隣接していること。

　　　g　整備事業区域において残置し、又は造成する森林の面積の割合が、同区域の面積の35%以上確保されるものであること。

（ウ）　面積保安林の転用に係る土地の面積が、次に例示するように当該転用の目的を実現する上で必要最小限度のものであること。

   a　転用により設置しようとする施設等について、法令等により基準が定められている場合には、当該基準に照らし適正であること。

   b　大規模、かつ、長期にわたる事業等のための転用に係る解除の場合には、当該事業等の全体計画及び期別実施計画が適切なものであり、かつ、その期別実施計画に係る転用面積が必要最小限度のものであること。

（エ）　実現の確実性

   次の事項のすべてに該当し、申請に係る事業等を行うことが確実であること。

   a　事業等に関する計画の内容が具体的であり、当該計画どおり実施されることが確実であること。

   b　事業等を実施する者（以下第2において「事業者」という。）が当該保安林の土地を使用する権利を取得しているか、又は取得することが確実であること。

   c　事業者が事業等を行うため当該保安林と併せて使用する土地がある場合において、その土地を使用する権利を取得しているか、又は取得することが確実であること。

   d　b及びcの土地の利用、又は事業等について、法令等による許認可等を必要とする場合には、当該許認可等がなされているか、又はなされることが確実であること。

   e　事業者に当該事業等を遂行するのに十分な信用、資力及び技術があることが確実であること。

（オ）　利害関係者の意見

   転用の目的を実現するため保安林を解除することについて、当該保安林の解除に利害関係を有する市町村の長の同意及びその解除に直接の利害関係を有する者の同意を得ているか又は得ることができると認められるものであること。

（カ）　その他の満たすべき基準

   a　転用に係る保安林の指定の目的の達成に支障のないよう、転用に伴って失われる当該保安林の機能に代替する機能を果たすべき施設（以下「代替施設」という。）の設置等の措置が講じられたか、又は確実に講じられること。

     この場合において、代替施設には、当該転用に伴って土砂が流出し、崩壊し、又は堆積することにより、付近の農地、森林その他の土地若しくは道路、鉄道その他これらに準ずる設備又は住宅、学校その他の建築物に被害を与えるおそれがある場合における当該被害を防除するための施設を含むものとする。

   b　当該事業等が別紙に示す基準に適合するものであること。

   c　転用に係る保安林の面積が5ヘクタール以上である場合又は事業者が所有権その他の当該土地を使用する権利を有し事業等に供しようとする区域内の森林の面積に占める保安林の面積の割合が10パーセント以上である場合（転用に係る保安林の面積が1ヘクタール未満の場合を除く。）であって、水資源のかん養又は生活環境の保全形成等の機能を確保するため代替保安林の指定を必要とするものにあっては、原則として、当該転用に係る面積以上の代替保安林とすべき森林が確保されるものであること。

イ 「公益上の理由」による解除

① 国等が行う事業による転用の場合

（ア） 級地区分

別表4の第1級地については、転用の態様、規模等からみて国土の保全等に支障がないと認められるものを除き、原則として、解除は行わないものとする。

同表の第2級地については、前記アの（ア）と同様とする。

（イ） 用地事情

前記アの（イ）と同様とする。

（ウ） 面積

前記アの（ウ）と同様とする。

（エ） 実現の確実性

前記アの（エ）のaからdまでの事項のすべてに該当し、申請に係る事業等を行うことが確実であること。

（オ） その他の満たすべき基準

前記アの（カ）に準じた措置が講じられるものであること。

② ①以外の場合

（ア） 級地区分

前記①の（ア）と同様とする。

（イ） 用地事情

前記アの（イ）と同様とする。

（ウ） 面積

前記アの（ウ）と同様とする。

（エ） 実現の確実性

前記アの（エ）と同様とする。

（オ） 利害関係者の意見

前記アの（オ）と同様とする。

（カ） その他の満たすべき基準

前記アの（カ）に準じた措置が講じられるものであること。

2 解除の手続

法第26条の2の規定に基づき都道府県知事が行う保安林の解除の手続及び法第26条の規定に基づき農林水産大臣が行う保安林の解除に係り都道府県知事が行う手続については、次によるものとする。

(1) 申請書の受理・進達

ア 法第27条第1項に規定する保安林の解除に直接の利害関係を有する者は、次のいずれかに該当する者とする。

（ア） 保安林の解除に係る森林の所有者その他権原に基づきその森林の立木竹又は土地の使用又は収益をする者

（イ） 保安林の解除により直接利益を受ける者又は現に受けている利益を直接害され、若しくは害されるおそれがある者

なお、(イ)における「保安林の解除により現に受けている利益を直接害され、若し
　　くは害されるおそれがある者」については、別表2を基本的な考え方とし、現地の実態
　　をも踏まえながら適切に対処するものとする。

イ　申請者が当該申請に係る解除に直接の利害関係を有する者であるか否かの判断は、前記ア
　　及び第1の3の(1)のイに掲げる書類により判断するものとする。

ウ　申請書に添付する転用の目的に係る事業又は施設に関する計画書は、次の事項を記載した
　　書類、転用に係る区域及びそれに関連する区域並びにそれらの区域内に設置される施設の配
　　置図、縦横断面図その他実施設計に関する図面並びに土量計算等に関する書類とし、これら
　　の書類が添付されていない場合には、遅滞なく、申請者にその補正を求めるものとする。
　　(ア)　転用の目的に係る事業又は施設の名称
　　(イ)　事業者の氏名(法人及び法人でない団体にあっては名称及び代表者の氏名)及び住所
　　　　　(法人にあっては本店又は主たる事務所の所在地とし、法人でない団体にあっては代表
　　　　　者の住所とする。)
　　(ウ)　事業等の用に供するため当該保安林を選定した事由
　　(エ)　事業等を実施する者が当該保安林の土地を使用する権利の種類及び当該権利の取得の
　　　　　状況
　　(オ)　事業等に要する資金の総額及びその調達方法
　　(カ)　事業等に要する経費の項目(用地費、土木工事費、建築工事費、諸掛費等)ごとの員
　　　　　数、単価、金額及びその内訳
　　(キ)　事業等に関する工事を開始する予定の日、当該工事の工程並びに当該工事により設置
　　　　　される施設の種類、規模、構造及び所在
　　(ク)　その他参考となるべき事項

エ　申請書に添付する代替施設の設置に関する計画書は、次の事項を記載した書類及び代替施
　　設の配置図、縦横断面図その他実施設計に関する図面とし、これらの書類が添付されていな
　　い場合には、遅滞なく、申請者にその補正を求めるものとする。
　　なお、申請者が転用に伴って当該保安林の機能が失われないとして代替施設の設置に関す
　　る計画書を添付しない場合において、審査の結果当該書類を添付する必要があると認めると
　　きは、遅滞なくその提出を求めて補正させるものとする。
　　(ア)　代替施設を設置する土地を使用する権利の種類及び取得の状況
　　(イ)　代替施設の設置に要する資金の総額及びその調達方法
　　(ウ)　代替施設の設置に要する経費の項目(用地費、土木工事費、建築工事費、諸掛費等)
　　　　　ごとの員数、単価、金額及びその内訳
　　(エ)　代替施設に関する工事を開始する予定の日、当該工事の工程並びに代替施設の種類、
　　　　　規模、構造及び所在
　　(オ)　その他参考となるべき事項

オ　事業等及び代替施設の設置について行政庁の免許、許可、認可その他の処分(以下「許認
　　可」という。)を必要とする場合の添付書類は、次によるものとし、これらの書類が添付さ
　　れていない場合には、遅滞なく、申請者にその補正を求めるものとする。
　　(ア)　行政庁の許認可に係る申請の状況を記載した書類は、次のとおりとする。

　　　　a　申請中の許認可については、許認可の種類、申請先行政庁及び申請年月日を記載した書類
　　　　b　まだ申請していない許認可については、許認可の種類、申請先行政庁及び申請予定時期を記載した書類
　　（イ）　許認可があったことを確認する書類は、当該許認可を行った行政庁が発行した証明書又は許認可の写しとする。
　カ　ウからオまでに掲げるもののほか、都道府県知事が、申請を農林水産大臣に進達する場合には、その申請が不適法であって補正することができるものであるときは、直ちに補正を求め、補正することができないものであるときは、法第27条第3項ただし書の規定により却下するものとする。また、都道府県知事自らが指定の権限を有する保安林の指定の解除申請があった場合には、その申請が不適法であって補正することができるものであるときは、直ちにその補正を求め、補正することができないものであるときは、却下することとする。なお、これらの却下は、申請者に対し、理由を付した書面を送付してするものとする。

(2)　解除に係る調査等
　　都道府県知事が行う保安林の解除に係る調査等については、前記第1の3の(2)を準用するものとする。

(3)　解除予定保安林の告示等
　　解除予定保安林の告示等については、前記第1の3の(3)（イ、オ及びカを除く。）を準用するものとする。この場合において、「保安林予定森林」とあるのは「解除予定保安林」と読み替えるものとする。

(4)　意見の聴取
　ア　意見書を提出しようとする者が当該意見書の提出に係る保安林の解除に直接の利害関係を有する者であるか否かの判断は、前記(1)のイを準用するものとする。
　イ　アのほか、意見の聴取については、前記第1の3の(4)（アを除く。）を準用するものとする。

(5)　代替施設の設置等の確認
　　都道府県知事は、ア又はイの転用に係る解除予定保安林について、法第30条の2第1項の告示の日から40日を経過した後（法第32条第1項の意見書の提出があったときは、これについて同条第2項の意見の聴取を行い、法第30条の2第1項に基づき告示した内容を変更しない場合に限る。）に、事業者に対し、代替施設の設置等を速やかに講じるよう指導するとともに、当該施設の設置等が講じられたか、又は確実に講じられることについて確認を行うものとする。ただし、製造場整備事業が、次の各号に掲げる要件を満たすことを都道府県知事が確認したときは、当該確認を要せず、代替施設の設置等を速やかに講じるよう指導するものとする。
①　主要な代替施設（都道府県知事に事前に協議した代替施設のうち、その主要部分を構成する排水施設、流出土砂貯留施設、洪水調整施設等のことをいう。以下同じ。）の設置が完了していること。
②　主要な代替施設以外の代替施設に関する工事の完了期日が明らかであること。
③　主要な代替施設以外の代替施設に関する工事の完了までの間に、製造場整備事業の実施に伴う土砂の流出又は崩壊その他の災害の防止、周辺の環境保全等についての措置が適切に講

じられることが明らかであること。
④　主要な代替施設以外の代替施設に関する工事の完了までの間に、製造場整備事業の実施に伴う土砂の流出又は崩壊その他の災害、周辺の環境を著しく悪化させる事象等が生じた場合、都道府県知事に報告を行うとともに、復旧作業等が適切に講じられる体制が構築されていること。
⑤　主要な代替施設以外の代替施設が設置されなかった場合、解除区域において保安林の機能を回復させる措置が講じられることが明らかであること。
　　　また、法第32条第2項の意見の聴取を行い、法第30条の2第1項に基づき告示した内容を変更する場合には、法第30条の2第1項に基づき改めて告示を行うなどの手続きを行うことが必要であり、事業者に対し、代替施設の設置等に着手しないよう指導するものとする。
ア　法第26条の2第1項の規定による解除
イ　法第26条の2第2項の規定による解除であって令第2条の3に規定する規模を超え、かつ、法第10条の2第1項第1号から第3号までに該当しないもの
(6)　解除の告示等
ア　転用を目的とする解除に係る法第33条第6項において準用する同条第1項の規定による解除の告示は、前記(5)の確認を了した後に行うものとする。
イ　法第33条第3項（同条第6項において準用する場合を含む。）の規定に基づく森林所有者等への保安林の解除の通知（以下「解除通知」という。）については、前記第1の3の(5)（エを除く。）を準用するものとする。この場合において、「指定通知」とあるのは「解除通知」と、「保安林予定森林」とあるのは「解除予定保安林」と読み替えるものとする。

第3　保安林の指定施業要件の変更

法第33条の2及び第33条の3の規定に基づく保安林の指定施業要件の変更に関する事務については、次によるものとする。
1　指定施業要件の変更を行う場合
(1)　災害の発生等に伴い保安林に係る指定施業要件を変更しなければ当該保安林の指定の目的を達成することができないと認められるに至った場合又は指定施業要件として植栽の方法、期間及び樹種が定められていない保安林において植栽が行われた場合には、法第33条の2第2項の申請がなくても、同条第1項の規定に基づく指定施業要件の変更を遅滞なく行うものとする。
(2)　指定施業要件として植栽が定められている保安林については、法第34条第2項の許可を伴う場合であって保安機能の維持上問題がないと認められるときは、当該指定施業要件を変更し、当該許可の際に条件として付した行為の期間内に限り植栽することを要しない旨を当該指定施業要件とすることができるものとする。
2　指定施業要件の変更の手続
(1)　申請書の受理・進達
　　　法第33条の2第2項並びに第33条の3において準用する第27条第2項及び第3項の規定に基づく指定施業要件の変更に係る申請書の受理・進達については、前記第1の3の(1)を準用するものとする。
(2)　指定施業要件の変更に係る調査等

都道府県知事が行う保安林の指定施業要件の変更に係る調査等については、前記第1の3の(2)を準用するものとする。

(3) 指定施業要件変更予定保安林の告示等

法第33条の3において準用する第30条及び第30条の2の規定に基づく指定施業要件変更予定保安林の告示等については、前記第1の3の(3)（オ及びカを除く。）を準用するものとする。この場合において、「保安林予定森林」とあるのは「指定施業要件変更予定保安林」と読み替えるものとする。

(4) 意見の聴取

法第33条の3において準用する第32条の規定に基づく意見の聴取については、前記第1の3の(4)を準用するものとする。

(5) 指定施業要件の変更の通知

法第33条の3において準用する第33条第3項（同条第6項において準用する場合を含む。）の規定に基づく森林所有者等への保安林の指定施業要件の変更の通知（以下「指定施業要件変更通知」という。）については、前記第1の3の(5)（ㇸを除く。）を準用するものとする。この場合において、「指定通知」とあるのは「指定施業要件変更通知」と、「保安林予定森林」とあるのは「指定施業要件変更予定保安林」と読み替えるものとする。

第4　保安林における制限

1　立木の伐採の許可

法第34条第1項の規定に基づく保安林における立木の伐採の許可については、次によるものとする。

(1) 皆伐面積の限度の算定

令別表第2第2号（一）イの皆伐面積の限度を算出する基礎となる伐期齢は、指定施業要件において植栽の樹種が定められている森林にあっては当該樹種の標準伐期齢とし、それ以外の森林にあっては更新期待樹種の標準伐期齢とするものとする。

ただし、同一の単位とされる保安林に樹種が2以上ある場合には、次式によって算出して得た平均年齢とし、当該年齢は整数にとどめ小数点以下は四捨五入するものとする。

$$u = au_1 + bu_2 + cu_3 + \cdots\cdots$$

$u\cdots\cdots\cdots\cdots\cdots$：平均年齢

$u_1、u_2、u_3\cdots\cdots\cdots$：各樹種の標準伐期齢

$a、b、c\cdots\cdots\cdots\cdots$：各樹種の期待占有面積歩合

(2) 許可申請の適否の判定

ア　令別表第2第1号（一）ロの択伐とは、森林の構成を著しく変化させることなく逐次更新を確保することを旨として行う主伐であって、次に掲げるものとする。

（ア）　伐採区域の立木をおおむね均等な割合で単木的に選定してする伐採又は10m未満の幅で帯状に選定してする伐採

（イ）　樹群を単位とする伐採で当該伐採によって生ずる無立木地の面積が0.05ヘクタール未

満であるもの

イ　令別表第2第1号（二）イの樹冠疎密度は、その森林の区域内における平均の樹冠疎密度を示すものではなく、その森林の区域内においてどの部分に20メートル平方の区域をとったとしても得られる樹冠疎密度とするものとする。

ウ　令別表第2第2号（一）ロの1箇所とは、立木の伐採により生ずる連続した伐採跡地（連続しない伐採跡地があっても、相隣する伐採跡地で当該伐採跡地間の距離（当該伐採跡地間に介在する森林（未立木地を除く。）又は森林以外の土地のそれぞれについての距離をいう。）が20メートル未満に接近している部分が20メートル以上にわたっているものを含む。）をいう。ただし、形状が一部分くびれている伐採跡地でそのくびれている部分の幅が20メートル未満であり、その部分の長さが20メートルにわたっているものを除く。なお、形状が細長い伐採跡地であらゆる部分の幅が20メートル未満であるもの及びその幅が20メートル以上の部分があってもその部分の長さが20メートル未満であるものについては、令別表第2第2号（一）ロの規定は適用されないものとする。

エ　規則第56条第1項の「前回の択伐」には、規則第60条第1項第1号から第9号までに掲げる伐採は含まれないものとする。

オ　規則第56条第1項の「前回の択伐を終えたときの当該森林の立木の材積」が不明である場合には、同項の択伐率は、当該森林の年成長率（年成長率が不明な場合には、当該伐採年度の初日におけるその森林の立木の材積に対する当該森林の総平均生長量の率）に前回の択伐の終わった日を含む伐採年度から伐採をしようとする前伐採年度までの年度数を乗じて算出するものとする。

カ　国有林の保安林の立木で主伐をすることのできるものは、当該国有林の所在する市町村における当該国有林の近傍類似の民有林の当該樹種に係る標準伐期齢以上のものとする。

キ　伐採跡地に点在する残存木又は点生する上木の伐採は、間伐に該当する場合を除き皆伐による伐採として取り扱うものとし、その面積は伐採する立木の占有面積とするものとする。

ク　許可に係る伐採の方法が前記第1の2の(1)のアの（ウ）の伐採方法の特例に該当する場合は、当該保安林の指定の目的の達成に支障を及ぼさないと認められるときに限り許可をするものとする。ただし、許可に条件を付することによって支障を来さないこととなる場合は、この限りでない。

(3)　許可申請の処理

ア　法第34条第1項に規定する立木の伐採の許可の申請があったときは、実地調査を行うほか適宜の方法により十分な調査を行い、申請が不適法であって、補正することができるものであるときは、直ちにその補正を求め、補正することができないものであるときは、申請者に対し理由を付した書面を送付して却下するものとする。

イ　令第4条の2第5項の規定による通知は、決定通知書を送付してするものとし、不許可の通知に当たっては、不許可の理由を付するものとする。

ウ　許可申請に係る立木の伐採行為について他の法令により行政庁の許認可を必要とする場合であって、当該許認可がなされる前に許可したときは、当該許認可を必要とする旨その他必要な事項を許可の通知書に付記するものとする。

(4)　許可の条件

法第34条第6項の規定に基づき立木の伐採の許可に付する条件は、次によるものとする。

ア　伐採の期間については、必ず条件を付する。

イ　伐採木を早期に搬出しなければ森林病害虫が発生し若しくはまん延するおそれがある場合又は豪雨等により受益の対象に被害を与えるおそれがある場合その他公益を害するおそれがある場合には、搬出期間について条件を付する。

ウ　土しゅら、地びきその他特定の搬出方法によることを禁止しなければ、立木の生育を害し又は土砂を流出若しくは崩壊させるおそれがある場合には、禁止すべき搬出方法について条件を付する。

エ　当該伐採の方法が前記第1の2の(1)のアの（ウ）の伐採方法の特例に該当するものであって前記(2)のクのただし書に該当する場合には当該条件を、当該伐採跡地につき植栽によらなければ樹種又は林相を改良することが困難と認められる場合には植栽の方法、期間及び樹種について条件を付する。

(5)　縮減

ア　皆伐による立木の伐採の許可申請（2月1日の公表に係るものを除く。）について、令第4条の3第1項第1号の規定により縮減するに当たり、令第4条の2第4項の残存許容限度が当該申請に係る森林の森林所有者等が同一の単位とされる保安林等において森林所有者となっている森林の年伐面積の限度の合計に満たない場合には、当該合計に対する残存許容限度の比率を森林所有者の年伐面積に乗じて得た面積を令第4条の3第1項第1号の年伐面積とみなして計算するものとする。

イ　令第4条の3第1項第4号の規定による縮減は、少なくとも次の事項を考慮して行うものとする。

（ア）　当該箇所に係る申請が1である場合には、保安機能が高い部分の立木を残存させること。

（イ）　当該箇所に係る申請が2以上ある場合には、申請面積に応じてすること。ただし、保安上の影響の差が明白な場合にはこれを考慮すること。

(6)　届出の処理

ア　法第34条第8項又は第9項の届出があったときは、実地調査を行うほか適宜の方法により十分な調査を行い、届出が不適法であって、補正することができるものであるときは、直ちにその補正を求め、補正することができないものであるときは、届出者に対し理由を付した書面を送付して却下するものとする。

イ　許可の条件として付した期間が経過したとき（立木の伐採について法第34条第8項の届出がなされている場合を除く。）は、実地調査を行うほか適宜の方法により十分な調査を行い、申請に係る行為がなされたかどうか確認するものとし、立木の伐採について法第34条第8項の届出がなされていない場合は、許可を受けた者に対し届出をするよう勧告するものとする。

ウ　択伐による立木の伐採がなされた場合には、当該択伐を終えたときの当該森林の立木の材積を把握し、当該材積を保安林台帳に記載すること。

2　土地の形質の変更等の許可

法第34条第2項の規定に基づく保安林における土地の形質の変更等の許可については、次によ

るものとする。

(1) 土地の形質を変更する行為

　　法第34条第2項の「土砂若しくは樹根の採掘」には、砂、砂利又は転石の採取を含むものとする。

　　また、同項の「その他の土地の形質を変更する行為」は、例示すれば次に掲げるとおりである。

ア　鉱物の採掘

イ　宅地の造成

ウ　土砂捨てその他物件の堆積

エ　建築物その他の工作物又は施設の新築又は増築

オ　土壌の理学的及び化学的性質を変更する行為その他の植生に影響を及ぼす行為

(2) 許可申請の適否の判定

ア　申請に係る行為が次のいずれかに該当する場合には、法第34条第2項の許可をしないものとする。

　　ただし、解除予定保安林において、法第30条又は第30条の2の告示の日から40日を経過した後（法第32条第1項の意見書の提出があったときは、これについて同条第2項の意見の聴取を行い、法第29条に基づき通知した内容が変更されない場合又は法第30条の2第1項に基づき告示した内容を変更しない場合に限る。）に当該解除に係る事業等及び代替施設の設置に関する計画書の内容に従い行う場合並びに別表5に掲げる場合は、この限りでない。

(ア)　立竹の伐採については、当該伐採により当該保安林の保安機能の維持に支障を及ぼすおそれがある場合

(イ)　立木の損傷については、当該損傷により立木の生育を阻害し、そのため保安林の指定目的の達成に支障を及ぼすおそれがある場合

(ウ)　下草、落葉又は落枝の採取については、当該採取により土壌の生成が阻害され、又は土壌の理学性が悪化若しくは土壌が流亡する等により当該保安林の保安機能の維持に支障を及ぼすおそれがある場合

(エ)　家畜の放牧については、当該放牧により立木の生育に支障を及ぼし又は土砂が流出し若しくは崩壊し、そのため当該保安林の保安機能の維持に支障を及ぼすおそれがある場合

(オ)　土石又は樹根の採掘については、当該採掘（鉱物の採掘に伴うものを含む。）により立木の生育を阻害するか又は土砂が流出し、若しくは崩壊しそのため当該保安林の保安機能の維持に支障を及ぼすおそれがある場合。ただし、当該採掘による土砂の流出又は崩壊を防止する措置が講じられる場合において、2年以内に当該採掘跡地に造林が実施されることが確実と認められるときを除く。

(カ)　開墾その他の土地の形質を変更する行為については、農地又は宅地の造成、道路の開設又は拡幅、建築物その他の工作物又は施設の新設又は増設をする場合、一般廃棄物又は産業廃棄物の堆積をする場合及び土砂捨てその他物件の堆積により当該保安林の保安機能の維持に支障を及ぼすおそれがある場合

イ　申請に係る行為を行うに際し当該行為をしようとする区域の立木を伐採する必要がある場

合で、当該立木の伐採につき法第34条第1項の許可を要するときに当該許可がなされていないときは、許可しないものとする。

(3) 許可申請の処理

ア　法第34条第2項の許可の申請があったときは、実地調査を行うほか適宜の方法により十分な調査を行い、申請が不適法であって、補正することができるものであるときは、直ちにその補正を求め、補正することができないものであるときは、申請者に対し理由を付した書面を送付して却下するものとする。

イ　法第34条第2項の許可の申請に対する許可又は不許可の通知は、書面により行うものとし、不許可の場合は当該不許可の理由を付するものとする。

ウ　許可申請に係る立竹の伐採その他の行為について他の法令により行政庁の許認可を必要とする場合であって、当該許認可がなされる前に許可したときは、当該許認可を必要とする旨その他必要な事項を通知書に付記するものとする。

(4) 許可の条件

法第34条第6項の規定に基づき土地の形質の変更等の行為の許可について付する条件は、次によるものとする。

ア　行為の期間については、次により必ず条件を付する。

(ア)　前記(2)のアのただし書に該当しない行為

a　当該保安林について指定施業要件として植栽の期間が定められている場合は、原則として当該期間内に植栽することが困難にならないと認められる範囲内の期間とする。

b　当該保安林について指定施業要件として植栽の期間が定められていない場合は、下草、落葉又は自家用薪炭の原料に用いる枝若しくは落枝の採取、一時的な農業利用及び家畜の放牧にあってはそれらの行為に着手する時から5年以内の期間、それら以外にあっては行為に着手する時から2年以内の期間とする。

(イ)　解除予定保安林において当該解除に係る事業等及び代替施設の設置に関する計画書の内容に従い行う行為については、当該計画書に基づき行為に着手する時から完了するまでの期間とする。

(ウ)　別表5に掲げる行為

a　当該保安林について指定施業要件として植栽の期間が定められている場合は、原則として当該期間内に植栽することが困難にならないと認められる範囲内の期間とする。

b　当該保安林について指定施業要件として植栽の期間が定められていない場合は、別表5の1及び2にあっては、当該行為に着手する時から5年以内の期間又は当該施設の使用が終わるまでの期間のいずれか短い期間とし、別表5の3及び4にあっては、当該施設の使用又は当該行為が終わるまでの期間とする。

イ　行為終了後、施設等の廃止又は撤去後、植栽によらなければ的確な更新が困難と認められる場合（指定施業要件として植栽が定められている場合を除く。）には、植栽の方法、期間及び樹種について条件を付する。

ウ　家畜の放牧、土石又は樹根の採掘その他土地の形質を変更する行為に起因して、土砂が流

出し、崩壊し、若しくは堆積することにより付近の農地、森林その他の土地若しくは道路、鉄道その他これらに準ずる設備又は住宅、学校その他の建築物に被害を与えるおそれがある場合には、当該被害を防除するための施設の設置その他必要な措置について条件を付する。なお、当該行為が解除予定保安林において当該解除に係る事業等及び代替施設の設置に関する計画書の内容に従って行われるものである場合に付する条件の内容は、当該計画書に基づいて定めるものとする。

(5) 届出の処理

法第34条第9項の届出があったときは、実地調査を行うほか適宜の方法により十分な調査を行い、届出が不適法であって、補正することができるものであるときは、直ちにその補正を求め、補正することができないものであるときは、届出者に対し理由を付した書面を送付して却下するものとする。

3 立木の伐採の許可及び土地の形質の変更等の許可を要しないものの範囲

規則第60条第1項第1号及び第63条第1項第1号の保安施設事業、砂防工事、地すべり防止工事及びぼた山崩壊防止工事には、当該事業又は工事の実施上必要な材料の現地における採取又は集積、材料の運搬等のための道路の開設又は改良その他の附帯工事を含むものとする。

第5 監督処分

法第38条の規定に基づく監督処分については、次によるものとする。

1 監督処分を行うべき場合

(1) 法第38条第1項又は第2項の中止命令は、立木竹の伐採その他の行為が法第34条第1項又は第2項の許可を受けずに行われた場合のほか、当該行為が同条第1項若しくは第2項の許可の内容若しくは許可に付した条件に違反していると認められる場合、同条第1項第6号若しくは第2項第4号の規定に該当するものでないと認められる場合又は偽りその他不正な手段により同条第1項若しくは第2項の許可を受けたものと認められる場合に行うものとする。

(2) 法第38条第1項又は第3項の造林命令は、立木の伐採が法第34条第1項の許可を受けずに行われた場合のほか、立木の伐採が、同項の許可の内容若しくは許可に付した条件に違反していると認められる場合、同項第6号の規定に該当するものでないと認められる場合若しくは偽りその他不正な手段により同項の許可を受けたものと認められる場合又は法第34条の2第1項の届出をせずに行われた場合であって、造林によらなければ当該伐採跡地につき的確な更新が困難と認められる場合に行うものとする。ただし、違反者が自発的に当該伐採跡地について的確な更新を図るため必要な期間、方法及び樹種により造林をしようとしている場合はこの限りでない。

(3) 法第38条第2項の復旧命令は、立竹の伐採その他の行為が法第34条第2項の許可を受けずに行われた場合のほか、当該行為が、同項の許可の内容若しくは許可に付した条件に違反していると認められる場合、同項第4号の規定に該当するものでないと認められる場合又は偽りその他不正な手段により同項の許可を受けたものと認められる場合であって、当該違反行為に起因して、当該保安林の機能が失われ、若しくは失われるおそれがある場合又は土砂が流出し、崩壊し、若しくは堆積することにより付近の農地若しくは森林その他の土地、道路若しくは鉄道その他これらに準ずる設備若しくは住宅若しくは学校その他の建築物に被害を与えるおそれが

ある場合に行うものとする。

(4) 法第38条第4項の植栽命令は、指定施業要件として植栽の方法、期間及び樹種が定められている保安林において立木の伐採が行われ、当該植栽期間が満了した後も当該指定施業要件の定めるところに従って植栽が行われていない場合に行うものとする。

2 監督処分を行うべき時期

中止命令及び植栽命令は違反行為を発見したとき、造林命令及び復旧命令は当該命令を行う必要があると認めるとき、それぞれ遅滞なく行うものとする。

3 監督処分の内容

(1) 造林命令の内容は、当該保安林について指定施業要件として植栽の方法、期間及び樹種が定められている場合はその定められたところによるものとする。

(2) 法第38条第2項に規定する期間は、原則として、命令をする時から1年を超えない範囲内で定めるものとする。なお、同項に規定する「復旧」には、原形に復旧することのほか、原形に復旧することが困難な場合において造林又は森林土木事業の実施その他の当該保安林の従前の効用を復旧することを含むものとする。

(3) 法第38条第4項に規定する期間は、原則として指定施業要件として定められている植栽の期間の満了の日から1年を超えない範囲で定めるものとする。

4 監督処分の方法

法第38条の規定による命令は、次に掲げる事項を記載した書面を送付してするものとする。なお、(4)には当該命令の内容の実施状況の報告をすべきこと及び保育その他当該保安林の維持管理上注意すべき事項を含むものとする。

(1) 命令に係る保安林の所在場所

(2) 命令の内容

(3) 命令を行う理由

(4) その他必要な事項

第6 標識の設置

法第39条第1項の規定に基づく保安林の標識の設置については、次によるものとする。

1 標識の様式

(1) 保安林の標識に記載する保安林の名称は、前記第1の1の①から③までに掲げるとおりとする。

(2) 保安林の標識の色彩は、次のとおりとする。

ア 第1種標識の地は白色、文字は黒色

イ 第2種標識の標板の地は黄色、文字は黒色

ウ 第3種標識の標板の地は白色、文字は黒色、略図の保安林の区域の境界線は赤色

2 標識の設置の時期

標識の設置は、保安林の指定について法第33条第1項（同条第6項において準用する場合を含む。）の規定による告示がなされた日又は法第47条の規定により保安林として指定されたものとみなされた日以降遅滞なく行うものとする。

3 標識の設置地点

標識は、次のいずれかに該当する地点に設置するほか、その他特に保安林の境界を示すに必要な地点に設置するものとする。

　　ア　道路に隣接する地点

　　イ　広場、駐車場、野営場その他人の集まる場所に隣接する地点

　　ウ　農地、宅地その他森林以外の土地に隣接する地点

　4　標識の維持管理

　　損壊等により設置した標識の効用が減じた場合には、修繕、再設置その他の所要の措置を講じるものとし、また、保安林が解除された場合には速やかに標識を撤去するものとする。

第7　保安林台帳

法第39条の2第1項の規定に基づく保安林台帳の調製及び保管については、次によるものとする。

　1　調製の時期

　　法第39条の2第1項の規定に基づく保安林台帳の調製は、保安林の指定について法第33条第1項（同条第6項において準用する場合を含む。）の規定による告示がなされたとき又は法第47条の規定により保安林として指定されたものとみなされたときに遅滞なく行うものとする。

　2　台帳の訂正

　(1)　保安林台帳の訂正に当たっては、土地登記簿の閲覧等の方法により保安林の所在場所の変更を的確に把握するよう措置するものとする。

　(2)　記載事項の訂正を行った場合には、訂正の年月日及び原因を付記するものとする。

　(3)　保安林の解除があったときは、保安林が解除された年月日及び当該保安林の解除に係る法第33条第1項（同条第6項において準用する場合を含む。）の規定による告示の番号その他必要な事項を記載するものとする。

　(4)　指定施業要件の変更があったときは、指定施業要件が変更された年月日及び当該指定施業要件の変更に係る法第33条の3において準用する第33条第1項（同条第6項において準用する場合を含む。）の規定による告示の番号その他必要な事項を記載するものとする。

第8　保安施設地区

　1　保安施設地区の指定又は指定施業要件の変更

　(1)　保安施設地区に係る指定施業要件の変更の申請書の受理・進達

　　法第44条において準用する第27条第2項及び第3項並びに第33条の2第2項の規定に基づく保安施設地区に係る指定施業要件の変更の申請書の受理・進達については、前記第1の3の(1)を準用するものとする。

　(2)　保安施設地区予定地等の告示等

　　ア　法第44条において準用する第30条の規定に基づく告示に掲載する保安施設地区予定地又は指定施業要件変更予定保安施設地区（以下「保安施設地区予定地等」という。）の所在場所は、原則として、標柱番号及びそれぞれの標柱が設置された土地の地番により表示するものとする。

　　イ　法第44条において準用する第30条の規定に基づく保安施設地区予定地等の通知には、当該指定に係る区域を明示した図面を添付するものとする。

ウ　法第44条において準用する第30条の規定に基づく保安施設地区予定地等の告示、掲示及び通知については、前記第1の3の(3)（オ及びカを除く。）を準用するものとする。

(3)　意見の聴取

　　法第44条において準用する第32条の規定に基づく意見の聴取については、前記第1の3の(4)（エからキまでを除く。）を準用するものとする。

(4)　指定又は指定施業要件の変更の告示等

　ア　法第44条において準用する第33条第1項の規定に基づく保安施設地区の指定又は指定施業要件の変更（以下(4)において「指定等」という。）の告示については、前記(2)のアを準用するものとする。

　イ　保安施設地区の指定等の通知には、当該指定等に係る区域を明示した図面を添付するものとする。

　　　ただし、当該指定等に係る区域が保安施設地区予定地等の区域と同一である場合は、土地所有者に異動があった場合を除き、図面の添付を省略することができるものとする。

　ウ　保安施設地区の指定等の通知については、前記第1の3の(5)のア及びイを準用するものとする。

2　保安施設地区における制限

　　法第44条において準用する第34条の規定に基づく保安施設地区における制限については、前記第4を準用するものとする。

3　標識の設置

　　法第44条において準用する法第39条第1項の規定に基づく標識の設置については、前記第6を準用するものとする。

4　保安施設地区台帳

　　法第46条の2第1項に規定する保安施設地区台帳は、地区ごとに調製するものとし、その保管及び調製については、前記第7を準用するものとする。

別表1

保安林の種類	指定施業要件における伐採の方法（主伐）
水源かん養保安林	1　林況が粗悪な森林並びに伐採の方法を制限しなければ、急傾斜地、保安施設事業の施行地等の森林で土砂が崩壊し、又は流出するおそれがあると認められるもの及びその伐採跡地における成林が困難になるおそれがあると認められる森林にあっては、択伐（その程度が特に著しいと認められるものにあっては、禁伐） 2　その他の森林にあっては、伐採種を定めない。
土砂流出防備保安林	1　保安施設事業の施行地の森林で地盤が安定していないものその他伐採すれば著しく土砂が流出するおそれがあると認められる森林にあっては、禁伐 2　地盤が比較的安定している森林にあっては、伐採種を定めない。 3　その他の森林にあっては、択伐
土砂崩壊防備保安林	1　保安施設事業の施行地の森林で地盤が安定していないものその他伐採すれば著しく土砂が崩壊するおそれがあると認められる森林にあっては、禁伐 2　その他の森林にあっては、択伐

別表2

保安林の種類	保安林の指定により直接利益を受ける者等
水源かん養保安林	1　洪水の防止については、過去の災害状況、地形、土地利用状況等から保安林の指定又は解除等の申請がなされた森林（以下「当該森林」という。）の流出係数の変化に伴い、いっ水による浸水のおそれがある区域内に居住する者並びに当該区域内の土地及び建築物その他の物件（以下「土地等」という。）について正当な権原を有する者（当該権原が当該森林の存続と重要な関連を有するものであると認められる場合に限る。）とする。 2　各種用水の確保については、過去の渇水事例、水利用状況等からみて水の確保に支障を及ぼすおそれがある区域内の取水施設に正当な権原を有する者とする。
土砂流出防備保安林	過去の土石流、土砂流、洪水等の発生状況、河床勾配等からみて土砂流出のおそれがある区域内に居住する者及び土地等について正当な権原を有する者（当該権原が当該森林の存続と重要な関連を有するものであると認められる場合に限る。）とする。
土砂崩壊防備保安林	当該森林の地形、地質、山麓より下方の地形等からみて崩壊土砂が流下し、たい積するおそれのある区域（当該森林の斜面上部で崩壊のおそれがある場合は、その区域を含む。）内に居住する者及び土地等について正当な権原を有する者（当該権原が当該森林の存続と重要な関連を有するものであると認められる場合に限る。）とする。
飛砂防備保安林	当該森林の林帯方向における両端を通って林帯方向に対して直角に交わる直線が当該林帯の林縁と交わる点（以下「林縁点」という。）から当該林帯の期待平均樹高（以下「樹高」という。）の風上側へ5倍、風下側へ10倍の水平距離（林帯が不整形の場合は、最も風上側及び風下側となる林縁からのそれぞれ5倍、10倍の水平距離）となる点（以下それぞれ「風上点」、「風下点」という。）をその直線上にとり、風上点及び風下点をそれぞれ結んだ線分によって囲まれる区域（林帯の連続状態が失われる場合には、風の吹き抜けによる影響が予想される区域を含む。）内に居住する者及び土地等について正当な権原を有する者（当該権原が当該森林の存続と重要な関連を有するものであると認められる場合に限る。）とする。
防風保安林	飛砂防備保安林に準ずる区域（風下点は、風下側の林縁点から樹高の35倍の水平距離となる点とする。）内に居住する者及び土地等について正当な権原を有する者（当該権原が当該森林の存続と重要な関連を有するものであると認められる場合に限る。）とする。
水害防備保安林	当該森林に隣接し、その周辺における災害状況等からみて当該森林の水制作用、洪水流送物の制御作用の効果を直接受ける区域内に居住する者及び土地等について正当な権原を有する者（当該権原が当該森林の存続と重要な関連を有するものであると認められる場合に限る。）とする。

潮害防備保安林	1　塩害の防止については、飛砂防備保安林に準ずる区域（風上側の区域は除くとともに、風下点は風下側の林縁点から樹高の25倍の水平距離となる点とする。）内に居住する者及び土地等について正当な権原を有する者（当該権原が当該森林の存続と重要な関連を有するものであると認められる場合に限る。）とする。 2　津波等の被害の防止については、当該森林に隣接し、その周辺の災害状況、沿岸の地形等からみて当該森林の津波・高潮の防止効果を直接受ける区域内に居住する者及び土地等について正当な権原を有する者（当該権原が当該森林の存続と重要な関連を有するものであると認められる場合に限る。）とする。
干害防備保安林	当該森林に水利用を直接依存している取水施設、貯水池等に正当な権原を有する者とする。
防霧保安林	飛砂防備保安林に準ずる区域（風上側の区域は除くとともに、風下点は風下側の林縁点から樹高の20倍の水平距離となる点とする。）内に居住する者及び土地等について正当な権原を有する者（当該権原が当該森林の存続と重要な関連を有するものであると認められる場合に限る。）とする。
なだれ防止保安林	当該森林の下方の地形等からみてなだれが流下し、たい積するおそれがある区域内に居住する者及び土地等について正当な権原を有する者（当該権原が当該森林の存続と重要な関連を有するものであると認められる場合に限る。）とする。
落石防止保安林	当該森林の地形、下方の地形等からみて落石の影響が予想される区域内に居住する者及び土地等について正当な権原を有する者（当該権原が当該森林の存続と重要な関連を有するものであると認められる場合に限る。）とする。
防火保安林	当該森林に隣接し、当該森林の火災の延焼防止の効果を直接受ける区域内に居住する者及び土地等について正当な権原を有する者（当該権原が当該森林の存続と重要な関連を有するものであると認められる場合に限る。）とする。
魚つき保安林	当該森林が魚類の棲息と繁殖に影響を与える海域等において、漁業権を有する者とする。
航行目標保安林	当該森林を通常航行の目標としている小型漁船及び小型船舶に正当な権原を有する者とする。
保健保安林	1　「局所的な気象条件の緩和、塵埃・煤煙のろ過作用等」を目的とするものについては、当該森林の隣接する区域内に居住する者及び土地等について正当な権原を有する者（当該権原が当該森林の存続と重要な関連を有するものであると認められる場合に限る。）とする。 2　「市民のレクリエーション等の保健、休養の場」を目的とするものについては、その効果、効用の及ぶ範囲は極めて不特定かつ広範囲に及ぶものであり、保安林の指定により直接利益を受ける者等に該当する者はいない。
風致保安林	名所、旧跡と一体となって景観の保存を目的としているものについては、その名所、旧跡について正当な権原を有する者とする。

別表3　国等以外の者が実施する事業

1	道路運送法（昭和26年法律第183号）による一般自動車道又は専用自動車道（同法による一般旅客自動車運送事業又は貨物自動車運送事業法（平成元年法律第83号）による一般貨物自動車運送事業の用に供するものに限る。）に関する事業
2	運河法（大正2年法律第16号）による運河の用に供する施設に関する事業
3	土地改良区（土地改良区連合を含む。以下同じ。）が設置する農業用道路、用水路、排水路、海岸堤防、かんがい用若しくは農作物の災害防止用のため池又は防風林その他これに準ずる施設に関する事業
4	土地改良区が土地改良法（昭和24年法律第195号）によって行う客土事業又は土地改良事業の施行に伴い設置する用排水機若しくは地下水源の利用に関する設備に関する事業
5	鉄道事業法（昭和61年法律第92号）による鉄道事業者又は索道事業者がその鉄道事業又は索道事業で一般の需要に応ずるものの用に供する施設に関する事業
6	軌道法（大正10年法律第76号）による軌道又は同法が準用される無軌条電車の用に供する施設に関する事業
7	石油パイプライン事業法（昭和47年法律第105号）による石油パイプライン事業の用に供する施設に関する事業

8	道路運送法による一般乗合旅客自動車運送事業（路線を定めて定期に運行する自動車により乗合旅客の運送を行うものに限る。）又は貨物自動車運送事業法による一般貨物自動車運送事業（特別積合せ貨物運送をするものに限る。）の用に供する施設に関する事業
9	自動車ターミナル法（昭和34年法律第136号）第3条の許可を受けて経営する自動車ターミナル事業の用に供する施設に関する事業
10	漁港漁場整備法（昭和25年法律第137号）による漁港施設に関する事業
11	航路標識法（昭和24年法律第99号）による航路標識に関する事業又は水路業務法（昭和25年法律第102号）第6条の許可を受けて設置する水路測量標に関する事業
12	航空法（昭和27年法律第231号）による飛行場又は航空保安施設で公共の用に供するものに関する事業
13	日本郵便株式会社が日本郵便株式会社法（平成17年法律第100号）第4条第1項第1号に掲げる業務の用に供する施設に関する事業
14	電気通信事業法（昭和59年法律第86号）第120条第1項に規定する認定電気通信事業者が同項に規定する認定電気通信事業の用に供する施設（同法の規定により土地等を使用することができるものを除く。）に関する事業
15	放送法（昭和25年法律第132号）による基幹放送事業者又は基幹放送局提供事業者が基幹放送の用に供する放送設備に関する事業
16	電気事業法（昭和39年法律第170号）第2条第1項第8号に規定する一般送配電事業又は同項第10号に規定する送電事業の用に供する同項第18号に規定する電気工作物に関する事業
17	発電用施設周辺地域整備法（昭和49年法律第78号）第2条に規定する発電用施設に関する事業
18	ガス事業法（昭和29年法律第51号）第2条第13項に規定するガス工作物に関する事業（同条第5項に規定する一般ガス導管事業の用に供するものに限る。
19	水道法（昭和32年法律第177号）による水道事業若しくは水道用水供給事業又は工業用水道事業法（昭和33年法律第84号）による工業用水道事業
20	学校教育法（昭和22年法律第26号）第1条に規定する学校又はこれに準ずるその他の教育若しくは学術研究のための施設に関する事業
21	社会福祉法（昭和26年法律第45号）による第一種社会福祉事業、生活困窮者自立支援法（平成25年法律第105号）に規定する認定生活困窮者就労訓練事業、児童福祉法（昭和22年法律第164号）に規定する助産施設、保育所、児童厚生施設若しくは児童家庭支援センターを経営する事業、就学前の子どもに関する教育、保育等の総合的な提供の推進に関する法律（平成18年法律第77号）に規定する幼保連携型認定こども園を経営する事業又は更生保護事業法（平成7年法律第86号）による継続保護事業の用に供する施設に関する事業
22	健康保険組合若しくは健康保険組合連合会、国民健康保険組合若しくは国民健康保険団体連合会、国家公務員共済組合若しくは国家公務員共済組合連合会若しくは地方公務員共済組合若しくは全国市町村職員共済組合連合会が設置する病院、療養所、診療所若しくは助産所又は医療法（昭和23年法律第205号）による公的医療機関に関する事業
23	墓地、埋葬等に関する法律（昭和23年法律第48号）による火葬場に関する事業
24	と畜場法（昭和28年法律第114号）によると畜場又は化製場等に関する法律（昭和23年法律第140号）による化製場若しくは死亡獣畜取扱場に関する事業
25	廃棄物の処理及び清掃に関する法律（昭和45年法律第137号）第15条の5第1項に規定する廃棄物処理センターが設置する同法による一般廃棄物処理施設、産業廃棄物処理施設その他の廃棄物の処理施設（廃棄物の処分（再生を含む。）に係るものに限る。）に関する事業
26	卸売市場法（昭和46年法律第35号）による地方卸売市場に関する事業
27	自然公園法（昭和32年法律第161号）による公園事業
28	鉱業法（昭和25年法律第289号）第104条の規定により鉱業権者又は租鉱権者が他人の土地を使用することができる事業
29	鉱業法第105条の規定により採掘権者が他人の土地を収用することができる事業
30	法第50条第1項の規定により他人の土地を使用する権利の設定に関する協議を求めることができる事業

別表4　転用を目的とする保安林解除の審査に当たっての級地区分

級地区分	該当する保安林
第1級地	次のいずれかに該当する保安林 1　法第10条の15第4項4号に規定する治山事業の施行地（これに相当する事業の施行地を含む。）であるもの（事業施行後10年（保安林整備事業、防災林造成事業等により森林の整備を実施した区域にあっては事業施行後20年（法第39条の7第1項の規定により保安施設事業を実施した森林にあっては事業施行後30年））を経過し、かつ、現在その地盤が安定しているものを除く。） 2　傾斜度が25度以上のもの（25度以上の部分が局所的に含まれている場合を除く。）その他地形、地質等からして崩壊しやすいもの 3　人家、校舎、農地、道路等国民生活上重要な施設等に近接して所在する保安林であって、当該施設等の保全又はその機能の維持に直接重大な関係があるもの 4　海岸に近接して所在するものであって、林帯の幅が150メートル未満（本州の日本海側及び北海道の沿岸にあっては250メートル未満）であるもの 5　保安林の解除に伴い残置し又は造成することとされたもの
第2級地	第1級地以外の保安林

別表5　保安林の土地の形質の変更行為の許可基準

区分	行為の目的・態様・規模等
1　森林の施業・管理に必要な施設	(1)　林道（車道幅員が4メートル以下のものに限る。）及び森林の施業・管理の用に供する作業道、作業用索道、木材集積場、歩道、防火線、作業小屋等を設置する場合 (2)　森林の施業・管理に資する農道等で、規格及び構造が(1)の林道に類するものを設置する場合
2　森林の保健機能の増進に資する施設	保健保安林の区域内に、森林の保健機能の増進に関する特別措置法（平成元年法律第71号。以下「森林保健機能増進法」という。）第2条第2項第2号に規定する森林保健施設に該当する施設を設置する場合（森林保健機能増進法第5条の2第1項第1号の保健機能森林の区域内に当該施設を設置する場合又は当該施設を設置しようとする者が当該施設を設置しようとする森林を含むおおむね30ヘクタール以上の集団的森林につき所有権その他の土地を使用する権利を有する場合を除く。）であって、次の要件を満たすもの。 (1)　当該施設の設置のための土地の形質の変更（以下この表において「変更行為」という。）に係る森林の面積の合計が、当該変更行為を行おうとする者が所有権その他の土地を使用する権利を有する集団的森林（当該変更行為を行おうとする森林を含むものに限る。）の面積の10分の1未満の面積であること。 (2)　変更行為（遊歩道及びこれに類する施設に係る変更行為を除く。以下同じ。）を行う箇所が、次の①及び②の条件を満たす土地であること。 　①　土砂の流出・崩壊等の災害が発生するおそれのない土地 　②　非植生状態（立木以外の植生がない状態をいう。）で利用する場合にあっては傾斜度が15度未満の土地、植生状態（立木以外の植生がある状態をいう。）で利用する場合にあっては傾斜度が25度未満の土地。 (3)　1箇所当たりの変更行為に係る森林の面積は、立木の伐採が材積にして30パーセント以上の状態で変更行為を行う場合には0.05ヘクタール未満であり、立木の伐採が材積にして30パーセント未満の場合には1.20ヘクタール未満であること。 (4)　建築物の建築を伴う変更行為を行う場合には、一建築物の建築面積は200平方メートル未満であり、かつ、一変更行為に係る建築面積の合計が400平方メートル未満であること。 (5)　一変更行為と一変更行為との距離は、50メートル以上であること。 (6)　建築物その他の工作物の設置を伴う変更行為を行う場合には、当該建築物その他の工作物の構造が、次の条件に適合するものであること。 　①　建築物その他の工作物の高さは、その周囲の森林の樹冠を構成する立木の期待平均樹高未満であること。 　②　建築物その他の工作物は、原則として木造であること。 　③　建築物その他の工作物の設置に伴う切土又は盛土の高さは、おおむね1.5メートル未満であること。

	(7) 遊歩道及びこれに類する施設に係る変更行為を行う場合には、幅3メートル未満であること。 (8) 土地の舗装を伴う変更行為（遊歩道及びこれに類する施設に係る変更行為を含む。）を行う場合には、地表水の浸透、排水処理等に配慮してなされるものであること。
3　森林の有する保安機能を維持・代替する施設	(1) 森林の保安機能の維持・強化に資する施設を設置する場合 (2) 保安林の転用に当たり、当該保安林の機能に代替する機能を果たすべき施設を転用に係る区域外に設置する場合
4　その他	(1) 上記1から3までに規定する以外のものであって次に該当する場合 　① 施設等の幅が1メートル未満の線的なものを設置する場合（例えば、水路、へい、柵等） 　② 変更行為に係る区域の面積が0.05ヘクタール未満で、切土又は盛土の高さがおおむね1.5メートル未満の点的なものを設置する場合（例えば、標識、掲示板、墓碑、電柱、気象観測用の百葉箱及び雨量計、送電用鉄塔、無線施設、水道施設、簡易な展望台等） 　　ただし、区域内に建築物を設置するときには、建築面積が50平方メートル未満であって、かつ、その高さがその周囲の森林の樹冠を構成する立木の期待平均樹高未満であるものに限ることとし、保健、風致保安林内の区域に建築物以外の工作物を設置するときには、その高さがその周囲の森林の樹冠を構成する立木の期待平均樹高未満であるものに限ることとする。 (2) その他 　一時的な変更行為であって次の要件を満たす場合。 　ただし、一般廃棄物又は産業廃棄物を堆積する場合は除く。 　① 変更行為の期間が原則として2年以内のものであること。 　② 変更行為の終了後には植栽され確実に森林に復旧されるものであること。 　③ 区域の面積が0.2ヘクタール未満のものであること。 　④ 土砂の流出又は崩壊を防止する措置が講じられるものであること。 　⑤ 切土又は盛土の高さがおおむね1.5メートル未満のものであること。

別紙

保安林の転用に係る事業又は施設の設置の基準

第1 基準

次のすべての基準に適合するものであること。

1 転用に係る保安林の現に有する土地に関する災害の防止の機能からみて、当該転用により当該保安林の周辺の地域において土砂の流出又は崩壊その他の災害を発生させるおそれがないものであって、次のすべての基準に適合するものであること。

(1) 転用が原則として現地形にそって行われること及び転用による土砂の移動量が必要最少限度であることが明らかであること。

(2) 切土、盛土又は捨土を行う場合には、その工法が法面の安定を確保するものであること及び捨土が適切な箇所で行われること並びに切土、盛土又は捨土を行った後に法面を生ずるときはその法面の勾配が地質、土質、法面の高さからみて崩壊のおそれのないものであり、かつ、必要に応じ小段又は排水施設の設置その他の措置が適切に講ぜられることが明らかであること。

(3) 切土、盛土又は捨土を行った後の法面の勾配が(2)によることが困難であるか若しくは適当でない場合又は周辺の土地利用の実態からみて必要がある場合には、擁壁の設置その他の法面崩壊防止の措置が適切に講ぜられることが明らかであること。

(4) 切土、盛土又は捨土を行った後の法面が雨水、渓流等により侵食されるおそれがある場合には、法面保護の措置が講ぜられることが明らかであること。

(5) 転用に伴い相当量の土砂が流出し下流地域に災害が発生するおそれがある場合には、転用に先行して十分な容量及び構造を有するえん堤等の設置、森林の残置等の措置が適切に講ぜられることが明らかであること。

(6) 雨水等を適切に排水しなければ災害が発生するおそれがある場合には、十分な能力及び構造を有する排水施設が設けられることが明らかであること。

(7) 下流の流下能力を超える水量が排水されることにより災害が発生するおそれがある場合には、洪水調節池等の設置その他の措置が適切に講ぜられることが明らかであること。

(8) 飛砂、落石、なだれ等の災害が発生するおそれがある場合には、静砂垣又は落石若しくはなだれ防止柵の設置その他の措置が適切に講ぜられることが明らかであること。

2 転用に係る保安林の現に有する水害の防止の機能からみて、当該転用により当該機能に依存する地域における水害を発生させるおそれがないものであって、転用に係る保安林の現に有する水害の防止の機能に依存する地域において、当該転用に伴い増加するピーク流量を安全に流下させることができないことにより水害が発生するおそれがある場合には、洪水調節池の設置その他の措置が適切に講ぜられることが明らかであること。

3 転用に係る保安林の現に有する水源のかん養の機能からみて、当該転用により当該機能に依存する地域における水の確保に著しい支障を及ぼすおそれがないものであって、次のすべての基準に適合するものであること。

(1) 他に適地がない等によりやむをえず飲用水、かんがい用水等の水源として依存している森林を転用の対象とする場合で、周辺における水利用の実態等からみて必要な水量を確保するため

必要があるときには、貯水池又は導水路の設置その他の措置が適切に講ぜられることが明らかであること。

(2) 周辺における水利用の実態等からみて土砂の流出による水質の悪化を防止する必要がある場合には、沈砂池の設置、森林の残置その他の措置が適切に講ぜられることが明らかであること。

4 転用に係る保安林の現に有する環境の保全の機能からみて、当該転用により当該保安林の周辺の地域における環境を著しく悪化させるおそれがないものであって、次のすべての基準に適合するものであること。

(1) 転用に係る保安林の区域に、事業等の目的及び態様、周辺における土地利用の実態等に応じ相当面積の森林又は緑地の残置又は造成が適切に行われることが明らかであること。

(2) 騒音、粉じん等の著しい影響の緩和、風害等からの周辺の植生の保全等の必要がある場合には、転用に係る保安林の区域内の適切な箇所に必要な森林の残置又は必要に応じた造成が行われることが明らかであること。

(3) 景観の維持に著しい支障を及ぼすことのないように適切な配慮がなされており、特に市街地、主要道路等からの景観を維持する必要がある場合には、転用により生ずる法面を極力縮少するとともに、可能な限り法面の緑化を図り、また転用に係る事業により設置される施設の周辺に森林を残置し若しくは造成し又は木竹を植栽する等の適切な措置が講ぜられることが明らかであること。

第2 技術的細則

1 第1の1の(1)の運用に当たっては、その利用形態からみて土砂の移動が周辺に及ぼす影響が比較的大きいと認められるスキー場の滑走コースに係る切土量は1ヘクタール当たりおおむね1,000立方メートル以下、ゴルフ場の造成に係る切土量、盛土量はそれぞれ18ホール当たりおおむね200万立方メートル以下とする。

2 第1の1の(2)の技術的細則は、次の(1)から(4)に掲げるとおりとする。

(1) 工法等は、次によるものであること。

ア 切土は、原則として階段状に行う等法面の安定が確保されるものであること。

イ 盛土は、必要に応じて水平層にして順次盛り上げ、十分締め固めが行われるものであること。

ウ 土石の落下による下斜面等の荒廃を防止する必要がある場合には、柵工の実施等の措置が講ぜられていること。

エ 大規模な切土又は盛土を行う場合には、融雪、豪雨等により災害が生ずるおそれのないように工事時期、工法等について適切に配慮されていること。

(2) 切土は、次によるものであること。

ア 法面の勾配は、地質、土質、切土高、気象及び近傍にある既往の法面の状態等を勘案して、現地に適合した安全なものであること。

イ 土砂の切土高が10メートルを超える場合には、原則として高さ5メートルないし10メートル毎に小段が設置されるほか、必要に応じて排水施設が設置される等崩壊防止の措置が講ぜられていること。

ウ　切土を行った後の地盤にすべりやすい土質の層がある場合には、その地盤にすべりが生じないように杭打ちその他の措置が講ぜられていること。

(3) 盛土は、次によるものであること。

ア　法面の勾配は、盛土材料、盛土高、地形、気象及び近傍にある既往の法面の状態等を勘案して、現地に適合した安全なものであること。

イ　一層の仕上がり厚は、30センチメートル以下とし、その層ごとに締め固めが行われるとともに、必要に応じて雨水その他の地表水又は地下水を排除するための排水施設の設置等の措置が講ぜられていること。

ウ　盛土高が5メートルを超える場合には、原則として5メートル毎に小段が設置されるほか、必要に応じて排水施設が設置される等崩壊防止の措置が講ぜられていること。

エ　盛土がすべり、ゆるみ、沈下し又は崩壊するおそれがある場合には、盛土を行う前の地盤の段切り、地盤の土の入替え、埋設工の施工、排水施設の設置等の措置が講ぜられていること。

(4) 捨土は、次によるものであること。

ア　捨土は、土捨場を設置し、土砂の流出防止措置を講じて行われるものであること。この場合における土捨場の位置は、急傾斜地、湧水の生じている箇所等を避け、人家又は公共施設との位置関係を考慮の上設定されているものであること。

イ　法面の勾配の設定、小段の設置、排水施設の設置等は、盛土に準じて行われ土砂の流出のおそれがないものであること。

3　第1の1の(3)の「周辺の土地利用の実態からみて必要がある場合」とは、人家、学校、道路等に近接し、かつ、次の(1)又は(2)に該当する場合をいう。ただし、土質試験等に基づき地盤の安定計算をした結果、法面の安定を保つために擁壁等の設置が必要でないと認められる場合には、これに該当しない。

(1) 切土により生ずる法面の勾配が30度より急で、かつ、高さが2メートルを超える場合。ただし、硬岩盤である場合又は次のア若しくはイのいずれかに該当する場合はこの限りではない。

ア　土質が表1の左欄に掲げるものに該当し、かつ、土質に応じた法面の勾配が同表中欄の角度以下のもの。

イ　土質が、表1の左欄に掲げるものに該当し、かつ、土質に応じた法面の勾配が同表中欄の角度を超え、同表右欄の角度以下のもので、その高さが5メートル以下のもの。この場合において、アに該当する法面の部分により上下に分離された法面があるときは、アに該当する法面の部分は存在せず、その上下の法面は連続しているものとみなす。

表1

土　質	擁壁等を要しない勾配の上限	擁壁等を要する勾配の下限
軟岩（風化の著しいものを除く。）	60度	80度
風化の著しい岩	40度	50度
砂利、真砂土、関東ローム、硬質粘土、その他これに類するもの	35度	45度

(2) 盛土により生ずる法面の勾配が30度より急で、かつ、高さが1メートルを超える場合。

4　第1の1の(3)に該当し設置される擁壁の構造は、次の技術的細則によるものであること。

(1) 土圧、水圧及び自重（以下「土圧等」という。）によって擁壁が破壊されないこと。

(2) 土圧等によって擁壁が転倒しないこと。この場合において、安全率は1.5以上であること。

(3) 土圧等によって擁壁が滑動しないこと。この場合において、安全率は1.5以上であること。

(4) 土圧等によって擁壁が沈下しないこと。

(5) 擁壁には、その裏面の排水を良くするため、適正な水抜穴が設けられていること。

5　第1の1の(4)の法面保護は、次の技術的細則により行われるものであること。

(1) 植生による保護（実播工、伏工、筋工又は植栽工）を原則とし、植生による保護が適さない場合又は植生による保護だけでは法面の侵食を防止できない場合には人工材料による適切な保護（吹付工、張工、法枠工、柵工、網工等）が行われるものであること。工種は、土質、気象条件等を考慮して決定され、適期に施行されるものであること。

(2) 表面水、湧水、渓流等により法面が侵食され又は崩壊するおそれがある場合には、排水施設又は擁壁の設置等の措置が講ぜられるものであること。この場合における擁壁の構造は、前記4によるものであること。

6　第1の1の(5)のえん堤等の設置は、次の技術的細則によるものであること。

(1) えん堤等の容量は、次のア及びイにより算定された開発行為に係る土地の区域からの流出土砂量を貯砂し得るものであること。

ア　開発行為の施行期間中における流出土砂量は、開発行為に係る土地の区域1ヘクタール当たり1年間におおむね200立方メートルないし400立方メートルを標準とするが、地形、地質、気象等を考慮の上適切に定められたものであること。

イ　開発行為の終了後において、地形、地被状態等からみて、地表が安定するまでの期間に相当量の土砂の流出が想定される場合には、別途積算するものであること。

(2) えん堤等の設置箇所は、極力土砂の流出地点に近接した位置であること。

(3) えん堤等の構造は、林野庁長官が別に定める「治山技術基準」によるものであること。

7　第1の1の(6)の排水施設の能力及び構造は、次の技術的細則によるものであること。

(1) 排水施設の断面は、次によるものであること。

ア　排水施設の断面は、計画流量の排水が可能になるように余裕をみて定められていること。この場合、計画流量は次の（ア）及び（イ）により、流量は原則としてマニング式により求められていること。

（ア）　排水施設の計画に用いる雨水流出量は、原則として次式により算出されていること。ただし、降雨量と流出量の関係が別途高い精度で求められている場合には、単位図法等によって算出することができる。

$$Q = 1／360・f・r・A$$

Q：雨水流出量（m³／sec）

f ：流出係数

r ：設計雨量強度（mm／hour）

A：集水区域面積（ha）

（イ）　前式の適用に当たっては、次のaからcまでによるものであること。

  a　流出係数は、表2を参考にして定められていること。

  b　設計雨量強度は、次のcによる単位時間内の10年確率で想定される雨量強度とされていること。

  c　単位時間は、到達時間を勘案して定めた表3を参考として用いられていること。

表2

区分 地表状態	浸透能　小	浸透能　中	浸透能　大
林　地	0.6〜0.7	0.5〜0.6	0.3〜0.5
草　地	0.7〜0.8	0.6〜0.7	0.4〜0.6
耕　地	–	0.7〜0.8	0.5〜0.7
裸　地	1.0	0.9〜1.0	0.8〜0.9

表3

流　域　面　積	単　位　時　間
50ヘクタール以下	10分
100ヘクタール以下	20分
500ヘクタール以下	30分

 イ　雨水のほか土砂等の流入が見込まれる場合又は排水施設の設置箇所からみていっ水による影響の大きい場合にあっては、排水施設の断面は、必要に応じてアに定めるものより大きく定められていること。

(2)　排水施設の構造等は、次によるものであること。

 ア　排水施設は、立地条件等を勘案して、その目的及び必要性に応じた堅固で耐久力を有する構造であり、漏水が最小限度となるよう措置されていること。

 イ　排水施設のうち暗渠である構造の部分には、維持管理上必要なます又はマンホールの設置等の措置が講ぜられていること。

 ウ　放流によって地盤が洗掘されるおそれがある場合には、水叩きの設置その他の措置が適切に講ぜられていること。

 エ　排水施設は、排水量が少なく土砂の流出又は崩壊を発生させるおそれがない場合を除き、排水を河川等又は他の排水施設等まで導くように計画されていること。

8　7の(2)のエにより河川等又は他の排水施設等に排水を導く場合には、当該河川等又は他の排水施設等の管理者の同意を得ているものであること。

9　第1の1の(7)の洪水調節池等の設置は、次の技術的細則によるものであること。

(1)　洪水調節容量は、下流における流下能力を考慮の上、30年確率で想定される雨量強度における開発中及び開発後のピーク流量を開発前のピーク流量以下にまで調節できるものであること。また、流域の地形、地質、土地利用の状況等に応じて必要な堆砂量が見込まれていること。

(2)　余水吐の能力は、コンクリートダムにあっては100年確率で想定される雨量強度における

ピーク流量の1.2倍以上、フィルダムにあってはコンクリートダムのそれの1.2倍以上のものであること。

(3) 洪水調節の方式は、原則として自然放流方式であること。

10 第1の2の洪水調節池等の設置は、次の技術的細則によるものであること。

(1) 洪水調節容量は、当該開発行為をする森林の下流において当該開発行為に伴いピーク流量が増加することにより当該下流においてピーク流量を安全に流下させることができない地点が生ずる場合には、当該地点での30年確率で想定される雨量強度及び当該地点において安全に流下させることができるピーク流量に対応する雨量強度における開発中及び開発後のピーク流量を開発前のピーク流量以下までに調節できるものであること。また、流域の地形、土地利用の状況等に応じて必要な堆砂量が見込まれていること。

なお、安全に流下させることができない地点が生じない場合には9の(1)によるものであること。

(2) 余水吐の能力は、9の(2)によるものであること。

(3) 洪水調節の方式は、9の(3)によるものであること。

11 第1の3の(1)により導水路の設置その他の措置が講ぜられる場合には、取水する水源に係る河川管理者等の同意を得ている等水源地域における水利用に支障を及ぼすおそれのないものであること。

12 第1の4の(1)は、次によるものであること。

(1) 「相当面積の森林又は緑地の残置又は造成」とは、森林又は緑地を現況のまま保全することを原則とし、止むを得ず一時的に土地の形質を変更する必要がある場合には、可及的速やかに伐採前の植生回復を図ることを原則として森林又は緑地が造成されるものであること。

この場合において、残置し又は造成する森林又は緑地の面積の事業区域（事業者が所有権その他の当該土地を使用する権利を有し事業等に供しようとする区域をいう。以下同じ。）内の森林面積に対する割合は、表4の事業区域内において残置し又は造成する森林又は緑地の割合によるものとする。ただし、転用に係る保安林の面積が5ヘクタール以上である場合又は事業区域内の森林の面積に占める保安林の面積の割合が10パーセント以上である場合（転用に係る保安林の面積が1ヘクタール未満の場合を除く。）には、前記1及び表4に代えて表5に示す基準に適合するものであること。また、残置し又は造成する森林又は緑地は、表4又は表5の森林の配置等により事業等の規模及び地形に応じて、事業区域内の周辺部及び施設等の間に適切に配置されていること。

なお、表4又は表5に掲げる事業等の目的以外の事業等については、その目的、態様、社会的経済的必要性、対象となる土地の自然的条件等に応じ、表4又は表5に準じて適切に措置されていること。

表4

事業等の目的	事業区域内において残置し又は造成する森林又は緑地の割合	森 林 の 配 置 等
別荘地の造成	残置森林率はおおむね60パーセント以上とする。	1．原則として周辺部に幅おおむね30メートル以上の残置森林又は造成森林を配置する。 2．1区画の面積はおおむね1,000平方メートル以上とし、建物敷等の面積はその面積のおおむね30パーセント以下とする。
スキー場の造成	残置森林率は、おおむね60パーセント以上とする。	1．原則として周辺部に幅おおむね30メートル以上の残置森林又は造成森林を配置する。 2．滑走コースの幅はおおむね50メートル以下とし、複数の滑走コースを並列して設置する場合はその間の中央部に幅おおむね100メートル以上の残置森林を配置する。 3．滑走コースの上、下部に設けるゲレンデ等は1箇所当たりおおむね5ヘクタール以下とする。また、ゲレンデ等と駐車場との間には幅おおむね30メートル以上の残置森林又は造成森林を配置する。
ゴルフ場の造成	森林率はおおむね50パーセント以上とする。（残置森林率はおおむね40パーセント以上）	1．原則として周辺部に幅おおむね30メートル以上の残置森林又は造成森林（残置森林は原則としておおむね20メートル以上）を配置する。 2．ホール間に幅おおむね30メートル以上の残置森林又は造成森林（残置森林はおおむね20メートル以上）を配置する。
宿泊施設、レジャー施設の設置	森林率はおおむね50パーセント以上とする。（残置森林率はおおむね40パーセント以上）	1．原則として周辺部に幅おおむね30メートル以上の残置森林又は造成森林を配置する。 2．建物敷の面積は事業区域の面積のおおむね40パーセント以下とし、事業区域内に複数の宿泊施設を設置する場合は極力分散させるものとする。 3．レジャー施設に係る事業等の1箇所当たりの面積はおおむね5ヘクタール以下とし、事業区域内にこれを複数設置する場合は、その間に幅おおむね30メートル以上の残置森林又は造成森林を配置する。
工場、事業場の設置	森林率はおおむね25パーセント以上とする。	1．事業区域内の事業等に係る森林の面積が20ヘクタール以上の場合は、原則として周辺部に幅おおむね30メートル以上の残置森林又は造成森林を配置する。これ以外の場合にあっても極力周辺部に森林を配置する。 2．事業等に係る1箇所当たりの面積はおおむね20ヘクタール以下とし、事業区域内にこれを複数造成する場合は、その間に幅おおむね30メートル以上の残置森林又は造成森林を配置する。
住宅団地の造成	森林率（緑地を含む。）はおおむね20パーセント以上とする。	1．事業区域内の事業等に係る森林の面積が20ヘクタール以上の場合は、原則として周辺部に幅おおむね30メートル以上の残置森林又は造成森林・緑地を配置する。これ以外の場合にあっても極力周辺部に森林・緑地を配置する。 2．事業等に係る1箇所当たりの面積はおおむね20ヘクタール以下とし、事業区域内にこれを複数造成する場合は、その間に幅おおむね30メートル以上の残置森林又は造成森林・緑地を配置する。
土石等の発掘		1．原則として周辺部に幅おおむね30メートル以上の残置森林又は造成森林を配置する。 2．採掘跡地は必要に応じ埋め戻しを行い、緑化及び植栽する。また、法面は可能な限り緑化し小段平坦部には必要に応じ客土等を行い植栽する。

（注）　1　「残置森林率」とは、残置森林（残置する森林）のうち若齢林（15年生以下の森林）を除いた面積の事業区域内の森林の面積に対する割合をいう。

　　　　2　「森林率」とは、残置森林及び造成森林（植栽により造成する森林であって硬岩切上面等の確実な成林が見込まれない箇所を除く。）の面積の事業区域内の森林の面積に対する割合をいう。

3 「ゲレンデ等」とは、滑走コースの上、下部のスキーヤーの滞留場所であり、リフト乗降場、レストハウス等の施設用地を含む区域をいう。

表5

事業等の目的	事業区域内において残置し又は造成する森林又は緑地の割合	森林の配置等
別荘地の造成	残置森林率はおおむね70パーセント以上とする。	1．原則として周辺部に幅おおむね50メートル以上の残置森林又は造成森林を配置する。 2．1区画の面積はおおむね1000平方メートル以上とする。 3．1区画内の建物敷の面積はおおむね200平方メートル以下とし、建物敷その他付帯施設の面積は1区画の面積のおおむね20パーセント以下とする。 4．建築物の高さは当該森林の期待平均樹高以下とする。
スキー場の造成	残置森林率はおおむね70パーセント以上とする。	1．原則として周辺部に幅おおむね50メートル以上の残置森林又は造成森林を配置する。 2．滑走コースの幅はおおむね50メートル以下とし、複数の滑走コースを並列して設置する場合はその間の中央部に幅おおむね100メートル以上の残置森林を配置する。 3．滑走コースの上、下部に設けるゲレンデ等は1箇所当たりおおむね5ヘクタール以下とする。また、ゲレンデ等と駐車場との間には幅おおむね50メートル以上の残置森林又は造成森林を配置する。 4．滑走コースの造成に当たっては原則として土地の形質変更は行わないこととし、止むを得ず行う場合には、造成に係る切土量は、1ヘクタール当たりおおむね1000立方メートル以下とする。
ゴルフ場の造成	森林率はおおむね70パーセント以上とする。（残置森林率はおおむね60パーセント以上）	1．原則として周辺部に幅おおむね50メートル以上の残置森林又は造成森林（残置森林は原則としておおむね40メートル以上）を配置する。 2．ホール間に幅おおむね50メートル以上の残置森林又は造成森林（残置森林はおおむね40メートル以上）を配置する。 3．切土量、盛土量はそれぞれ18ホール当たりおおむね150万立方メートル以下とする
宿泊施設、レジャー施設の設置	残置森林率はおおむね70パーセント以上とする。	1．原則として周辺部に幅おおむね50メートル以上の残置森林又は造成森林を配置する。 2．建物敷の面積は事業区域の面積のおおむね20パーセント以下とし、事業区域内に複数の宿泊施設を設置する場合は極力分散させるものとする。 3．レジャー施設に係る事業等の1箇所当たりの面積はおおむね5ヘクタール以下とし、事業区域内にこれを複数設置する場合は、その間に幅おおむね50メートル以上の残置森林又は造成森林を配置する。
工場、事業場の設置	森林率はおおむね35パーセント以上とする。	1．事業区域内の事業等に係る森林の面積が20ヘクタール以上の場合は、原則として周辺部に幅おおむね50メートル以上の残置森林又は造成森林を配置する。これ以外の場合にあっても極力周辺部に森林を配置する。 2．事業等に係る1箇所当たりの面積はおおむね20ヘクタール以下とし、事業区域内にこれを複数造成する場合は、その間に幅おおむね50メートル以上の残置森林又は造成森林を配置する。
住宅団地の造成	森林率（緑地を含む。）はおおむね30パーセント以上とする。	1．事業区域内の事業等に係る森林の面積が20ヘクタール以上の場合は、原則として周辺部に幅おおむね50メートル以上の残置森林又は造成森林・緑地を配置する。これ以外の場合にあっても極力周辺部に森林・緑地を配置する。 2．事業等に係る1箇所当たりの面積はおおむね20ヘクタール以下とし、事業区域内にこれを複数造成する場合は、その間に幅おおむね50メートル以上の残置森林又は造成森林・緑地を配置する。

土石等の採掘		1．原則として周辺部に幅おおむね50メートル以上の残置森林又は造成森林を配置する。 2．採掘跡地は必要に応じ埋め戻しを行い、緑化及び植栽する。また、法面は可能な限り緑化し小段平坦部には必要に応じ客土等を行い植栽する。

(注)「残置森林率」、「森林率」及び「ゲレンデ等」については、表4に同じ。

(2)　造成森林については、必要に応じ植物の成育に適するよう表土の復元、客土等の措置を講じ、地域の自然的条件に適する原則として樹高1メートル以上の高木性樹木を、表6を標準として均等に分布するよう植栽する。なお、修景効果を併せ期待する造成森林にあっては、できるだけ大きな樹木を植栽するよう努めるものとする。

表6

樹　高	植栽本数（1ヘクタール当たり）
1メートル	2,000本
2メートル	1,500本
3メートル	1,000本

13　第1の4の(2)の「周辺の植生の保全等」には、貴重な動植物の保護を含むものとする。また、「必要に応じた造成」とは、必要に応じて複層林を造成する等安定した群落を造成することを含むものとする。

14　第1の4の(3)の運用に当たっては、特に土砂の採取、道路の開設等の開発行為について景観の維持上問題を生じないよう開発行為の対象地（土捨場を含む。）の選定、法面の縮小又は緑化、森林の残置又は造成、木竹の植栽等の措置につき慎重に審査するものとする。

保安林及び保安施設地区の指定、解除等の取扱いについて

昭和45年 6 月 2 日付け　45林野治第921号
林野庁長官から各都道府県知事、営林局長あて
最終改正：平成29年 3 月29日付け　28林整治第2541号

　森林法（昭和26年法律第249号。以下「法」という。）、森林法施行令（昭和26年政令第276号。以下「令」という。）及び森林法施行規則（昭和26年農林省令第54号。以下「規則」という。）による保安林及び保安施設地区の指定、解除等に関する事務の取扱いについて、下記のとおり定めたので、御了知願いたい。

　なお、本通知は、地方分権の推進を図るための関係法律の整備等に関する法律（平成11年法律第87号）によりいわゆる機関委任事務制度が廃止されたことに伴い、地方自治法（昭和22年法律第67号）第245条の 4 の規定に基づく技術的な助言として取り扱われるものであること、また、法第196条の 2 各号に掲げる法定受託事務の取扱いについては、別途農林水産事務次官から通知された処理基準（平成12年 4 月27日付け12林野治第790号）に御留意願いたい。

　なお、次に掲げる通達は廃止する。

1　保安林及び保安施設地区の指定解除等の事務手続について
　　（昭和37年11月22日付け37林野治第1454号。林野庁長官通達）
2　保安林の指定施業要件指定調書等の作成について
　　（昭和38年 5 月30日付け38林野治第530号。林野庁長官通達）
3　転用のための保安林解除申請書等に添付する書類について
　　（昭和39年10月20日付け39林野治第1350号。林野庁長官通達）
4　都道府県知事の権限に係る保安林の解除の適正な取扱いについて
　　（昭和46年 1 月29日付け46林野治第199号。林野庁長官通達）

記

第 1　保安林の指定について

1　保安林の種類

　保安林は、法第25条第 1 項に掲げる指定の目的により、次の17種とする。

① 水源かん養保安林
② 土砂流出防備保安林
③ 土砂崩壊防備保安林
④ 飛砂防備保安林
⑤ 防風保安林
⑥ 水害防備保安林
⑦ 潮害防備保安林
⑧ 干害防備保安林

⑨　防雪保安林

⑩　防霧保安林

⑪　なだれ防止保安林

⑫　落石防止保安林

⑬　防火保安林

⑭　魚つき保安林

⑮　航行目標保安林

⑯　保健保安林

⑰　風致保安林

2　指定施業要件

(1)　伐採種は、当該森林の地況、林況等を勘案して地番の区域又はその部分を単位として定めるものとする。

(2)　間伐の指定は、主伐に係る伐採種を定めない森林、択伐とする森林で択伐林型を造成するため間伐を必要とするもの及び禁伐とする森林で保育のために間伐をしなければ当該保安林の指定の目的を達成することができないものについて定めるものとする。

(3)　指定施業要件として定める伐採の方法のうち主伐に係るものは、別表1に規定するところにより定めるほか、伐採をすることができる立木は標準伐期齢以上のものとする旨を定めるものとする。

　　　ただし、保安林の機能の維持又は強化を図るために樹種又は林相を改良することが必要であり、かつ、当該改良のためにする伐採が当該保安林の指定の目的の達成に支障を及ぼさないと認められるときは、これ以外の方法によっても伐採をすることができる旨を定めることができるものとする。

(4)　(3)のただし書による主伐に係る伐採の方法（以下「伐採方法の特例」という。）は当該保安林の樹種若しくは林相を改良する必要が現に生じている場合又は10年以内に生ずると見込まれる場合に限り定めるものとするが、伐採方法の特例のうち伐採種に関するもの（以下「伐採種の特例」という。）は、択伐とする森林については皆伐、禁伐とする森林については択伐とするものとする。

　　　なお、伐採方法の特例を定める場合には、指定の日から10年を超えない範囲内で当該特例の有効期間を定めるものとする。

(5)　指定施業要件として定める立木の伐採の限度は、指定の目的に係る受益の対象が同一である保安林又はその集団を単位として定めるものとする。

(6)　指定施業要件として定める立木の伐採の限度のうち1伐採年度において皆伐による伐採をすることができる面積に係るものは，指定施業要件を定めるについて同一の単位とされている保安林又はその集団のうち当該指定施業要件としてその立木の伐採につき択伐が指定されている森林及び主伐に係る伐採の禁止を受けている森林以外のものの面積を令別表第2の第2号（一）イに規定する伐期齢に相当する数で除して得た面積（以下「総年伐面積」という。）に前伐採年度における伐採につき法第34条第1項の許可をした面積が当該前伐採年度の総年伐面積に達していない場合にはその達するまでの部分の面積を加えて得た面積とする旨を定めるものとする。

(7)　令別表第2の2号（一）ロの1箇所当たりの皆伐面積の限度は、原則として次の範囲内において伐採跡地からの土砂の流出の危険性、急激な疎開による周辺の森林への影響等に配慮して、定めるものとする。

　　ア　水源かん養保安林（急傾斜地の森林及び保安施設事業の施行地等の森林その他森林施業上これと同一の取扱いをすることが適当と認められる森林に限る。）

　　　　20ヘクタール以下

　　イ　土砂流出防備、飛砂防備、干害防備及び保健の各保安林

　　　　10ヘクタール以下

　　ウ　その他の保安林（当該森林の地形、気象、土壌等の状況を勘案し、特に保安機能の維持又は強化を図る必要があるものに限る。）

　　　　20ヘクタール以下

(8)　伐採種の特例により、樹種又は林相の改良のために伐採種を定めないものとされた保安林に係る1箇所当たりの皆伐面積の限度は、定めないものとする。

(9)　令別表第2第2号（一）ニの択伐の限度は、伐採の方法として択伐が指定されている森林及び伐採種を定めない森林に対して適用するものとする。

(10)　規則第56条第3項に規定する係数は、当該森林における標準伐期齢以上の立木の材積が当該森林の立木の材積の30パーセント（伐採跡地につき植栽によらなければ的確な更新が困難と認められる森林につき、保安林又は保安施設地区に指定後最初に択伐による伐採をする場合には、40パーセント）以上である森林にあっては当該森林の立木度、その他の森林にあっては当該森林の標準伐期齢以上の立木の材積が当該森林の立木の材積の30パーセント（伐採跡地につき植栽によらなければ的確な更新が困難と認められる森林につき、保安林又は保安施設地区に指定後最初に択伐による伐採をする場合には、40パーセント）以上となる時期において推定される立木度とする。

　　この場合において、推定立木度は、保安林の指定時における当該森林の立木度を将来の成長状態を加味して±10分の1の範囲内で調整して得たものとする。

　　なお、立木度は、現在の林分蓄積と当該林分の林齢に相応する期待蓄積とを対比して10分率をもって表すものとする。ただし、蓄積を掲上するに至っていない幼齢林分については蓄積にかえて本数を用いるものとする。

(11)　令別表第2の第3号は、立木を伐採した後において現在の森林とおおむね同等の保安機能を有する森林を再生する趣旨で設けられたものであるから、植栽以外の方法により的確な更新が期待できる場合には、これを定めないものとする。この場合において、人工造林に係る森林及び森林所有者が具体的な植栽計画をたてている森林については、原則として、定めるものとする。

　　なお、法第34条第2項の許可又は規則第63条第1項第5号の協議の同意を伴う場合において、保安機能の維持上問題がないと認められるときは、当該許可又は当該同意の際に条件として付した行為の期間内に限り定めることを要しないものとする。

(12)　規則付録第8の「当該森林において、植栽する樹種ごとに、同一の樹種の単層林が標準伐期齢に達しているものとして算出される1ヘクタール当たりの当該森林の単層林の材積を標準伐期齢で除して得た数値」は、原則として、当該森林の森林簿又は森林調査簿（以下「森林簿

等」という。）に示されている植栽する樹種に係る地位級（樹種別に伐期総平均成長量を㎥単位の等級に区分したものをいう。以下同じ。）（当該森林の森林簿等に植栽する樹種に係る地位級が示されていない場合には、近傍類似の森林の森林簿等に示されている当該樹種又は当該樹種と同等の生育が期待される樹種に係る地位級）をもって表すこととする。

なお、規則付録第8の算式の算出結果は、別表2のとおりである。

⒀　令別表第2の第3号（三）の「経済的利用に資することができる樹種」については、当該保安林の指定目的、地形、気象、土壌等の状況及び樹種の経済的特性等を踏まえて、木材生産に資することができる樹種に限らず、幅広い用途の経済性の高い樹種を定めることができる。

3　指定の手続

⑴　法第27条第1項に規定する保安林の指定に直接の利害関係を有する者は、次のいずれかに該当するものとする。

ア　保安林の指定に係る森林の所有者その他権原に基づきその森林の立木竹若しくは土地の使用又は収益をする者

イ　保安林の指定により直接利益を受ける者又は現に受けている利益を直接害され、若しくは害されるおそれがある者

⑵　国有林野の管理経営に関する法律（昭和26年法律第246号）第2条に規定する国有林野（以下「国有林野」という。）及び旧公有林野等官行造林法（大正9年法律第7号）第1条の契約に係る森林、原野その他の土地（以下「官行造林地」という。）についての保安の指定の申請は、原則として、当該森林の所在地を管轄する森林管理局長が農林水産大臣に上申するものとし、都道府県知事は国有林野及び官行造林地以外の国有林又は民有林についての指定の申請を行うものとする。ただし、都道府県知事が国有林野又は官行造林地について森林管理局長に協議して申請する場合はこの限りでない。

⑶　都道府県知事が申請をする場合には、申請書の指定の理由欄に別に定める法第27条第3項の保安林指定意見書の様式に定める事項に準ずる事項を記載するものとする。

⑷　規則第48条第1項の規定により申請書に添付する図面は、原則として地域森林計画の森林計画図（以下「森林計画図」という。）の写しとするものとする。

⑸　都道府県知事は、申請をする場合に、実地調査を行うほか適宜の方法により十分な調査を行い、次の書類を添付するものとする。この場合においては、当該森林の所在地を管轄する市町村長並びに森林所有者及び当該森林に関し登記した権利を有する者の当該指定に関する意見を聴くものとする。

①　指定調書

②　指定調査地図

③　位置図

④　その他必要な書類

⑹　⑸の④の書類には、次に掲げる書類を含むものとする。

ア　都道府県森林審議会に諮問した場合にあってはその答申書の写し。

イ　申請に係る森林が国有林である場合にあっては当該国有林を管理する国の機関の長（国有林野又は官行造林地にあっては、所轄の森林管理局長）の意見。

ウ　当該森林の現況を明らかにする写真。

エ　当該指定について森林所有者又は当該森林に関し登記した権利を有する者に異議がある場合にあっては、それらの者の氏名（法人にあっては名称）、当該森林の所在場所、異議の内容及び理由その他必要な事項を記載した書面。

(7)　都道府県知事は、民有林について申請をする場合において、当該指定の区域が１筆の土地の一部であるときは、当該区域の実測図を添付するか又は調査地図に地形地物を表示し、後日において現地を明瞭に確認できるようにしておくものとする。

(8)　国有林に係る保健又は風致の保存のための保安林の指定について申請をする場合には、法第27条第３項の意見書、規則第48条の書類及び(5)に掲げる書類のほかその写しを１部添付するものとする。

(9)　都道府県知事は、申請が不適法であって、補正することができるものであるときは直ちにその補正を求め、補正することができないものであるときは、当該申請者に対し、理由を付した書面を送付して、却下するものとする。

(10)　都道府県知事は、保安林の指定に際しては、実地調査を行うほか適宜の方法により十分な調査を行い、(5)に掲げる書類を作成の上、指定の適否を判断するものとする。この場合においては、当該森林の所在地を管轄する市町村長並びに当該森林の森林所有者及び当該森林に関し登記した権利を有する者の当該指定に関する意見を聴くものとする。

(11)　保安林予定森林に関する通知等は、次により行うものとする。

ア　法第30条の２の通知は、保安林予定森林の森林所有者及びその森林に関し登記した権利を有する者の氏名（法人にあっては名称及び代表者の氏名）及び住所を調査した後に行うものとする。なお、登記した権利を有する者は現に登記簿、立木登記簿又は鉱業原簿に登記（登録）されている権利の登記（登録）名義人（当該名義人が森林所有者である場合を除く。）である。

イ　保安林予定森林に関する通知の内容は、保安林に指定する旨並びに保安林予定森林の所在場所、当該指定の目的及び保安林の指定後における当該森林に係る指定施業要件のほか、次の事項とする。

（ア）同一の単位とされる保安林において伐採年度ごとに皆伐による伐採をすることができる面積（保安林の面積の異動等に変更することがある旨を付記すること。）

（イ）伐採種を定めない森林においてする主伐は、皆伐によることができる旨

（ウ）標準伐期齢

（エ）指定施業要件に従って樹種又は林相を改良するために伐採するときは、伐採跡地の植栽について条件を付することがある旨

（オ）その他必要な事項

ウ　保安林予定森林に係る区域が１筆の土地の一部である場合には、法第30条の２の規定による通知書に当該部分を明示した図面を添付する。

エ　法第30条の２の規定による掲示の内容は、同条の告示の内容に準ずるものとする。

オ　都道府県知事は、国有林の保安林又は法第25条第１項第１号から第３号までに掲げる目的を達成するための民有林の保安林（同項に規定する重要流域内に存するものに限る。）につき法第30条（第33条の３において準用する場合を含む。）の規定による告示をしたときは、遅滞なく、当該告示の写しを林野庁長官あて送付するようお願いする。

カ　都道府県知事は、保安林指定告示附属明細書を、保安林台帳に準じて保管するものとする。

キ　都道府県知事は、法第27条第1項の規定による指定の申請をした後又は申請を進達した後法第33条第1項の規定による告示が行われるまでの間に、当該申請に係る森林について所在場所の名称又は地番の変更があったときは、当該変更に係る所在場所の名称又は地番、変更の時期その他必要な事項を記載した書面により林野庁長官に報告する。

　なお、当該変更が法第30条の規定による告示がなされる以前であるものについて当該変更前の所在場所の名称又は地番により告示がなされている場合にあっては、当該告示の訂正を行い、当該告示の訂正を記載した都道府県公報の写しを書面に添付する。

ク　都道府県知事は、法第29条の規定による通知を受けた後において、当該通知の内容を変更する必要が生じたときは、変更に係る内容、変更を必要とする理由その他必要な事項を記載した書面により当該通知の内容の変更を林野庁長官に申し出る。

⑿　法第32条第1項の規定による意見書については、次により処理するものとする。

ア　異議意見書は、異議意見に係る森林及び理由が共通である場合に限り連署して提出することができるものとする。

イ　異議意見書に添付する図面については、原則として森林計画図の写しとするものとする。

ウ　保安林予定森林について提出された意見書が、規則第51条に規定する提出部数が不足するもの、同条に規定する直接の利害を有する者であることを証する書類の添付がないものその他不適法であって補正することができるものであるときは、直ちにその補正を求めるものとし、法第32条第1項に規定する期間の経過後に差し出されたものその他不適法であって補正することができないものであるときは、これを却下するものとする。なお、当該却下は、意見書提出者に対し、理由を付した書面を送付してする。

⒀　法第32条第2項の規定に基づき都道府県知事が行う意見の聴取については、規則第52条の規定に準じて行うものとする。

⒁　法第32条第3項の通知書には、同項に規定された事項のほか、次の事項を記載する。

ア　意見聴取会の開始時期

イ　意見書提出者が代理人をして意見の陳述をさせようとするときは、代理人1人を選任し、当該選任に係る代理人の権限を証する書面をあらかじめ提出すべき旨

ウ　陳述の時間を制限する必要があるときは、各意見書提出者又はその代理人の陳述予定時間

エ　意見聴取会当日には当該通知書を持参すべき旨

⒂　都道府県知事が行う法第32条第3項の公示は、都道府県公報に掲載してするとともに関係市町村の事務所及び意見の聴取の場所に掲示してするものとする。

⒃　指定の申請に対し、指定をしない旨の処分をした場合には、遅滞なく申請者に対し指定をしない旨及びその理由を記載した書面を送付して通知するものとする。

　なお、保安林予定森林について事情の変更その他の理由により指定を取り止める場合には、当該保安林予定森林に係る法第30条の2の規定による告示、掲示及び通知を取り消すものとする。

⒄　法第33条第6項において準用する同条第3項の規定による通知は、次により行うものとする。

ア　通知を行う場合は、あらかじめ当該指定に係る森林所有者が法第30条の2の規定による通知をした森林所有者と同一人であるかどうかを確認し、森林所有者に異動があった場合には新森林所有者を通知の相手方とする。

　　イ　通知の内容が法第30条の2の規定による通知の内容と同一である場合には、森林所有者に異動があった場合を除き、通知書に保安林予定森林についての通知の内容と同一である旨を記載すれば足りる。

　　ウ　指定に係る森林が1筆の土地の一部である場合には、通知書に当該部分を明示した図面を添付する。ただし、森林所有者に異動があった場合を除き当該区域が保安林予定森林の区域と同一である場合には、この限りでない。

⒅　指定目的の変更のためにする指定は、現に定められている指定目的に係る保安林の解除と同時又は解除前に行うものとする。この場合において、法第30条の2及び法第33条第6項において準用する同条第3項の規定による通知書には、指定目的の変更のためにする指定である旨を付記するものとする。

⒆　現に保安林に指定されている森林についてその指定の目的以外の目的を達成するため重ねて保安林に指定する場合（以下「兼種保安林の指定」という。）における法第30条の2及び法第33条第6項において準用する同条第3項の規定による通知書には、従前の指定目的に新たな目的を追加するための指定である旨を付記するものとする。

⒇　都道府県知事は、民有林に係る法第33条第1項の通知を受けたとき又は法第25条の2の規定に基づき指定をしたときは、当該処分の内容その他必要な事項を当該保安林の所在地を管轄する市町村長及び登記所に通知するものとする。ただし、指定目的の変更のためにする指定又は兼種保安林の指定についてはこの限りでない。

第2　保安林の解除について

1　指定理由の消滅

　　法第26条第1項又は法第26条の2第1項に規定する「指定の理由が消滅したとき」とは、次の各号のいずれかに該当するときとするものとする。

⑴　受益の対象が消滅したとき。

⑵　自然現象等により保安林が破壊され、かつ、森林に復旧することが著しく困難と認められるとき。

⑶　当該保安林の機能に代替する機能を果たすべき施設等が設置されたとき又はその設置が極めて確実と認められるとき。

⑷　森林施業を制限しなくても受益の対象を害するおそれがないと認められるとき。

2　公益上の理由

　　法第26条第2項又は法第26条の2第2項に規定する「公益上の理由により必要が生じたとき」とは、保安林を次に掲げる事業の用に供する必要が生じたときとするものとする。

　　ア　土地収用法（昭和26年法律第219号）その他の法令により土地を収用し又は使用できることとされている事業のうち、国等（国、地方公共団体、地方公共団体の組合、独立行政法人、地方独立行政法人、地方住宅供給公社、地方道路公社及び土地開発公社をいう。以下同じ。）が実施するもの

イ　国等以外の者が実施する事業のうち、別表3に掲げる事業に該当するもの

　ウ　ア又はイに準ずるもの

3　解除の手続

(1)　法第27条第1項に規定する保安林の解除に直接の利害関係を有する者は、次のいずれかに該当する者とする。

　ア　保安林の解除に係る森林の所有者その他権原に基づきその森林の立木竹若しくは土地の使用又は収益をする者

　イ　保安林の解除により直接利益を受ける者又は現に受けている利益を直接害され、若しくは害されるおそれがある者

(2)　都道府県知事が申請をする場合には、申請書の指定の解除の理由欄に別に定める法第27条第3項の保安林解除意見書の様式に定める事項に準ずる事項を記載するものとする。

(3)　規則第48条第1項の規定により申請書に添付する図面は、原則として実測図とするものとする。

　　ただし、転用を目的とするものでない場合には、森林計画図の写しとすることができるものとする。

(4)　都道府県知事は、申請をする場合には、実地調査を行うほか適宜の方法により十分な調査を行い、次の書類を添付するものとする。この場合においては、当該保安林の所在場所を管轄する市町村長及び当該保安林の機能が変化することによって直接影響を受けることとなる土地等の権利者の当該解除の当否に関する意見を聴くものとする。

　①　解除調書

　②　解除調査地図

　③　位置図

　④　その他必要な書類

(5)　解除の手続きについては、第1の3の(2)、(6)から(17)まで及び(20)を準用する。

4　前各号に定めるもののほか、保安林を森林以外の用途に供するために法第26条又は法第26条の2の規定に基づき保安林を解除する場合の取扱いについては、別に定める。

第3　指定施業要件の変更について

1　変更をすべき場合

(1)　災害の発生等に伴い保安林に係る指定施業要件を変更しなければ、その保安林の指定の目的を達成することができないと認められるに至った場合及び植栽が行われた場合（指定施業要件として植栽の方法、期間及び樹種が定められている場合を除く。）は、指定施業要件を変更すべき旨の申請がなくても遅滞なく変更を行うものとする。

(2)　都道府県知事は、森林所有者から規則第72条第1号の規定による認定を求められた場合において、当該保安林について現に指定施業要件として定められている植栽の方法、期間又は樹種が当該伐採跡地の的確な更新を図るうえで実情に即しないと認められるときであって法第33条の2第1項の規定により当該指定施業要件を変更することにより植栽が可能となり、かつ当該変更をする時間的な余裕があるときは、当該保安林が国有林（国有林野及び官行造林地を除く。）又は法第25条第1項第1号から第3号までに掲げる目的を達成するための民有林の保安

林（同項に規定する重要流域内に存するものに限る。）である場合は農林水産大臣に対し指定施業要件の変更の申請を行わせるものとし、当該保安林が同項第1号から第3号までに掲げる目的を達成するために指定された民有林の保安林（同項に規定する重要流域内に存するものを除く。）又は同項第4号から第11号までに掲げる目的を達成するために指定された民有林の保安林である場合は職権により指定施業要件の変更の手続きを行うものとする。現地の状況に著しい変化が生じたため植栽が不可能となった場合又は指定施業要件を変更する時間的な余裕がない場合は、規則第72条第1号の規定による認定を行うものとし、指定施業要件の変更をすべきものについてはその後遅滞なく同様の手続きを行うものとする。

2　変更の手続

(1)　都道府県知事が申請をする場合には、申請書の変更希望内容及びその理由欄に別に定める法第33条の3において準用する法第27条第3項の保安林指定施業要件変更意見書の様式に定める事項に準ずる事項を記載するものとする。

(2)　規則第48条第1項の規定により申請書に添付する図面は、森林計画図の写しとするものとする。

(3)　都道府県知事は、申請をする場合には、実地調査を行うほか適宜の方法により十分な調査を行い、次の書類を添付するものとする。この場合においては，当該保安林の所在地を管轄する市町村長並びに森林所有者等及び当該森林に関し登記した権利を有する者（当該保安林に係る指定施業要件を変更しなければその保安林の指定の目的を達成することができない場合に限る。）又は当該保安林の機能が弱化されることによって直接損失を受けることとなる土地等の権利者（当該保安林に係る指定施業要件を変更してもその保安林の指定の目的に支障を及ぼすことがない場合に限る。）の当該変更の当否に関する意見を聴くものとする。

①　指定施業要件変更調書

②　指定施業要件変更調査地図

③　位置図

④　その他必要な書類

(4)　変更の手続きについては、第1の3の(1)、(2)、(6)、(7)及び(9)から（17）までを準用する。

第4　保安林における制限について

1　伐採の限度を算出する基礎となる伐期齢

　　伐採の限度を算出する基礎となる伐期齢は、指定施業要件において植栽の樹種が定められている森林にあっては当該樹種の標準伐期齢とし、それ以外の森林にあっては更新期待樹種の標準伐期齢とするものとする。ただし、同一の単位とされる保安林に樹種が2以上ある場合には、次式によって算出して得た平均年齢とし、当該年齢は整数にとどめ小数点以下は四捨五入するものとする。

$$u = au_1 + bu_2 + cu_3 + \cdots\cdots\cdots\cdots$$

$u \cdots\cdots\cdots\cdots\cdots\cdots$ 平均年齢

u_1、u_2、$u_3 \cdots\cdots\cdots\cdots$ 各樹種の標準伐期齢

a、b、$c \cdots\cdots\cdots\cdots\cdots$ 各樹種の期待専占面積歩合

2 協議に係る皆伐面積の取扱い

　　令第4条の2第4項及び第1の2の(6)の規定により皆伐面積の限度を算定するに当たっては、規則第60条第1項第10号の規定による協議（同項第5号から第9号までに該当する立木の伐採についての協議を除く。）に係る皆伐面積は、法第34条第1項の許可をした面積とみなすものとする。

3 皆伐面積の限度の公表

(1)　令第4条の2第3項の規定による公表は、都道府県公報に掲載してするものとし、同一の単位とされる保安林等ごとに皆伐面積の限度を明示するものとする。この場合においては、伐採方法の特例に該当して伐採種を定めないとされたものについての皆伐面積の限度は、別表1により指定されたものについての皆伐面積の限度に合算して定めるものとする。

(2)　同一の単位とされる保安林等については、当該保安林等に流域又は行政単位等（市郡、町村、大字、字）の名称を冠して表示するものとする。

4 許可申請又は協議の適否の判定

(1)　令別表第2の第1号(1)ロの択伐とは、森林の構成を著しく変化させることなく逐次更新を確保することを旨として行う主伐であって、次に掲げるものとする。

　　ア　伐採区域の立木をおおむね均等な割合で単木的又は10m未満の幅の帯状に選定してする伐採

　　イ　樹群を単位とする伐採で当該伐採によって生ずる無立木地の面積が0.05ヘクタール未満であるもの

(2)　規則第53条に規定する樹冠疎密度は、広大な区域若しくはその平均について示すものでなくその森林についてあらゆる20メートル平方の部分ごとに得られる樹冠疎密度とするものとする。

(3)　令別表第2の第2号(1)ロの1箇所とは、立木の伐採により生ずる連続した伐採跡地（連続しない伐採跡地があっても、相隣する伐採跡地で当該伐採跡地間の距離（当該伐採跡地間に介在する森林（未立木地を除く。）又は森林以外の土地のそれぞれについての距離をいう。）が20メートル未満に接近している部分が20メートル以上にわたっているものを含む。）をいう。

　　ただし、形状が一部分くびれている伐採跡地でそのくびれている部分の幅が20メートル未満であり、その部分の長さが20メートル以上にわたっているものを除く。

　　なお、形状が細長い伐採跡地であらゆる部分の幅が20メートル未満であるもの及びその幅が20メートル以上の部分があってもその部分の長さが20メートル未満であるものについては、令別表第2の第2号(1)ロの規定は適用されないものとする。

(4)　規則第56条第1項の「前回の択伐」には、規則第60条第1項第1号から第9号までに掲げる伐採は含まれないものとする。

(5)　前回の主伐の方法が択伐によらない場合における規則第56条第1項の適用については、当該択伐によらない前回の伐採を「前回の択伐」とみなすものとする。

(6)　規則第56条第1項の「前回の択伐を終えたときの当該森林の立木の材積」が不明である場合には、同項の択伐率は、当該森林の年成長率（年成長率が不明な場合には、当該伐採年度の初日におけるその森林の立木の材積に対する当該森林の総平均成長量の比率）に前回の択伐の終わった日を含む伐採年度から伐採をしようとする前伐採年度までの年度数を乗じて算出するも

のとする。

(7) 規則付録第7の「当該森林と同一の樹種の単層林が標準伐期齢に達しているものとして算出される当該単層林の立木の材積」は、原則として、森林簿等に示されている当該森林の樹種に係る地位級に対応する収穫表に基づき、当該樹種の単層林が標準伐期齢（当該森林が複数の樹種から構成されている場合にあっては、伐採時点の構成樹種が第4の1の式によって算出して得た平均年齢）に達した時点の収穫予想材積をもって表すものとする。

(8) 国有林の保安林の立木で主伐をすることのできるものは、当該国有林の所在する市町村における当該国有林の近傍類似の民有林の当該樹種に係る標準伐期齢以上のものとする。

(9) 伐採跡地に点在する残存木又は点生する上木の伐採は間伐に該当する場合を除き皆伐による伐採として取り扱うものとし、その面積は伐採する立木の占有面積とするものとする。

(10) 許可又は協議に係る伐採の方法が伐採方法の特例に該当する場合は、当該保安林の指定の目的の達成に支障を及ぼさないと認められるときに限り許可又は同意をするものとする。ただし、許可又は同意に条件を付することによって支障をきたさないこととなる場合は、この限りでない。

(11) 法第34条第2項の「土石若しくは樹根の採掘」には、砂、砂利又は転石の採取を含むものとする。

また、同項の「その他の土地の形質を変更する行為」は、例示すれば次に掲げるとおりである。

ア　鉱物の採掘

イ　宅地の造成

ウ　土砂捨てその他物件の堆積

エ　建築物その他の工作物又は施設の新築又は増築

オ　土壌の理学的及び科学的性質を変更する行為その他の植生に影響を及ぼす行為

(12) 申請又は協議に係る行為が次の各号のいずれかに該当する場合には、法第34条第2項の許可又は規則第63条第1項第5号の協議の同意をしないものとする。ただし、解除予定保安林において、法第30条又は第30条の2の告示の日から40日を経過した後（法第32条第1項の意見書の提出があったときは、これについて同条第2項の意見の聴取を行い、法第29条に基づき通知した内容が変更されない場合又は法第30条の2第1項に基づき告示した内容を変更しない場合に限る。）に規則第48条第2項第1号及び第2号の計画書の内容に従い行うものである場合並びに別表4に掲げる場合は、この限りでない。

ア　立竹の伐採については、当該伐採により当該保安林の保安機能の維持に支障を及ぼすおそれがある場合

イ　立木の損傷については、当該損傷により立木の生育を阻害し、そのため保安林の指定目的の達成に支障を及ぼすおそれがある場合

ウ　下草、落葉又は落枝の採取については、当該採取により土壌の生成が阻害され、又は土壌の理学性が悪化若しくは土壌が流亡する等により当該保安林の保安機能の維持に支障を及ぼすおそれがある場合

エ　家畜の放牧については、当該放牧により立木の生育に支障を及ぼし又は土砂が流出し若しくは崩壊し、そのため当該保安林の保安機能の維持に支障を及ぼすおそれがある場合

オ　土石又は樹根の採掘については、当該採掘（鉱物の採掘に伴うものを含む。）により立木の生育を阻害するか又は土砂が流出し、若しくは崩壊しそのため当該保安林の保安機能の維持に支障を及ぼすおそれがある場合

　　ただし、当該採掘による土砂の流出又は崩壊を防止する措置が講じられる場合において、２年以内に当該伐採跡地に造林が実施されることが確実と認められるときを除く。

カ　開墾その他の土地の形質を変更する行為については、農地又は宅地の造成、道路の開設又は拡幅、建築物その他の工作物又は施設の新設又は増設をする場合、一般廃棄物又は産業廃棄物の堆積をする場合及び土砂捨てその他物件の堆積により当該保安林の保安機能の維持に支障を及ぼすおそれがある場合

⒀　申請又は協議に係る行為を行うに際し当該行為をしようとする区域の立木を伐採する必要がある場合で、当該立木の伐採につき法第34条第１項の許可又は規則第60条第１項第７号から第９号までの届出若しくは第10号の協議を要するときに、当該許可又は届出若しくは協議がなされていないときは許可又は同意しないものとする。

5　許可申請等の処理

⑴　法第34条第１項又は第２項の申請があったときは、実地調査を行うほか適宜の方法により十分な調査を行い、申請が不適法であって、補正することができるものであるときは、直ちにその補正を命じ、補正することができないものであるときは、申請者に対し理由を付した書面を送付して却下するものとする。

⑵　令第４条の２第５項の規定による通知は、決定通知書を送付してするものとし、不許可の通知に当たっては、当該不許可の理由を付するものとする。

⑶　法第34条第２項の許可の申請に対する許可又は不許可の通知は、書面により行うものとし、不許可の場合は当該不許可の理由を付するものとする。

⑷　許可申請に係る立木竹の伐採その他の行為について他の法令により行政庁の許認可を必要とする場合

　　（当該保安林が国有林野であって管理処分の申請がなされている場合を除く。）であって、当該許可がなされる前に許可したときは、当該許認可を必要とする旨その他必要な事項を通知書に付記するとともに、関係行政庁に対し許可をした旨その他必要な事項を連絡するものとする。ただし、関係行政庁に対する連絡が、法令の規定により又は法令の運用に関する覚書等により事前に関係行政庁と連絡、協議を行って処理することとされている場合はこの限りでない。

⑸　都道府県知事は、保安林における立木の伐採の許可又は択伐若しくは間伐の届出の受理に当たり、その状況を明らかにするため、伐採年度毎に、立木に係る伐採整理簿（様式は別に定める。）を調整するものとする

6　許可の条件

⑴　立木の伐採について付する許可の条件は、次によるものとする。

ア　伐採の期間については、必ず条件を付する。

イ　伐採木を早期に搬出しなければ森林病害虫が発生し若しくはまん延するおそれがある場合又は豪雨等により受益の対象に被害を与えるおそれがある場合その他の公益を害するおそれがある場合には、搬出期間について条件を付する。

ウ　土しゅら、地びきその他特定の搬出方法によることを禁止しなければ、立木の生育を害し又は土砂を流出若しくは崩壊するおそれがある場合には、禁止すべき搬出方法について条件を付する。

エ　当該伐採の方法が伐採の方法の特例に該当するものであって、前記5の⑽ただし書に該当する場合は当該条件を、また、当該伐採跡地につき植栽によらなければ樹種又は林相を改良することが困難と認められる場合には、植栽の方法、期間及び樹種について条件を付する。

⑵　法第34条第2項に掲げる行為について付する許可の条件は、次によるものとする。

ア　行為の期間については、次により必ず条件を付する。

（ア）　4の⑿のただし書きに該当しない行為

①　当該保安林について指定施業要件として植栽の期間が定められている場合は、原則として当該期間内に植栽することが困難にならないと認められる範囲内の期間とする。

②　当該保安林について指定施業要件として植栽の期間が定められていない場合は、下草、落葉又は自家用薪炭の原料に用いる枝若しくは落枝の採取、一時的な農業利用、家畜の放牧にあってはそれらの行為に着手する時から5年以内の期間、それら以外にあっては行為に着手する時から2年以内の期間とする。

（イ）　解除予定保安林において規則第48条第2項第1号及び第2号の計画書の内容に従い行う行為については、当該計画書に基づき行為に着手する時から完了するまでの期間とする。

（ウ）　4の⑿の別表4に掲げる行為

①　当該保安林について指定施業要件として植栽の期間が定められている場合は、原則として当該期間内に植栽することが困難にならないと認められる範囲内の期間とする。

②　当該保安林について指定施業要件として植栽の期間が定められていない場合は、別表4の1及び2にあっては、当該行為に着手する時から5年以内の期間又は当該施設の使用が終わるまでの期間のいずれか短い期間とし、別表4の3及び4にあっては、当該施設の使用又は当該行為が終わるまでの期間とする。

イ　行為終了後、施設等の廃止後又は撤去後、植栽によらなければ的確な更新が困難と認められる場合（指定施業要件として植栽が定められている場合を除く。）には、植栽の方法、期間及び樹種について条件を付する。

ウ　家畜の放牧、土石又は樹根の採掘その他土地の形質を変更する行為に起因して、土砂が流出し、崩壊し、若しくは堆積することにより付近の農地、森林その他の土地若しくは道路、鉄道その他これらに準ずる設備又は住宅、学校その他の建築物に被害を与えるおそれがある場合には、当該被害を防除するための施設の設置その他必要な措置について条件を付する。
なお、当該行為が規則第48条第2項第1号又は第2号の計画書の内容に従って行われるものである場合に付する条件の内容は、当該計画書に基づいて定める。

7　立木の伐採の許可及び土地の形質の変更等の許可を要しないものの範囲
規則第60条第1項第1号及び第63条第1項第1号の保安施設事業、砂防工事、地すべり防止工事及びぼた山崩壊防止工事には、当該事業又は工事の実施上必要な材料の現地における採取又は集積、材料の運搬等のための道路の開設又は改良その他の附帯工事を含むものとする。

8　国有林の立木の伐採その他の行為に係る協議の処理

(1) 協議は、立木伐採許可申請書、保安林内択伐届出書、保安林内間伐届出書又は規則第61条の申請書の様式に準ずる書面に当該伐採等に係る区域を表示した図面を添付する書類によって応ずるものとする。ただし、当該書面については都道府県知事と当該国有林を管理する国の機関が協議して定めたものをもって代えることができるものとする。

(2) 立木の伐採に係る協議に応ずる期間は、令第4条の2第1項若しくは第2項又は規則第60条第2項若しくは第68条に規定する日までとするものとする。

(3) 協議に対する同意には、許可の場合に準じて留意事項を付するものとする。

(4) 立木の伐採に係る協議があったときは、令第4条の2第5項に規定する期間内に決定するものとする。ただし、法第34条の2第1項又は第34条の3第1項（これらの規定を法第44条において準用する場合を含む。）に係る立木の伐採に係る協議があったときは、20日以内に決定するものとする。

(5) 協議に対する同意又は不同意の通知は、書面により行うものとし、不同意の場合は当該不同意の理由を付するものとする。

9 縮減

(1) 皆伐による立木の伐採の許可申請（2月1日の公表に係るものを除く。）について、令第4条の3第1項第1号の規定により縮減するにあたり、令第4条の2第4項の残存許容限度が当該申請に係る森林の森林所有者等が同一の単位とされる保安林等において森林所有者となっている森林の年伐面積の限度の合計に満たない場合には、当該合計に対する残存許容限度の比率を森林所有者の年伐面積に乗じて得た面積を令第4条の3第1項第1号の年伐面積とみなして計算するものとする。

(2) 令第4条の3第1項第4号の規定による縮減は、少なくとも次の事項を考慮して行うものとする。

ア 当該箇所に係る申請が1である場合には、保安機能が高い部分の立木を残存させること。

イ 当該箇所に係る申請が2以上ある場合には、申請面積に応じてすること。ただし、保安上の影響の差が明白な場合にはこれを考慮すること。

10 届出の処理

(1) 法第34条第8項及び第9項の届出があったときは、実地調査を行うほか適宜の方法により十分な調査を行い、届出が不適法であって、補正することができるものであるときは、直ちにその補正を命じ、補正することができないものであるときは、届出者に対し理由を付した書面を送付して却下するものとする。

(2) 許可の条件として付した期間が経過したとき（立木の伐採について法第34条第8項の届出がなされている場合を除く。）は、実地調査を行うほか適宜の方法により十分な調査を行い、申請に係る行為がなされたかどうか確認するものとし、立木の伐採について法第34条第8項の届出がなされていない場合には、許可を受けた者に対し届出をするよう勧告するものとする。

(3) 択伐による立木の伐採がなされた場合には、当該択伐を終えたときの当該森林の立木の材積を把握し、当該材積を保安林台帳に記載すること。

第5 植栽の義務について

1 植栽本数等

(1) 規則第57条第2項の適用は、指定施業要件として伐採種が定められていない森林において、択伐による伐採が行われる場合についても適用するものとする。

(2) 指定施業要件として定められている複数の樹種を植栽するときは、樹種ごとに、植栽する1ヘクタール当たりの本数を規則第57条第1項又は第2項の規定により算出される植栽本数で除した値を求め、その総和が1以上となるような本数を植栽するものとする。

2 植栽の義務の履行の確認

都道府県知事は、指定施業要件として、植栽の方法、期間及び樹種が定められている保安林において立木の伐採が行われた場合は、当該植栽の期間の満了後すみやかに、指定施業要件の定めるところに従って植栽が行われたかどうかを調査するものとする。

3 植栽の義務の免除又は猶予の認定

(1) 規則第72条第1号の規定による認定は、森林所有者から認定の請求があった場合又は都道府県知事が必要があると認めた場合において、次のいずれかに該当するときに限り行うものとする。

ア 火災、風水害その他の非常災害(以下「非常災害」という。)により当該伐採跡地の現地の状況に著しい変更が生じたため、植栽が不可能となった場合又は法第33条の2第1項の規定により指定施業要件を変更する時間的な余裕がない場合。

なお、後段の場合には、指定施業要件の変更により植栽の方法、期間又は樹種が変更されたときはその変更されたところに従って植栽しなければならない旨を付して認定する。

イ 非常災害により当該伐採跡地までの通行が困難になり又は苗木若しくは労務の調達が著しく困難になったため、森林所有者が当該保安林に係る指定施業要件として定められている植栽の方法、期間又は樹種に従って植栽をすることが著しく困難となった場合。

なお、この場合には、植栽の義務を停止する期間及び必要に応じて植栽の方法又は樹種を明らかにして認定する。

(2) 規則第72条第2号の規定による認定は、森林所有者から認定の請求があった場合において、次のいずれにも該当しないときに行うものとし、この認定に当たっては、伐採が終了した日を含む伐採年度の翌伐採年度の初日から起算して5年を超えない範囲で植栽の義務を猶予する期間を明らかにすることとする。

ア 当該伐採跡地が、当該保安林に係る指定施業要件に適合しない択伐による伐採により生ずるものである場合

イ 当該伐採跡地における稚樹の発生状況、母樹の賦存状況、更新補助作業の実施予定その他の状況からみて、植栽の義務を猶予することができる期間内において、当該保安林に係る指定施業要件に植栽することが定められている樹種の苗木と同等以上の天然に生じた立木(当該樹種の立木に限る。)による更新が期待できない場合

(3) 国有林を管理する国の機関が当該国有林について規則第72条第1号又は第2号の規定による認定を求めようとする場合にあっては、認定の請求に代えて都道府県知事に協議を行い、都道府県知事の同意を得るものとする。

第6 監督処分について

1 監督処分を行うべき場合

(1) 法第38条第1項又は第2項の中止命令は、立木竹の伐採その他の行為が法第34条第1項又は第2項の許可を受けずに行われた場合のほか、当該行為が同条第1項若しくは第2項の許可の内容若しくは許可に付した条件に違反していると認められる場合、同条第1項第6号若しくは第2項第4号の規定に該当するものでないと認められる場合又は偽りその他不正な手段により同条第1項若しくは第2項の許可を受けたものと認められる場合に行うものとする。

(2) 法第38条第1項又は第3項の造林命令は、立木の伐採が法第34条第1項の許可を受けずに行われた場合のほか、立木の伐採が、同項の許可の内容若しくは許可に付した条件に違反していると認められる場合、同項第6号の規定に該当するものでないと認められる場合若しくは偽りその他不正な手段により同項の許可を受けたものと認められる場合又は法第34条の2第1項の届出をせずに行われた場合であって、造林によらなければ当該伐採跡地につき的確な更新が困難と認められる場合に行うものとする。ただし、違反者が自発的に当該伐採跡地について的確な更新を図るため必要な期間、方法及び樹種により造林をしようとしている場合はこの限りでない。

(3) 法第38条第2項の復旧命令は、立竹の伐採その他の行為が、法第34条第2項の許可を受けずに行われた場合のほか、当該行為が同条第2項の許可の内容又は許可に付した条件に違反していると認められ若しくは同条第2項第4号の規定に該当するものでないと認められ又は偽りその他不正な手段により同条第2項の許可を受けたものと認められる場合であって、当該違反行為に起因して、当該保安林の機能が失われ、若しくは失われるおそれがある場合又は土砂が流出し、崩壊し、若しくは堆積することにより付近の農地、森林その他の土地若しくは道路、鉄道その他これらに準ずる設備又は住宅、学校その他の建築物に被害を与えるおそれがある場合に行うものとする。

(4) 法第38条第4項の植栽命令は、指定施業要件として植栽の方法、期間及び樹種が定められている保安林において立木の伐採が行われ、当該植栽期間が満了した後も当該指定施業要件の定めるところに従って植栽が行われていない場合に行うものとする。

2　監督処分を行うべき時期

中止命令及び植栽命令は違反行為を発見したとき、造林命令及び復旧命令は当該命令を行う必要があると認めるとき、それぞれ遅滞なく行うものとする。

3　監督処分の内容

(1) 造林命令の内容は、当該保安林について指定施業要件として植栽の方法、期間及び樹種が定められている場合はその定められたところによるものとする。

(2) 法第38条第2項に規定する期間は、原則として命令をする時から1年を超えない範囲内で定めるものとする。なお、同項に規定する「復旧」には、原形に復旧することのほか原形に復旧することが困難な場合において造林又は森林土木事業の実施その他の当該保安林の従前の効用を復旧することを含むものとする。

(3) 法第38条第4項に規定する期間は、原則として指定施業要件として定められている植栽の期間の満了の日から1年を超えない範囲で定めるものとする。

4　監督処分の方法

法第38条の規定による命令は、次に掲げる事項を記載した書面を送付してするものとする。なお、(4)には命令の内容の実施状況の報告をすべきこと及び保育その他当該保安林の維持管理上の

注意すべき事項を含むものとする。

(1) 命令に係る保安林の所在場所

(2) 命令の内容

(3) 命令を行う理由

(4) その他必要な事項

第7 標識の設置について

1 標識の様式

(1) 規則第73条に規定する保安林の標識の様式において、標識に記載する保安林の名称は、第1の1の①から⑰までのとおりとする。

(2) 保安林の標識の色彩は、次のとおりとする。

ア 第1種標識の地は白色、文字は黒色

イ 第2種標識の標板の地は黄色、文字は黒色

ウ 第3種標識の標板の地は白色、文字は黒色、略図の保安林の区域の境界線は赤色

2 設置の時期

法第39条第1項の規定による標識の設置は、保安林の指定について法第33条第1項の規定による告示がなされた日又は法第47条の規定により保安林として指定されたものとみなされた日以降遅滞なく行うものとする。

3 設置地点

標識は、次の各号の1に該当する地点に設置するほか、その他特に保安林の境界を示すに必要な地点に設置するものとする。

(1) 道路に隣接する地点

(2) 広場、駐車場、野営場その他人の集まる場所に隣接する地点

(3) 農地、宅地その他森林以外の土地に隣接する地点

4 標識の維持管理

都道府県知事は、設置した標識が損壊されないよう監視し、損壊等によりその効用が減じた場合には、修繕、再設置その他の所要の措置を講じ、また保安林が解除された場合にはすみやかに標識を撤去するものとする。

第8 保安林台帳について

1 調製の時期

法第39条の2第1項の規定による保安林台帳の調製は、保安林の指定について法第33条第1項（同条第6項において準用する場合を含む。以下3の(3)及び(4)において同じ。）の規定による告示がなされたとき又は法第47条の規定により保安林として指定されたものとみなされたときに遅滞なく行うものとする。

2 台帳の記載事項

(1) 規則第74条第3項第6号の事項には、申請者の氏名又は名称及び住所、指定手続の経過、治山事業等との関係、当該森林についての土地利用に関する他の法令による制限との関係並びに立木竹の伐採等、造林、治山事業等、損失補償、違反行為、監督処分、標識、特定保安林の指

定及び当該指定の解除その他保安林の維持管理に関する事項を含むものとする。

(2) 規則第74条第4項第5号の事項には、治山事業等及び標識に関する事項を含むものとする。

3 訂正

(1) 都道府県知事は、その職員をして土地登記簿を閲覧させる等の方法により保安林の所在場所の変更を的確に把握するよう措置するものとする。

(2) 規則第74条第5項の規定により記載事項の訂正を行った場合には、訂正の年月日及び原因を付記するものとする。

(3) 保安林の解除があったときは、保安林が解除された年月日及び当該保安林の解除に係る法第33条第1項の規定による告示の番号その他必要な事項を記載するものとする。

(4) 指定施業要件の変更があったときは、指定施業要件が変更された年月日及び当該指定施業要件の変更に係る法第33条の3において準用する法第33条第1項の規定による告示の番号その他必要な事項を記載するものとする。

第9 保安施設地区について

1 指定

(1) 法第41条第3項の規定による申請は、保安施設事業（以下「事業」という。）に係る計画が確定した後速やかに行うものとする。

(2) 指定する土地は、事業として山腹工事、渓間工事等を施行する土地とする。ただし、その土地を指定しなければ事業の実施に支障を及ぼすと認められる場合には、事業の実施上必要な材料の採取地、集積地又は資材運搬道路敷地その他の付帯地を指定するものとする。

(3) 指定区域の形状は、原則として多角形とするものとし、法第41条第3項の規定による申請に先立ち当該区域のそれぞれの辺の交点に標柱を設置するものとする。

(4) 保安施設地区に係る指定施業要件は、森林である土地及び森林の造成事業又は造成に必要な事業を実施する土地について定めるものとする。なお、指定施業要件のうち立木の伐採の方法は、令別表第2の第1号(1)ハにより原則として禁伐とされるが、立木を伐採しても保安施設地区の指定の目的の達成に支障を及ぼすおそれがないと認められる場合には、択伐とするか又は伐採種を定めないものとする。この場合における指定施業要件の内容は、当該保安施設地区の指定の目的を達成するための保安林に係る指定施業要件に準ずるものとする。

(5) 都道府県知事は、法第41条第3項の規定による申請をしようとする場合には、あらかじめ実地調査を行うほか適宜の方法により十分な調査を行い、申請書に、規則第79条の事業計画書のほか、次の書類を添付するものとする。この場合においては、申請に係る土地の所有者及び当該土地に関し、登記した権利を有する者の当該指定に関する意見を聴くものとする。

① 指定調書

② 指定調査地図

③ 位置図

④ その他必要な書類

(6) (5)の④の書類には、次に掲げる書類を含むものとする。

ア 申請に係る土地が国有林である場合にあっては、当該国有林を管理する国の機関の長（国有林野又は官行造林地にあっては管轄の森林管理局長）の意見

イ　当該指定については土地所有者又は当該土地に関し登記した権利を有する者に異議がある場合にあってはそれらの者の氏名（法人にあっては名称）、当該土地の所在場所、異議の内容及び理由その他必要な事項を記載した書面

(7)　申請に係る土地が海岸法（昭和31年法律第101号）第3条の規定により海岸保全区域に指定されている場合には、当該指定の特別の必要がある理由並びに規則第79条の事業計画書及び(5)の①から③までに掲げる書類を2通提出するものとする。

(8)　事業が、緊急治山事業、公共土木施設災害復旧事業費国庫負担法（昭和26年法第97号）第3条の規定による林地荒廃防止施設に関する災害の復旧事業費である場合には、法第44条ただし書後段規定に基づき法第44条において準用する法第30条の告示の日からなるべく早い時期に指定するものとする。

2　指定の有効期間

(1)　法第42条ただし書の規定による指定の有効期間の延長は、指定の有効期間内に事業の実施行為が完了しない場合であって当該指定の有効期間の満了後3年以内に当該事業の実施行為を完了することができると認められるときに行うものとし、3年以内に完了することができないと認められるときは、指定の有効期間の延長は行わず改めて保安施設地区の指定を行うものとする。

(2)　都道府県知事は、保安施設地区の指定の有効期間の延長を必要と認めるときは、申請書を、その期間の満了の日から4か月前までに農林水産大臣に提出するものとする。

3　解除

(1)　法第43条第1項に規定する「事業を廃止したとき」とは、当該地区に係る事業に着手したのち、当該事業の全部又は一部を将来にわたって実施しないこととしたとき、又は事業により設置された全部又は一部の施設の撤去、埋没その他その効用の消滅を必要とするときとするものとする。

(2)　法第43条第2項に規定する「着手」とは、事業の実施行為をいい本工事と密接不可分の関係にある準備行為の開始を含むものとする。なお、当該地区において事業の実施行為の一部について着手があれば、その全体について着手があったものとして取扱うものとする。

(3)　都道府県知事は、保安施設事業を廃止したときは、遅滞なく、次の書類を添えて、その旨を農林水産大臣に通知するものとする。
　　①　解除調書
　　②　解除調査地図
　　③　位置図
　　④　その他必要な書類

(4)　解除に係る区域が保安施設地区の区域の一部である場合には、(3)の規定による通知に先立ち、当該解除に係る区域のそれぞれの辺の交点に標柱を設置するものとする。

(5)　都道府県知事は、法第41条第3項の規定により指定された保安施設地区の指定の効力が法第43条第2項の規定により失われたときは、遅滞なく当該保安施設地区の土地の所有者及びその土地に関し登記した権利を有する者に対しその旨を通知するものとする。

(6)　都道府県知事は、保安施設地区の指定後1年を経過したときに、当該保安施設地区において保安施設事業に着手していないときは、遅滞なく、その旨を農林水産大臣に通知するものとす

る。

4　指定施業要件の変更

(1)　都道府県知事は、法第41条第1項の規定により指定された保安施設地区に係る指定施業要件についてその変更を申請し、又は申請の進達をする場合には、あらかじめ事業を行う森林管理局長の意見を聴くものとする。

(2)　変更の手続については、第3の2の(1)、(3)及び(4)を準用する。

5　保安施設地区における制限

(1)　都道府県知事は、法第41条第1項の規定により指定された保安施設地区内における立木竹の伐採その他の行為に係る法第44条において準用する法第34条第1項若しくは第2項に規定する許可の申請又は規則第60条第1項第5号から第9号までの規定による届出を受けたときは、事業を行う森林管理局長の意見を聴くものとする。

(2)　規則第60条第1項第1号及び第63条第1項第1号の保安施設事業等の範囲、伐採の限度を算出する基礎となる伐期齢、協議に係る皆伐面積の取扱い、皆伐面積の限度の公表、許可申請又は協議の適否の判定、許可申請等又は協議の処理、許可の条件、縮減、届出の処理については第4に準ずるものとする。なお、規則第60条第1項第5号から第9号までの取扱いについては、保安林及び保安施設地区に関する改正森林法施行規則の運用について（昭和43年12月14日付け43林野治第2482号、林野庁長官通知）によるものとする。

6　標識の設置

法第44条において準用する法第39条の規定による標識の設置は、第7に準じて取扱うものとする。

7　保安施設地区台帳

法第46条の2第1項の保安施設地区台帳は、地区ごとに調製するものとし、第8に準じて取り扱うものとする。

8　保安林への転換

(1)　都道府県知事は、指定の有効期間が満了するまでに保安林への転換に必要な調査を行い、保安林へ転換すべき土地については転換調書及び転換調査地図を作成するものとする。

(2)　都道府県知事は、保安林へ転換したものについて、指定の有効期間の満了後、遅滞なく森林所有者並びに当該保安林の所在地を管轄する市町村長及び登記所に対し当該保安林の所在場所その他必要な事項を通知するものとする。

9　保安施設地区の監視

都道府県知事は、保安施設事業に係る施設の維持管理行為の適正な実施及び保安施設地区における違反行為の発生を防止するため監視に必要な措置を講ずるものとする。

第10　意見書等の様式及び指定調査地図等の作成要領について

次の1から10までに掲げる書類の様式及び11から15までに掲げる図面の作成要領は、別に定めるものとする。

1　法第27条第3項（第33条の3及び第44条において準用する場合を含む。）の意見書

2　規則第79条の事業計画書

3　本通知第1の3の(5)の①及び第9の1の(5)の①の指定調書

4　本通知第2の3の(4)の①及び第9の3の(3)の①の解除調書

5　本通知第3の2の(3)の①（第9の4の(2)において準用する場合を含む。）の指定施業要件変更調書

6　第4の5の(3)の伐採許可決定書

7　第4の5の(5)の伐採整理簿

8　第9の2の(2)の有効期間延長申請書

9　第9の3の(6)の未着手通知書

10　第9の8の(1)の転換調書

11　第1の3の(5)の②及び第9の1の(5)の②の指定調査地図

12　第2の3の(4)の②及び第9の3の(3)の②の解除調査地図

13　第3の2の(3)の②（第9の4の(2)において準用する場合を含む。）の指定施業要件変更調査地図

14　第1の3の(5)の③、第2の3の(4)の③、第3の2の(3)の③（第9の4の(2)において準用する場合を含む。）、第9の1の(5)の③及び第9の3の(3)の③の位置図

15　第9の8の(1)の転換調査地図

別表1

保安林の種類	指定施業要件における伐採の方法（主伐）
水源かん養保安林	1 　林況が粗悪な森林並びに伐採の方法を制限しなければ、急傾斜地、保安施設事業の施行地等の森林で土砂が崩壊し、又は流出するおそれがあると認められるもの及びその伐採跡地における成林が困難になるおそれがあると認められる森林にあっては、択伐（その程度が特に著しいと認められるものにあっては、禁伐） 2 　その他の森林にあっては、伐採種を定めない。
土砂流出防備保安林	1 　保安施設事業の施行地の森林で地盤が安定していないものその他伐採すれば著しく土砂が流出するおそれがあると認められる森林にあっては、禁伐 2 　地盤が比較的安定している森林にあっては、伐採種を定めない。 3 　その他の森林にあっては、択伐
土砂崩壊防備保安林	1 　保安施設事業の施行地の森林で地盤が安定していないものその他伐採すれば著しく土砂が崩壊するおそれがあると認められる森林にあっては、禁伐 2 　その他の森林にあっては、択伐
飛砂防備保安林	1 　林況が粗悪な森林及び伐採すればその伐採跡地における成林が著しく困難になるおそれがあると認められる森林にあっては、禁伐 2 　その地表が比較的安定している森林にあっては、伐採種を定めない。 3 　その他の森林にあっては、択伐
防風保安林 防霧保安林	1 　林帯の幅が狭小な森林（その幅がおおむね20メートル未満のものをいうものとする。）その他林況が粗悪な森林及び伐採すればその伐採跡地における成林が困難になるおそれがあると認められる森林にあっては、択伐（その程度が特に著しいと認められるもの（林帯については、その幅がおおむね10メートル未満のものをいうものとする。）にあっては、禁伐） 2 　その他の森林にあっては、伐採種を定めない。
水害防備保安林 潮害防備保安林 防雪保安林	1 　林況が粗悪な森林及び伐採すればその伐採跡地における成林が著しく困難になるおそれがあると認められる森林にあっては、禁伐 2 　その他の森林にあっては、択伐
干害防備保安林	1 　林況が粗悪な森林並びに伐採の方法を制限しなければ、急傾斜地等の森林で土砂が流出するおそれがあると認められるもの及び用水源の保全又はその伐採跡地における成林が困難になるおそれがあると認められる森林にあっては、択伐（その程度が特に著しいと認められるものにあっては、禁伐） 2 　その他の森林にあっては、伐採種を定めない。
なだれ防止保安林 落石防止保安林	1 　緩傾斜地の森林その他なだれ又は落石による被害を生ずるおそれが比較的少ないと認められる森林にあっては、択伐 2 　その他の森林にあっては、禁伐
防火保安林	禁伐
魚つき保安林	1 　伐採すればその伐採跡地における成林が著しく困難になるおそれがあると認められる森林にあっては、禁伐 2 　魚つきの目的に係る海洋、湖沼等に面しない森林にあっては、伐採種を定めない。 3 　その他の森林にあっては、択伐
航行目標保安林	1 　伐採すればその伐採跡地における成林が著しく困難になるおそれがあると認められる森林にあっては、禁伐 2 　その他の森林にあっては、択伐
保健保安林	1 　伐採すればその伐採跡地における成林が著しく困難になるおそれがあると認められる森林にあっては、禁伐 2 　地域の景観の維持を主たる目的とする森林のうち、主要な利用施設又は眺望点からの視界外にあるものにあっては、伐採種を定めない。 3 　その他の森林にあっては、択伐
風致保安林	1 　風致の保存のため特に必要があると認められる森林にあっては、禁伐 2 　その他の森林にあっては、択伐

別表2　規則付録第8の算式による植栽本数

V	5	6	7	8	9	10	11	12
（5／V）2／3	1.000	0.886	0.800	0.732	0.676	0.630	0.592	0.558
植栽本数	3,000	2,700	2,400	2,200	2,100	1,900	1,800	1,700

V	13	14	15	16	17	18	19	20
（5／V）2／3	0.529	0.504	0.481	0.461	0.443	0.426	0.411	0.397
植栽本数	1,600	1,600	1,500	1,400	1,400	1,300	1,300	1,200

別表3　国等以外の者が実施する事業

1	道路運送法（昭和26年法律第183号）による一般自動車道又は専用自動車道（同法による一般旅客自動車運送事業又は貨物自動車運送事業法（平成元年法律第83号）による一般貨物自動車運送事業の用に供するものに限る。）に関する事業
2	運河法（大正2年法律第16号）による運河の用に供する施設に関する事業
3	土地改良区（土地改良区連合を含む。以下同じ。）が設置する農業用道路、用水路、排水路、海岸堤防、かんがい用若しくは農作物の災害防止用のため池又は防風林その他これに準ずる施設に関する事業
4	土地改良区が土地改良法（昭和24年法律第195号）によって行う客土事業又は土地改良事業の施行に伴い設置する用排水機若しくは地下水源の利用に関する設備に関する事業
5	鉄道事業法（昭和61年法律第92号）による鉄道事業者又は索道事業者がその鉄道事業又は索道事業で一般の需要に応ずるものの用に供する施設に関する事業
6	軌道法（大正10年法律第76号）による軌道又は同法が準用される無軌条電車の用に供する施設に関する事業
7	石油パイプライン事業法（昭和47年法律第105号）による石油パイプライン事業の用に供する施設に関する事業
8	道路運送法による一般乗合旅客自動車運送事業（路線を定めて定期に運行する自動車により乗合旅客の運送を行うものに限る。）又は貨物自動車運送事業法による一般貨物自動車運送事業（特別積合せ貨物運送をするものに限る。）の用に供する施設に関する事業
9	自動車ターミナル法（昭和34年法律第136号）第3条の許可を受けて経営する自動車ターミナル事業の用に供する施設に関する事業
10	漁港漁場整備法（昭和25年法律第137号）による漁港施設に関する事業
11	航路標識法（昭和24年法律第99号）による航路標識に関する事業又は水路業務法（昭和25年法律第102号）第6条の許可を受けて設置する水路測量標に関する事業
12	航空法（昭和27年法律第231号）による飛行場又は航空保安施設で公共の用に供するものに関する事業
13	日本郵便株式会社が日本郵便株式会社法（平成17年法律第100号）第4条第1項第1号に掲げる業務の用に供する施設に関する事業
14	電気通信事業法（昭和59年法律第86号）第120条第1項に規定する認定電気通信事業者が同項に規定する認定電気通信事業の用に供する施設（同法の規定により土地等を使用することができるものを除く。）に関する事業
15	放送法（昭和25年法律第132号）による基幹放送事業者又は基幹放送局提供事業者が基幹放送の用に供する放送設備に関する事業
16	電気事業法（昭和39年法律第170号）第2条第1項第8号に規定する一般送配電事業又は同項第10号に規定する送電事業の用に供する同項第18号に規定する電気工作物に関する事業
17	発電用施設周辺地域整備法（昭和49年法律第78号）第2条に規定する発電用施設に関する事業
18	ガス事業法（昭和29年法律第51号）第2条第13項に規定するガス工作物に関する事業（同条第5項に規定する一般ガス導管事業の用に供するものに限る。）

19	水道法（昭和32年法律第177号）による水道事業若しくは水道用水供給事業又は工業用水道事業法（昭和33年法律第84号）による工業用水道事業
20	学校教育法（昭和22年法律第26号）第1条に規定する学校又はこれに準ずるその他の教育若しくは学術研究のための施設に関する事業
21	社会福祉法（昭和26年法律第45号）による第一種社会福祉事業、生活困窮者自立支援法（平成25年法律第105号）に規定する認定生活困窮者就労訓練事業、児童福祉法（昭和22年法律第164号）に規定する助産施設、保育所、児童厚生施設若しくは児童家庭支援センターを経営する事業、就学前の子どもに関する教育、保育等の総合的な提供の推進に関する法律（平成18年法律第77号）に規定する幼保連携型認定こども園を経営する事業又は更生保護事業法（平成7年法律第86号）による継続保護事業の用に供する施設に関する事業
22	健康保険組合若しくは健康保険組合連合会、国民健康保険組合若しくは国民健康保険団体連合会、国家公務員共済組合若しくは国家公務員共済組合連合会若しくは地方公務員共済組合若しくは全国市町村職員共済組合連合会が設置する病院、療養所、診療所若しくは助産所又は医療法（昭和23年法律第205号）による公的医療機関に関する事業
23	墓地、埋葬等に関する法律（昭和23年法律第48号）による火葬場に関する事業
24	と畜場法（昭和28年法律第114号）によると畜場又は化製場等に関する法律（昭和23年法律第140号）による化製場若しくは死亡獣畜取扱場に関する事業
25	廃棄物の処理及び清掃に関する法律（昭和45年法律第137号）第15条の5第1項に規定する廃棄物処理センターが設置する同法による一般廃棄物処理施設、産業廃棄物処理施設その他の廃棄物の処理施設（廃棄物の処分（再生を含む。）に係るものに限る。）に関する事業
26	卸売市場法（昭和46年法律第35号）による地方卸売市場に関する事業
27	自然公園法（昭和32年法律第161号）による公園事業
28	鉱業法（昭和25年法律第289号）第104条の規定により鉱業権者又は租鉱権者が他人の土地を使用することができる事業
29	鉱業法第105条の規定により採掘権者が他人の土地を収用することができる事業
30	法第50条第1項の規定により他人の土地を使用する権利の設定に関する協議を求めることができる事業

別表4　保安林の土地の形質の変更行為の許可基準

区分	行為の目的・態様・規模等
1　森林の施業・管理に必要な施設	(1)　林道（車道幅員が4メートル以下のものに限る。）及び森林の施業・管理の用に供する作業道、作業用索道、木材集積場、歩道、防火線、作業小屋等を設置する場合。 (2)　森林の施業・管理に資する農道等で、規格及び構造が(1)の林道に類するものを設置する場合。
2　森林の保健機能増進に資する施設	保健保安林の区域内に、森林の保健機能の増進に関する特別措置法（平成元年法律第71号。以下「森林保健機能増進法」という。）第2条第2項第2号に規定する森林保健施設に該当する施設を設置する場合（森林保健機能増進法第5条の2第1項第1号の保健機能森林の区域内に当該施設を設置する場合又は当該施設を設置しようとする者が当該施設を設置しようとする森林を含むおおむね30ヘクタール以上の集団的森林につき所有権その他の土地を使用する権利を有する場合を除く。）であって、次の要件を満たすもの。 (1)　当該施設の設置のための土地の形質の変更（以下この表において「変更行為」という。）に係る森林の面積の合計が、当該変更行為を行おうとする者が所有権その他の土地を使用する権利を有する集団的森林（当該変更行為を行おうとする森林を含むものに限る。）の面積の10分の1未満の面積であること。 (2)　変更行為（遊歩道及びこれに類する施設に係る変更行為を除く。以下同じ。）を行う箇所が、次の①及び②の条件を満たす土地であること。 　①　土砂の流出・崩壊等の災害が発生するおそれのない土地 　②　非植生状態（立木以外の植生がない状態をいう。）で利用する場合にあっては傾斜度が15度未満の土地、植生状態（立木以外の植生がある状態をいう。）で利用する場合にあっては傾斜度が25度未満の土地

	(3)　１箇所当たりの変更行為に係る森林の面積は、立木の伐採が材積にして30パーセント以上の状態で変更行為を行う場合には0.05ヘクタール未満であり、立木の伐採が材積にして30パーセント未満の場合には1.20ヘクタール未満であること。 (4)　建築物の建築を伴う変更行為を行う場合には、一建築物の建築面積は200平方メートル未満であり、かつ、一変更行為に係る建築面積の合計は400平方メートル未満であること。 (5)　一変更行為と一変更行為との距離は、50メートル以上であること。 (6)　建築物その他の工作物の設置を伴う変更行為を行う場合には、当該建築物その他の工作物の構造が、次の条件に適合するものであること。 　①　建築物その他の工作物の高さは、その周囲の森林の樹冠を構成する立木の期待平均樹高未満であること。 　②　建築物その他の工作物は、原則として木造であること。 　③　建築部その他の工作物の設置に伴う切土又は盛土の高さは、おおむね1.5メートル未満であること。 (7)　遊歩道これに類する施設に係る変更行為を行う場合には、幅３メートル未満であること。 (8)　土地の舗装を伴う変更行為（遊歩道及びこれに類する施設に係る変更行為を含む。）を行う場合には、地表水の浸透、排水処理等に配慮してなされるものであること。
３　森林の有する保安機能を維持・代替する施設	(1)　森林の保安機能の維持・強化に資する施設を設置する場合。 (2)　保安林の転用に当たり、当該保安林の機能に代替する機能を果たすべき施設を転用に係る区域外に設置する場合。
４　その他	(1)　上記１から３までに規定する以外のものであって次に該当する場合。 　①　施設等の幅が１メートル未満の線的なものを設置する場合（例えば、水路、へい、柵等） 　②　変更行為に係る区域の面積が0.05ヘクタール未満で、切土又は盛土の高さがおおむね1.5メートル未満の点的なものを設置する場合（例えば、標識、掲示板、墓碑、電柱、気象観測用の百葉箱及び雨量計、送電用鉄塔、無線施設、水道施設、簡易な展望台等） 　　ただし、区域内に建築物を設置するときには、建築面積が50平方メートル未満であって、かつその高さがその周囲の森林の樹冠を構成する立木の期待平均樹高未満であるものに限ることとし、保健、風致保安林内の区域に建築物以外の工作物を設置するときには、その高さがその周囲の森林の樹冠を構成する立木の期待平均樹高未満であるものに限ることとする。 (2)　その他 　　一時的な変更行為であって次の要件を満たす場合。ただし、一般廃棄物又は産業廃棄物を堆積する場合は除く。 　①　変更行為の期間が原則として２年以内のものであること。 　②　変更行為の終了後には植栽され確実に森林に復旧されるものであること。 　③　区域の面積が0.2ヘクタール未満のものであること。 　④　土砂の流出又は崩壊を防止する措置が講じられるものであること。 　⑤　切土又は盛土の高さがおおむね1.5メートル未満のものであること。

森林管理局長が行う保安林及び保安施設地区の指定、解除等の手続について

昭和45年8月8日　45林野治第1552号
林野庁長官から営林局長あて
最終改正：平成25年3月29日　24林政企第120号

森林法（昭和26年法律第249号。以下「法」という。）、森林法施行令（昭和26年政令第276号。以下「令」という。）及び森林法施行規則（昭和26年農林省令第54号。以下「規則」という。）による保安林及び保安施設地区の指定、解除等の事務手続を森林管理局長が行なう場合の運用については、保安林及び保安施設地区の指定、解除等の取扱いについて（昭和45年6月2日付け45林野治第921号。以下「基本通達」という。）に準ずるほか、下記により取扱われたく、通達する。

なお、保安林および保安施設地区に関する事務処理規程（昭和37年農林省訓令第42号）は、平成12年4月1日付けをもって廃止したので、留意されたい。

記

第1　保安林の指定、解除又は指定施業要件の変更（以下「保安林の指定等」という。）の手続きについて

1　保安林の指定等の上申

(1)　森林管理局長は、国有林野の管理経営に関する法律（昭和26年法律第246号）第2条に規定する国有林野（以下「国有林野」という。）および旧公有林野等官行造林法（大正9年法律第7号）第1条の契約に係る森林、原野その他の土地（以下「官行造林地」という。）について保安林の指定等を必要と認めるときは、必要な調査を行い農林水産大臣に上申するものとする。

　ただし、都道府県知事と協議して都道府県知事が申請することとしたものについてはこの限りではない。

(2)　森林管理局長は、民有林の保安林について国有林野の管理経営に関する法律（昭和26年法律第246号）第2条第2項の国有林野事業のため施設の設置および直轄治山事業（法第10条の15第4項第4号に規定する治山事業で国が施行するものをいう。）の施行のために保安林の解除を必要とするときは、都道府県知事と協議して当該解除の上申をすることができるものとする。

(3)　森林管理局長は、保安林の指定等の上申をするときは、上申書に基本通達第1の3の(5)及び(6)の書類のほか当該国有林野または官行造林地の所在地を管轄する都道府県知事の当該保安林の指定等に関する意見書を添えて、農林水産大臣に提出するものとする。なお、国有林野事業以外の用に供する転用のための解除にあっては、事業者に規則第48条第2項の書類に準ずる書類を提出せしめ、これを添付するものとする。

(4)　森林管理局長は、国有林に係る保健または風致の保存のための保安林の指定等の上申をするときは、(3)に規定する書類のほかその写しを1部添付するものとする。

(5)　森林管理局長は、保安林の指定等に関し都道府県知事の意見を求める場合には、基本通達第

— 276 —

1の3の(5)及び(6)の書類を添えてするものとする。

(6)　森林管理局長は、国有林野または官行造林地の保安林の指定等に関し都道府県知事から意見を求められた場合には、基本通達第1の3の(5)及び(6)の書類の提示を受けて、当該指定等の適否について意見を述べるものとする。

(7)　保安林の指定の上申に係る森林が海岸法（昭和31年法律第101号）第3条の規定による海岸保全区域に指定されている場合には、森林管理局長は、上申に先立って当該保安林の指定について当該海岸保全区域に係る海岸管理者と事前に協議を行うものとし、上申に当たっては(3)の書類（2通）にその協議の経緯および当該保安林の指定の特別の必要があると認める理由を記載した書類を添付するものとする。

2　上申書等の様式

　　保安林指定、解除および指定施業要件変更の上申書の様式は別記様式第1号から第3号までによるものとし、保安林指定調書、保安林解除調書、保安林指定及び解除（保安林種変更）調書、保安林指定施業要件変更調書、指定調査地図、解除調査地図、保安林種変更調査地図、指定施業要件変更調査地図、位置図の様式は、「保安林および保安施設地区に関する保安林指定調書等の様式について」（昭和45年8月8日付け45林野治第1553号。以下「様式通達」という。）の様式に準ずるものとする。ただし、保安林解除調書附表については、国有林野事業の用地として転用するものに限り別記様式第4号によるものとする。

第2　保安林における制限について

1　皆伐による伐採についての協議

　　皆伐による伐採についての規則第60条第1項第10号の協議（以下「協議」という。）は、翌伐採年度の全量を、なるべく前伐採年度の2月1日（皆伐面積の限度の第1回公表日）を始期とする伐採許可申請書の受理の期間内に行うものとする。

2　択伐又は間伐による伐採等についての協議

　　択伐又は間伐による伐採及び規則第60条第1項第5号から第9号までに掲げる伐採については、原則として、協議を行うものとし、当該協議は、原則として、翌伐採年度の全量を行うものとする。なお、同項第7号に掲げる伐採については、国有林野管理経営規程（平成11年1月21日農林水産省訓令第2号）第12条の規定により樹立した国有林野施業実施計画に基づく森林施業に必要な設備を設置（当該設置に係る設備の維持を含む。）するための立木の伐採に限り、当該実施計画の計画期間内の立木の伐採について、当該期間の全量を一括して協議を行うことができるものとする。

3　立木伐採の実行結果の通知

　　森林管理局長は、協議をしたものについて、伐採年度毎にその全部または一部について不実行とした箇所があるときは、その区域および数量を明示して遅滞なく都道府県知事に通知するものとする。なお、当該不実行とした箇所について翌伐採年度に伐採をする場合には、改めて当該翌伐採年度に係る伐採について協議を行うものとする。

第3　保安林台帳について

　1　保安林台帳の調製

　　　森林管理局長は、国有林野または官行造林地に係る保安林の指定について法第33条第1項の規定による告示があった場合および法第47条の規定により保安林として指定されたものとみなされる場合には、遅滞なく保安林台帳を調製し、その写しを都道府県知事に送付するとともに、森林管理局（森林管理局が直轄で管理経営する区域に係るものに限る。）、森林管理署又は支署にも備え付けておくものとする。

　2　保安林台帳の様式等

　　　保安林台帳の作成単位、台帳の組成および記載事項等については、規則第74条に準ずるほか、その他必要な事項については森林管理局において定めるものとする。

　3　台帳の整備

　　　森林管理局長は、台帳に記載すべき事項が生じた場合または記載事項について変更があった場合には、すみやかに森林管理局に備える台帳の記載または訂正を行い、その旨および変更に係る事項を都道府県知事および森林管理局長（森林管理局が直轄で管理経営する区域に係るものに限る。）、森林管理署長又は支署長に通知するものとする。

第4　国営の保安施設事業に係る保安施設地区の指定、解除もしくは指定施業要件の変更（以下「保安施設地区の指定等」という。）または保安施設地区の指定の有効期間延長の手続について

　1　保安施設地区の指定等の上申

　　　森林管理局長は、保安施設地区の指定等を必要と認めるときは、上申書に当該保安施設地区を管轄する都道府県知事の保安施設地区の指定等に関する意見書および次の書類を添えて、農林水産大臣に提出するものとする。

　⑴　指定の場合には基本通達第9の1の⑸及び⑹の書類

　⑵　解除の場合には基本通達第9の3の⑶の書類

　⑶　指定施業要件変更の場合には、指定施業要件変更調書、指定施業要件変更調査地図、位置図およびその他必要な書類

　2　保安施設地区の指定の有効期間の延長

　　　森林管理局長は、保安施設地区の指定の有効期間の延長を必要と認めるときは、保安施設地区指定有効期間延長上申書を提出するものとする。

　3　都道府県知事の意見

　　　森林管理局長は、保安施設地区の指定等について都道府県知事の意見を求める場合には、1の⑴から⑶までの書類を添えてするものとする。

　4　上申書等の様式

　　　事業計画書、保安施設地区指定有効期間延長上申書、指定調書、指定調査地図、解除調書、解

除調査地図、指定施業要件変更調書、指定施業要件変更調査地図の様式は、様式通達の様式に準ずるものとする。

5　保安施設地区の指定の失効

　　森林管理局長は、法第43条第2項の規定により保安施設地区の指定が失効した場合には、遅滞なく、その旨を当該保安施設地区に係る土地の所有者その他土地に関し権利を有する者および都道府県知事に通知するとともに農林水産大臣に報告するものとする。

6　保安林への転換

　　森林管理局長は、保安施設地区について保安施設事業が完了したときは、基本通達第9の8に準じて転換調書及び転換調査地図を作成して当該保安施設地区の所在地を管轄する都道府県知事に送付するものとする。

第5　保安施設地区台帳について

　森林管理局長は、国営保安施設事業に係る保安施設地区の指定について法第44条において準用する法第33条第1項の規定による告示があった場合には、遅滞なく、保安林台帳の取扱いに準じて保安施設地区台帳の調製および保管をするものとする。

別記

保安林指定上申書の様式

様式第1号

保安林指定上申書

番　号
年月日

農林水産大臣殿

森林管理局長　　印

　別添指定調書記載の森林について保安林の指定を適当と認めるので、関係書類を添えて上申する。

　添付書類

　注意事項
　1　用紙の大きさは、日本工業規格A4版とすること。
　2　添付した関係書類の名称を列記して付記すること。
　3　別添の指定調書が2以上のときは、別紙様式による保安林指定調書一覧表を添付すること。

別紙　保安林指定調書一覧表

調書番号	所在場所						指定の目的	要指定面積（実測又は見込）	備考
	都道府県	（市）郡	（町）村	大字	字	地番			
								ha	

注意事項

1　用紙の大きさは、日本工業規格Ａ４版とすること。

2　調書ごと別行として調書により各欄に記載すること。

3　備考欄には、要指定地に治山事業施行地を含むものについてはその旨を記載すること。

保安林解除上申書の様式

様式第2号

保安林解除上申書

番　号
年月日

農林水産大臣殿

森林管理局長　印

　別添解除調書記載の保安林について、指定の解除を適当と認めるので、関係書類を添えて上申する。

　添付書類

　注意事項
　1　保安林指定上申書の注意事項1、2と同じ。
　2　別添の解除調書が2以上のときは、別紙様式の保安林解除調書一覧表を添付すること。

別紙　保安林解除調書一覧表

調書番号	所在場所						解除の理由	要解除面積		備考
	都道府県	(市)郡	(町)村	大字	字	地番				
									ha	

注意事項

1　保安林指定調書一覧表の注意事項1、2と同じ。

2　解除の理由には、転用のための保安林の解除にあっては、当該転用の目的（例えば、「道路敷地」）を記載すること。

3　備考欄には、保安林種および転用のための保安林の解除にあっては当該転用の事業主体を記載すること。

保安林指定施業要件変更上申書の様式

様式第3号

保安林指定施業要件変更上申書

番　号

年月日

農林水産大臣殿

森林管理局長　印

　別添指定施業要件変更調書記載の保安林について、指定施業要件の変更を適当と認めるので、関係書類を添えて上申する。

　添付書類

　注意事項
　1　保安林指定上申書の注意事項1、2と同じ。
　2　別添の指定施業要件変更調書が2以上のときは、別紙様式の保安林指定施業要件変更調書一覧表を添付すること。

別紙　保安林指定施業要件変更調書一覧表

調書番号	所在場所						保安林種	変更しようとする事項	備考
	都道府県	(市)郡	(町)村	大字	字	地番			

注意事項

1　保安林指定調書一覧表の注意事項1、2と同じ。

2　変更しようとする事項の欄には、当該事項について伐採種または、伐採することができる立木の年齢に関する変更、特例の新設または廃止、間伐の指定の新設または廃止、植栽に関する新設または廃止のそれぞれに区分した場合の当該事項（適宜略記載してもよい）を記載すること。

3　備考欄には変更しようとする事項に対応させて当該面積を記載すること。

様式　第4号

附表　国有林野事業のための転用計画

事　　項		内　　　容					
転　用　の　目　的							
事　業　主　体							
事　業　量							
事　業　の 実　施　期　間	全　体						
	保安林部分						
用　地　面　積 （ha）		転用後 の用途＼現況	保安林				計
		計					
用　地　選　定　の　事　由							
用地の転用についての 許　認　可　等							
用　地　の　取　得　等							
転用に係る施設等の 基　準　と　の　関　係							
要解除面積決定の基礎							
転用による保安上の影響の検討	保安林の機能の代替 施設の設置計画						
	直接生産土砂量（㎥）						
	残　土　の　処　理　方　法						
	法　面　の　処　理　方　法						
	その他の裸地部分の 処理方法						
	水　理　計　算　等						
	主要な排水施設の種 類数量等						
	その他の保全対策						
	結　　論						

注意事項

1　転用の目的の欄には、国有林野事業の施設の用途（たとえば、「林道敷地」）を記載すること。

2　事業主体の欄には、事業主体たる森林管理局または（森林管理局が直轄で経営管理する区域に係るものに限る。）森林管理署又は支署の名称を記載すること。

3　事業量の欄には、林道にあっては林道の幅員および延長、建物敷地の場合は敷地造成面積を記載すること。なお、当該事業が保安林外にわたる場合は保安林内外を区分して記載すること。

4　事業の実施期間の欄には、事業の用地が保安林外にわたる場合は、全体の事業の実施期間と保安林の部分における実施期間を区分して記載する。

5　用地面積の欄には、現況の保安林（国有林野の保安林、官行造林地の保安林、民有林の保安林を区分する。）、保安林以外の森林、宅地等に区分したものと転用後の用途（道路敷地、建物敷地等）とを対応させて記載すること。この場合において面積の単位は ha とし、単位以下2位（未満四捨五入）まで記載すること。

6　用地選定の事由の欄には、当該事業の目的または性質等から立地上要求される条件と現地を選定した事由を記載すること。

7　用地の転用についての許認可等の欄には、用地を転用するについて必要な法令による許可、認可、承認のほかに通達により承認を要するものについても記載することとし、根拠規定とその手続を要する事項およびその許認可等があった年月日（許認可等が未済なものについては、その手続経過と許認可等の見込み）について記載すること。

　　該当がない場合は「なし」と記載すること。

8　用地の取得等の欄には、事業の用地が国有林野以外の土地を必要とする場合における当該用地の取得状況等を記載すること。事業の用地がすべて国有林野である場合は、その旨を記載すること。

9　転用に係る施設等の基準との関係の欄には、転用の目的に係る施設等の規模、その他の条件について法令または通達で基準が定められている場合には、当該法令等の名称および当該基準ならびに当該基準と要解除地の関係を記載すること。

　　該当がない場合は「なし」と記載すること。

10　要解除面積決定の基礎の欄には、要解除区域が転用後の具体的な用途として必要な区域であるかどうかおよびそれ以外のものを含む場合にはそれらを含めた理由および必要性について記載すること。

11　保安林の機能の代替施設の設置計画の欄には、当該転用により失なわれると見込まれる保安林の機能の程度およびこれを代替するために行なう施設の種類、位置、規模、数量等を記載すること。

　　解除面積が小面積その他軽易なもの等の理由でとくに代替施設としては設置しないものについては、その旨を記載すること。

12　直接生産土砂量の欄には、要解除地で行なう切土、盛土の量および残土の量を記載すること。

13　残土の処理方法の欄には、残土がある場合に当該残土を処理する場所、方法、容量、安全性について記載すること。

14　法面の処理方法は、法面の形状と被覆その他の安全方法について記載すること。

15　その他裸地部分の処理方法の欄には、裸地となる部分について表面侵食を防止するために行なう施工の方法を記載すること。

16　水理計算等の欄には、水処理のための施設設計において用いた計算式および雨量、流出係数等計

算に用いた主要な因子とその妥当性について記載すること。

17　主要な排水施設の種類、数量等の欄には、計画されている主要な排水施設について水系統ごとに施設の目的、種類、規模、数量および排水の安全性について記載すること。

18　その他の保全対策の欄には、転用による保安上の悪影響を避けるために行なう主要な措置で前記各項以外のものがあれば当該措置および法第25条第1項第4号以下の保安林については当該指定目的の機能を補完するために係る措置について記載すること。

19　結論の欄には、記載事項を総括して転用による保安上の影響についての意見を記載する。

20　以上の内容を明らかにするため、次により事業計画図、用地計画図および保全計画図を添付すること。

　　この場合において、内容が単純なものについては、それぞれの図面は1～2葉に作成して差し支えない。

(1)　各図面には、縮尺、方位、凡例を明記すること。

(2)　事業計画図には、次の事項を記載すること。

　　イ　転用後における用途別の区域

　　ロ　既設および新設する施設等の位置と種類（新設、既設、改良の別）

(3)　用地計画図には、次の事項を記載すること。

　　イ　転用に係る区域の現況（保安林、保安林以外の森林、原野、その他の土地の種類ごとに区分する。）、国立公園特別区域、砂防指定地、その他土地利用等に関し法令等による制限を課されている土地の区域

　　ロ　保安林の級別区域および治山事業等に係る施設の位置

(4)　保全施設計画図には、次の事項を記載すること。

　　イ　転用後における用途別の区域

　　ロ　施設等の位置

　　　①　水路の位置、種類、構造および流水の経路

　　　②　切土、盛土等の計画（平面図および断面図）

　　　③　法面保護工事、擁壁、堰堤等の保全施設

保安林の転用に係る解除の取扱い要領の制定について

平成 2 年 6 月11日付け 2 林野治第1868号
林野庁長官から各都道府県知事、営林（支）局長あて
最終改正：令和 3 年12月27日付け 3 林整治第1537号

森林法（昭和26年法律第249号。以下「法」という。）、森林法施行令（昭和26年政令第276号。以下「令」という。）、及び森林法施行規則（昭和26年農林省令第54号。以下「規則」という。）による保安林を森林以外の用途に転用する場合の解除に関する取扱い要領を、別紙のとおり定めたので、御了知願いたい。

なお、本通知は、地方分権の推進を図るための関係法律の整備等に関する法律（平成11年法律第87号）によるいわゆる機関委任事務制度の廃止に伴い技術的助言として取扱われるものであること、また、法第196条の 2 各号に掲げる法定受託事務の取扱いについては、別途農林水産事務次官（平成12年 4 月27日付12林野治第790号）から処理基準が通知されていることに御留意願いたい。なお、次に掲げる通達は廃止する。

1　保安林の転用に係る解除の取扱いについて（昭和49年10月31日付け49林野治第2527号林野庁長官通知）

2　土地の形質の変更行為に係る作業許可の取扱いについて（昭和61年 4 月 8 日付け61林野治第1084号林野庁長官通知）

別紙

保安林の転用に係る解除の取扱い要領

第1　趣旨
　保安林を森林以外の用途に転用するために森林法（昭和26年法律第249号。以下「法」という。）第26条又は法第26条の2の規定に基づき保安林の指定を解除する場合の取扱いについては、法、森林法施行令（昭和26年政令第276号。以下「令」という。）、森林法施行規則（昭和26年農林省令第54号。以下「規則」という。）、保安林及び保安施設地区の指定、解除等の取扱いについて（昭和54年6月2日付け45林野治第921号林野庁長官通知）その他関係通知に定めるもののほか、この要領に定めるところによるものとする。

第2　解除の取扱い
　1　審査に当たっての級地区分
　　　審査に当たり、保安林を次に掲げる基準に従い第1級地及び第2級地に区分する。
　(1)　第1級地
　　　次のいずれかに該当する保安林とする。
　　　ア　法第10条の15第4項第4号に規定する治山事業の施行地（これに相当する事業の施行地を含む。）であるもの（事業施行後10年（保安林整備事業、防災林造成事業等により森林の整備を実施した区域にあっては事業施行後20年（法第39条の7第1項の規定により保安施設事業を実施した森林にあっては事業施行後30年））を経過し、かつ、現在その地盤が安定しているものを除く。）
　　　イ　傾斜度が25度以上のもの（25度以上の部分が局所的に含まれている場合を除く。）その他地形、地質等からして崩壊しやすいもの
　　　ウ　人家、校舎、農地、道路等国民生活上重要な施設等に近接して所在する保安林であって、当該施設等の保全又はその機能の維持に直接重大な関係があるもの
　　　エ　海岸に近接して所在するものであって、林帯の幅が150メートル未満（本州の日本海側及び北海道の沿岸にあっては250メートル未満）であるもの
　　　オ　保安林の解除に伴い残置し又は造成することとされたもの
　(2)　第2級地
　　　第1級地以外の保安林とする。
　2　解除の方針
　　　保安林は、制度の趣旨からして森林以外の用途への転用を抑制すべきものであり、転用のための保安林の解除に当たっては、保安林の指定の目的並びに国民生活及び地域社会に果たすべき役割の重要性にかんがみ、地域における森林の公益的機能が確保されるよう森林の保全と適正な利用との調整を図る等厳正かつ適切な措置を講ずるとともに、当該転用が、保安林の有する機能に及ぼす影響の少ない区域を対象とするよう指導するものとする。
　　　第1級地については、「公益上の理由」による解除のうち、転用の態様、規模等からみて国土の保全等に支障がないと認められるものを除き、原則として解除は行わないものとする。

第2級地については、地域における保安林の配備状況等及び当該転用の目的、態様、規模等を考慮の上、やむを得ざる事情があると認められ、かつ、当該保安林の指定の目的の達成に支障がないと認められる場合に限って転用に係る解除を行うものとする

3　解除の要件
　　保安林の転用に係る保安林の解除については、次の要件を備えなければならない。
(1)　「指定理由の消滅」による解除
　　ア　用地事情等
　　　　保安林の転用の目的に係る事業又は施設の設置（以下「事業等」という。）による土地利用が、その地域における公的な各種土地利用計画に即したものであり、かつ、当該転用の目的、その地域における土地利用の状況等からみて、その土地以外に他に適地を求めることができないか、又は著しく困難であること。ただし、都道府県（地方公営企業（地方公営企業法（昭和27年法律第292号）第2条の地方公営企業をいう。）を含む。）が事業主体となり製造場を整備する事業で、保安林の指定の解除を伴うもの（以下「製造場整備事業」という。）のうち、次の各号に掲げる要件を満たすものについては、これを適用しないものとする。
　　　　この場合において、都道府県知事は、保安林の指定を解除したときは、製造場整備事業の事業区域（以下「整備事業区域」という。）内において残置し、又は造成した森林を保安林に指定するものとし、法第25条第1項の規定に基づく保安林の指定が必要なときには、法第27条第1項の規定に基づき農林水産大臣に申請するものとする。
　　　(ア)　製造場整備事業が、公的な計画に位置付けられた重要分野に係るものであり、かつ、その地域における公的な各種土地利用計画に即したものであること。
　　　(イ)　製造場整備事業が、既に整備された製造場（以下「既存製造場」という。）を拡張するものであり、かつ、製造場整備事業により新たに整備される製造場で実施される事業が既存製造場で実施されている事業（以下「既存事業」という。）と一体的に実施されるものであること。
　　　(ウ)　事業環境の変化等により、既存事業を整備事業区域内において拡張する必要があること。
　　　(エ)　整備事業区域の主たる区域が、保安林以外であること。
　　　(オ)　既存事業の事業区域に隣接した土地に保安林以外の利用可能な土地がある場合は、当該土地を優先して利用する計画に基づいて実施されるものであること。
　　　(カ)　整備事業区域が、既存事業の主要な施設が存する区域に隣接していること。
　　　(キ)　整備事業区域において残置し、又は造成する森林の面積の割合が、同区域の面積の35％以上確保されるものであること。
　　イ　面積
　　　　保安林の転用に係る土地の面積が、次に例示するように当該転用の目的を実現する上で必要最小限度のものであること。
　　　(ア)　法令等により基準が定められている場合には、当該基準に照らし適正であること。
　　　(イ)　大規模、かつ、長期にわたる事業等のための転用に係る解除の場合には、当該事業等の全体計画及び期別実施計画が適切なものであり、かつ、その期別実施計画に係る転用面積が必要最低限度のものであること。

ウ　実現の確実性

　　次の事項の全てに該当し、申請に係る事業等を行うことが確実であること。

（ア）　事業等に関する計画の内容が具体的であり、当該計画どおり実施されることが確実であること。

（イ）　事業等を実施するもの（以下「事業者」という。）が当該保安林の土地を使用する権利を取得しているか、又は取得することが確実であること。

（ウ）　事業者が事業等を行うため当該保安林と併せて使用する土地がある場合において、その土地を使用する権利を取得しているか、又は取得することが確実であること。

（エ）　（イ）及び（ウ）の土地の利用、又は事業等について、法令等による許認可等を必要とする場合には、当該許認可等がなされているか、又はなされることが確実であること。

（オ）　事業者に当該事業等を遂行するのに十分な信用、資力及び技術があることが確実であること。

エ　利害関係者の意見

　　転用の目的を実現するため保安林を解除することについて、当該保安林の解除に利害関係を有する市町村の長の同意及びその解除に直接の利害関係を有する者の同意を得ているか又は得ることができると認められるものであること。

オ　その他の満たすべき基準

（ア）　保安林の転用に当たっては、当該保安林の指定の目的の達成に支障のないよう代替施設（規則第48条第2項第2号に掲げる施設をいう。）の設置等の措置が講じられたか、又は確実に講じられることについて、(3)の規定による都道府県知事の確認があること。

（イ）　（ア）の代替施設の設置等については、当該施設の設置に係る転用が開発行為の許可制に関する事務の取扱いについて（平成14年3月29日付け13林整治第2396号農林水産事務次官依命通知。）別記の開発行為の許可基準の運用について（以下「開発許可運用基準」という。）の第2から第5まで及び開発行為の許可基準の運用細則について（平成14年5月8日付け14林整治第25号林野庁長官通知。以下「運用細則」という。）に示す基準に適合するものであること。

（ウ）　（イ）のほか、事業等に係る転用に伴う土砂の流出又は崩壊その他の災害の防止、周辺の環境保全等については、当該事業等に係る転用が、開発許可運用基準及び運用細則に示す基準に適合するものであること。ただし、転用に係る保安林の面積が5ヘクタール以上である場合又は事業者が所有権その他の当該土地を使用する権利を有し事業等に供しようとする区域（以下「事業区域」という。）内の森林の面積に占める保安林の面積の割合が10パーセント以上である場合（転用に係る保安林の面積が1ヘクタール未満の場合を除く。）には、運用細則の第2の1及び同細則の表4に代えて別表1に示す基準に適合するものであること。

（エ）　転用に係る保安林の面積が（ウ）のただし書に相当する場合であって、水資源のかん養又は生活環境の保全形成等の機能を確保するため代替保安林の指定を必要とするものにあっては、原則として、当該転用に係る面積以上の森林が確保されるものであること。

(2) 「公益上の理由」による解除

法第26条第2項又は法第26条の2第2項に規定する「公益上の理由により必要が生じたとき」とは、保安林を次に掲げる事業の用に供する必要が生じたときとするものとする。
ア　土地収用法（昭和26年法律第219号）その他の法令により土地を収用し又は使用できることとされている事業のうち、国等（国、地方公共団体、地方公共団体の組合、独立行政法人、地方独立行政法人、地方住宅供給公社、地方道路公社及び土地開発公社をいう。以下同じ。）が実施するもの
イ　国等以外の者が実施する事業のうち、別表2に掲げる事業に該当するもの
ウ　ア又はイに準ずるもの

① 国等が行う事業による転用の場合

ア　用地事情等

前記(1)のアと同様とする。

イ　面積

前記(1)のイと同様とする。

ウ　実現の確実性

前記(1)のウ（ア）から（エ）までの事項すべてに該当し、申請に係る事業等を行うことが確実であること。

エ　その他の満たすべき基準

前記(1)のオに準じた措置が講じられるものであること。

② ①以外の場合

ア　用地事情等

前記(1)のアと同様とする。

イ　面積

前記(1)のイと同様とする。

ウ　実現の確実性

前記(1)のウと同様とする。

エ　利害関係者の意見

前記(1)のエと同様とする。

オ　その他の満たすべき基準

前記(1)のオに準じた措置が講じられるものであること。

(3) 代替施設の設置等の確認に関する措置

ア　確認

（ア）　都道府県知事は、解除予定保安林について、法第30条又は法第30条の2第1項の告示の日から40日を経過した後（法第32条第1項の意見書の提出があったときは、これについて同条第2項の意見の聴取を行い、法第29条に基づき通知した内容が変更されない場合又は法第30条の2第1項に基づき告示した内容を変更しない場合に限る。）に、事業者に対し、3の(1)のオの代替施設の設置等を速やかに講じるよう指導するとともに、当該施設の設置等が講じられたか、又は確実に講じられることについて確認を行うものとする。ただし、製造場整備事業が、次の各号に掲げる要件を満たすことを都道府県知事

が確認したときは、当該確認を要せず、代替施設の設置等を速やかに講じるよう指導するものとする。

① 主要な代替施設（法第26条第1項に規定する保安林にあっては林野庁長官に、法第26条の2第1項に規定する民有林である保安林にあっては都道府県知事に事前に協議した代替施設のうち、その主要部分を構成する排水施設、流出土砂貯留施設、洪水調整施設等のことをいう。以下同じ。）の設置が完了していること。

② 主要な代替施設以外の代替施設に関する工事の完了期日が明らかであること。

③ 主要な代替施設以外の代替施設に関する工事の完了までの間に、製造場整備事業の実施に伴う土砂の流出又は崩壊その他の災害の防止、周辺の環境保全等についての措置が適切に講じられることが明らかであること。

④ 主要な代替施設以外の代替施設に関する工事の完了までの間に、製造場整備事業の実施に伴う土砂の流出又は崩壊その他の災害、周辺の環境を著しく悪化させる事象等が生じた場合、都道府県知事に報告を行うとともに、復旧作業等が適切に講じられる体制が構築されていること。

⑤ 主要な代替施設以外の代替施設が設置されなかった場合、解除区域において保安林の機能を回復させる措置が講じられることが明らかであること。

また、法第32条第2項の意見の聴取を行い、法第29条に基づき通知した内容が変更される場合又は法第30条の2第1項に基づき告示した内容を変更する場合には、法第29条又は法第30条の2第1項に基づき改めて通知又は告示を行うなどの手続を行うことが必要であり、事業者に対し、代替施設の設置等に着手しないよう指導するものとする。

（イ）（ア）の確認は、次のものについて行う。

① 法第26条第1項及び法第26条の2第1項の規定による解除。

② 法第26条第2項及び法第26条の2第2項の規定による解除であって令第2条の3に規定する規模を超え、かつ、法第10条の2第1項第1号から第3号までに該当しないもの。

イ 確認報告

法第26条の2により規定されている保安林以外のものについては、都道府県知事は、アの（ア）確認を了した場合には、速やかに別紙様式により林野庁長官に報告するものとする。

(4) 告示

法第33条第1項の規定による解除の告示は、(3)のアの確認を了した後に行うものとする。

第3 その他手続き上の留意事項

1 事業者に対する指示等

転用に係る保安林の解除事務については、保安林の指定の解除に係る事務手続について（令和3年6月30日付け3林整治第478号林野庁長官通知）に基づき事前相談を適正に行うとともに、他の法令等による許可、認可、承認その他の手続きを必要とする場合には、当該法令等を所管する行政庁と相互に緊密な連絡調整を図るものとする。

2 都道府県森林審議会への諮問

(1) 都道府県知事は、法第27条第3項の規定による意見書の提出に当たっては、都道府県森林審議会の意見を聴し、その結果に基づき適否を明らかにした上、意見書を提出するものとする。

　　ただし、転用目的に係る事業等が国又は地方公共団体により行われるもの及び転用に係る面積が1ヘクタール未満のものについては、当該転用の目的、態様等からみて、国土保全等に相当の影響を及ぼすと認められる場合を除き、あらかじめ都道府県森林審議会の意見を聴いて基本方針を定めておき、法第27条第3項の規定による申請書を進達する際に当該方針に照らし適否を判断の上意見書を提出することができるものとする。

(2) 法第26条の2により規定されている保安林の転用に係る解除については、都道府県知事は、解除に当たって都道府県森林審議会に対し(1)に準じて諮問を行い、その結果を参しゃくの上、解除の適否を判断するものとする。

3　解除予定保安林における法第34条第2項の許可の取扱い

　　解除予定保安林における代替施設の設置等のため法第34条第2項の許可（以下「作業許可」という。）を行うに当たっては、作業許可の内容（作業許可に付する条件を含む。）に違反したときは、法第38条第2項の規定による復旧命令等厳正な取扱いをする旨事業者に通告するものとする。

　　また、当該解除予定保安林において、転用目的以外の用に供し、若しくは供しようとすることが明らかとなった場合又は作業許可の期間内に、代替施設の設置等が適正に行われないか、若しくは行われる見込みがない場合には、当該解除予定保安林につき解除を行わないことがある旨を事業者にあらかじめ通告するものとする。

4　事業実施期間が長期にわたる保安林の転用に係る解除事務

(1) 保安林解除の予定通知

　　次に掲げる要件を全て満たすものについては、事業の全体計画に係る保安林の転用区域の全部又は一部について一括して法第29条の通知を行うことができるものとする。

　ア　保安林の解除が、法第26条第2項に規定する「公益上の理由」によるもの又は当該事業が規則第5条に規定するものであること。

　イ　事業者が、法第10条の2第1項第1号に規定するものであること。

(2) 作業許可及び確定告示の取扱い

　　(1)による解除予定保安林についての作業許可及び法第33条第1項の告示等（以下「確定告示等」という。）については、次により取り扱うものとする。

　ア　代替施設の設置等のための作業許可の申請は、期別実施計画に従い予算措置等の見通しが得られた区域から計画的に行うよう事業者に指示するものとする。

　イ　確定告示等については、代替施設の設置や地番の分筆の措置状況等を踏まえ、まとまりのある区域ごとに逐次行うこととする。

別表1

開発行為の目的	事業区域内において残置し又は造成する森林又は緑地の割合	森林の配置等
別荘地の造成	残置森林率はおおむね70パーセント以上とする。	1．原則として周辺部に幅おおむね50メートル以上の残置森林又は造成森林を配置する。 2．1区画の面積はおおむね1000平方メートル以上とする。 3．1区画内の建物敷の面積はおおむね200平方メートル以下とし、建物敷その他付帯施設の面積は1区画の面積のおおむね20パーセント以下とする。 4．建築物の高さは当該森林の期待平均樹高以下とする。
スキー場の造成	残置森林率はおおむね70パーセント以上とする。	1．原則として周辺部に幅おおむね50メートル以上の残置森林又は造成森林を配置する。 2．滑走コースの幅はおおむね50メートル以下とし、複数の滑走コースを並列して設置する場合はその間の中央部に1幅おおむね100メートル以上の残置森林を配置する。 3．滑走コースの上、下部に設けるゲレンデ等は1箇所当たりおおむね5ヘクタール以下とする。また、ゲレンデ等と駐車場との間には幅おおむね50メートル以上の残置森林又は造成森林を配置する。 4．滑走コースの造成に当たっては原則として土地の形質変更は行わないこととし、止むを得ず行う場合には、造成に係る切土量は、1ヘクタール当たりおおむね1000立方メートル以下とする。
ゴルフ場の造成	森林率はおおむね70パーセント以上とする。（残置森林率はおおむね60パーセント以上）	1．原則として周辺部に幅おおむね50メートル以上の残置森林又は造成森林（残置森林は原則としておおむね40メートル以上）を配置する。 2．ホール間に幅おおむね50メートル以上の残置森林又は造成森林（残置森林はおおむね40メートル以上）を配置する。 3．切土量、盛土量はそれぞれ18ホール当たりおおむね150万立方メートル以下とする。
宿泊施設、レジャー施設の設置	残置森林率はおおむね70パーセント以上とする。	1．原則として周辺部に幅おおむね50メートル以上の残置森林又は造成森林を配置する。 2．建物敷の面積は事業区域の面積のおおむね20パーセント以下とし、事業区域内に複数の宿泊施設を設置する場合は極力分散させるものとする。 3．レジャー施設の開発行為に係る1箇所当たりの面積はおおむね5ヘクタール以下とし、事業区域内にこれを複数設置する場合は、その間に幅おおむね50メートル以上の残置森林又は造成森林を配置する。
工場、事業場の設置	森林率はおおむね35パーセント以上とする。	1．事業区域内の開発行為に係る森林の面積が20ヘクタール以上の場合は、原則として周辺部に幅おおむね50メートル以上の残置森林又は造成森林を配置する。これ以外の場合にあっても極力周辺部に森林を配置する。 2．開発行為に係る1箇所当たりの面積はおおむね20ヘクタール以下とし、事業区域内にこれを複数造成する場合は、その間に幅おおむね50メートル以上の残置森林又は造成森林を配置する。
住宅団地の造成	森林率はおおむね30パーセント以上とする。（緑地を含む。）	1．事業区域内の開発行為に係る森林の面積が20ヘクタール以上の場合は、原則として周辺部に幅おおむね50メートル以上の残置森林又は造成森林・緑地を配置する。これ以外の場合にあっても極力周辺部に森林・緑地を配置する。 2．開発行為に係る1箇所当たりの面積はおおむね20ヘクタール以下とし、事業区域内にこれを複数造成する場合は、その間に幅おおむね50メートル以上の残置森林又は造成森林・緑地を配置する。

土石等の採掘		1．原則として周辺部に幅おおむね50メートル以上の残置森林又は造成森林を配置する。 2．採掘跡地は必要に応じ埋め戻しを行い、緑化及び植栽する。また、法面は可能な限り緑化し小段平坦部には必要に応じ客土等を行い植栽する。

（注）　1　「残置森林率」とは、残置森林（残置する森林）のうち若齢林（15年生以下の森林）を除いた面積の事業区域内の森林の面積に対する割合をいう。

　　　　2　「森林率」とは、残置森林及び造成森林（植栽により造成する森林であって、硬岩切土面等の確実な成林が見込まれない箇所を除く。）の面積の事業区域内の森林の面積に対する割合をいう。

　　　　3　「ゲレンデ等」とは、滑走コースの上、下部のスキーヤーの滞留場所であり、リフト乗降場、レストハウス等の施設用地を含む区域をいう。

別表2　国等以外の者が実施する事業

1	道路運送法（昭和26年法律第183号）による一般自動車道又は専用自動車道（同法による一般旅客自動車運送事業又は貨物自動車運送事業法（平成元年法律第83号）による一般貨物自動車運送事業の用に供するものに限る。）に関する事業
2	運河法（大正2年法律第16号）による運河の用に供する施設に関する事業
3	土地改良区（土地改良区連合を含む。以下同じ。）が設置する農業用道路、用水路、排水路、海岸堤防、かんがい用若しくは農作物の災害防止用のため池又は防風林その他これに準ずる施設に関する事業
4	土地改良区が土地改良法（昭和24年法律第195号）によって行う客土事業又は土地改良事業の施行に伴い設置する用排水機若しくは地下水源の利用に関する設備に関する事業
5	鉄道事業法（昭和61年法律第92号）による鉄道事業者又は索道事業者がその鉄道事業又は索道事業で一般の需要に応ずるものの用に供する施設に関する事業
6	軌道法（大正10年法律第76号）による軌道又は同法が準用される無軌条電車の用に供する施設に関する事業
7	石油パイプライン事業法（昭和47年法律第105号）による石油パイプライン事業の用に供する施設に関する事業
8	道路運送法による一般乗合旅客自動車運送事業（路線を定めて定期に運行する自動車により乗合旅客の運送を行うものに限る。）又は貨物自動車運送事業法による一般貨物自動車運送事業（特別積合せ貨物運送をするものに限る。）の用に供する施設に関する事業
9	自動車ターミナル法（昭和34年法律第136号）第3条の許可を受けて経営する自動車ターミナル事業の用に供する施設に関する事業
10	漁港漁場整備法（昭和25年法律第137号）による漁港施設に関する事業
11	航路標識法（昭和24年法律第99号）による航路標識に関する事業又は水路業務法（昭和25年法律第102号）第6条の許可を受けて設置する水路測量標に関する事業
12	航空法（昭和27年法律第231号）による飛行場又は航空保安施設で公共の用に供するものに関する事業
13	日本郵便株式会社が日本郵便株式会社法（平成17年法律第100号）第4条第1項第1号に掲げる業務の用に供する施設に関する事業
14	電気通信事業法（昭和59年法律第86号）第120条第1項に規定する認定電気通信事業者が同項に規定する認定電気通信事業の用に供する施設（同法の規定により土地等を使用することができるものを除く。）に関する事業
15	放送法（昭和25年法律第132号）による基幹放送事業者又は基幹放送局提供事業者が基幹放送の用に供する放送設備に関する事業
16	電気事業法（昭和39年法律第170号）第2条第1項第8号に規定する一般送配電事業又は同項第10号に規定する送電事業の用に供する同項第18号に規定する電気工作物に関する事業
17	発電用施設周辺地域整備法（昭和49年法律第78号）第2条に規定する発電用施設に関する事業
18	ガス事業法（昭和29年法律第51号）第2条第13項に規定するガス工作物に関する事業（同条第5項に規定する一般ガス導管事業の用に供するものに限る。）

19	水道法（昭和32年法律第177号）による水道事業若しくは水道用水供給事業又は工業用水道事業法（昭和33年法律第84号）による工業用水道事業
20	学校教育法（昭和22年法律第26号）第1条に規定する学校又はこれに準ずるその他の教育若しくは学術研究のための施設に関する事業
21	社会福祉法（昭和26年法律第45号）による第一種社会福祉事業、生活困窮者自立支援法（平成25年法律第105号）に規定する認定生活困窮者就労訓練事業、児童福祉法（昭和22年法律第164号）に規定する助産施設、保育所、児童厚生施設若しくは児童家庭支援センターを経営する事業、就学前の子どもに関する教育、保育等の総合的な提供の推進に関する法律（平成18年法律第77号）に規定する幼保連携型認定こども園を経営する事業又は更生保護事業法（平成7年法律第86号）による継続保護事業の用に供する施設に関する事業
22	健康保険組合若しくは健康保険組合連合会、国民健康保険組合若しくは国民健康保険団体連合会、国家公務員共済組合若しくは国家公務員共済組合連合会若しくは地方公務員共済組合若しくは全国市町村職員共済組合連合会が設置する病院、療養所、診療所若しくは助産所又は医療法（昭和23年法律第205号）による公的医療機関に関する事業
23	墓地、埋葬等に関する法律（昭和23年法律第48号）による火葬場に関する事業
24	と畜場法（昭和28年法律第114号）によると畜場又は化製場等に関する法律（昭和23年法律第140号）による化製場若しくは死亡獣畜取扱場に関する事業
25	廃棄物の処理及び清掃に関する法律（昭和45年法律第137号）第15条の5第1項に規定する廃棄物処理センターが設置する同法による一般廃棄物処理施設、産業廃棄物処理施設その他の廃棄物の処理施設（廃棄物の処分（再生を含む。）に係るものに限る。）に関する事業
26	卸売市場法（昭和46年法律第35号）による地方卸売市場に関する事業
27	自然公園法（昭和32年法律第161号）による公園事業
28	鉱業法（昭和25年法律第289号）第104条の規定により鉱業権者又は租鉱権者が他人の土地を使用することができる事業
29	鉱業法第105条の規定により採掘権者が他人の土地を収用することができる事業
30	法第50条第1項の規定により他人の土地を使用する権利の設定に関する協議を求めることができる事業

別記様式

番　号
年月日

林野庁長官殿

都道府県知事　氏　名

代替施設の配置等の確認について

　　　　年　月　日付け　林野治第　号による保安林については、下記のとおり代替施設の設置等を確認したので報告します。

記

規則第４８条第 2 項第 1 号の 計画書に記載の事業者氏名	
施工者氏名	
着工年月日・完成年月日	自　　　　　　　　至
確認者職氏名	
代替施設等の概要	
確認内容	
その他特記すべき事項	

注　(1)　確認内容については、確認した事項及び代替施設等が計画書どおり施行されたことを確認した根拠等を記載する。
　　(2)　その他特記すべき事項については、権利関係の調整等について記載する。

保安林の指定の解除に係る事務手続について

令和3年6月30日付け3林整治第478号
林野庁長官から各都道府県知事、各森林管理局長宛

　森林法（昭和26年法律第249号。以下「法」という。）第26条及び第26条の2の規定に基づく保安林の指定の解除に係る事務手続については、法、森林法施行令（昭和26年政令第276号。以下「令」という。）及び森林法施行規則（昭和26年農林省令第54号。以下「規則」という。）によるほか、「森林法に基づく保安林及び保安施設地区関係事務に係る処理基準について」（平成12年4月27日付け12林野治第790号農林水産事務次官依命通知）等の通知によるとともに、特に、保安林を森林以外の用途に供する必要が生じた場合の指定の解除については、「保安林の解除事務の迅速化及び簡素化について」（昭和60年12月24日付け60林野治第3992号林野庁長官通知）等の通知により、事前相談等の実施を通じて、その迅速化及び簡素化を図ってきたところである。

　このような中、2050年カーボンニュートラルの実現への貢献に向けた、森林内における風力又は地熱を利用した発電施設の設置に関し、「森林・林業基本計画」（令和3年6月15日閣議決定）においては、保安林の解除に係る事務の迅速化・簡素化等を行い、森林の公益的機能の発揮と調和する再生可能エネルギーの利用促進を図ることとされ、また、「規制改革実施計画」（令和3年6月18日閣議決定）においては、保安林の解除事務の見える化を通じた迅速化・簡素化のため、事前相談等の事務手続の流れの再整理等を行うこととされたところである。

　このため、保安林を森林以外の用途に供する必要が生じた場合の事前相談を含めた保安林の指定の解除に係る事務手続の運用については、下記によることとしたので、御了知の上、その適正かつ円滑な実施について御配慮願いたい。

　なお、本通知の施行に伴い、次の1から7までに掲げる通知は廃止する。

1　「保安林の解除事務の迅速化及び簡素化について」（昭和60年12月24日付け60林野治第3992号林野庁長官通知）

2　「保安林解除事案に係る事前相談等について」（昭和61年10月28日付け61林野治第3486号林野庁長官通知）

3　「保安林解除事務の運用改善について」（平成2年12月25日付け2林野治第2896号林野庁長官通知）

4　「保安林の解除申請書に係る添付書類の簡素化について」（平成7年10月31日付け7林野治第3050号林野庁長官通知）

5　「事前相談に係る標準調整期間等について」（平成9年5月26日付け9-14林野庁指導部治山課長通知）

6　「規制緩和推進3ヵ年計画に基づく許認可等の審査・処理の迅速化等について」（平成11年4月1日付け11-12林野庁指導部治山課長通知）

7　「国有保安林の解除事務等の迅速化等について」（平成28年3月30日付け27林整治第2864号林野庁森林整備部治山課長通知）

記

1 事前相談

　保安林を森林以外の用途に供すること（以下「転用」という。）を目的とした保安林の指定の解除の申請（以下「保安林解除申請」という。）をしようとする者（以下「事業主体」という。）から、都道府県知事に対し、その申請に先立ち、保安林解除申請に係る申請書及び事業計画等の添付書類（以下「申請書類」という。）の作成等に係る相談（以下「事前相談」という。）があった場合には、次により対処するものとする。

　なお、事前相談は、事業主体の任意で行われるものであって、その有無によって当該事業主体に対して不利益となるものであってはならない。

(1) 事前相談の手続の流れや対象項目等

　ア　事前相談においては、転用の目的、開発行為の態様及び規模、事業の実施時期等事案の内容とともに解除の要件等に係る具体的な相談項目について十分聴取の上、保安林解除申請の手続の流れ、申請書類の作成要領その他留意すべき事項を説明するものとする。

　　　なお、説明に当たっては、事業主体に対して関連する法令等を示した上で行うものとする。

　イ　事前相談は、別紙様式１を参考として書面（電磁的記録（電子的方式、磁気的方式その他人の知覚によっては認識することができない方式で作られる記録をいう。）を含む。以下同じ。）により行うものとする。ただし、事業主体からの情報提供にとどまるものについては、この限りでない。

　ウ　回答は、書面により行うものとする。ただし、口頭や資料提示等により直ちに回答できるものについては、この限りでない。

　エ　事業主体から、申請書類の全部又は一部につき確認を求められた場合には、申請書類の不備等の形式上明らかなものについて補正項目を助言するものとする。

(2) 事前相談の回答に要する期間

　回答は、事前相談があった日から起算して２週間（14日）以内に行うよう努めるものとする。ただし、(1)のエの場合にあっては、申請書類の形式の確認に時間を要することを考慮し、１か月（30日）以内に行うよう努めるものとする。これらの期間内において回答が困難な場合にあっては、事業主体に対してその理由及び回答の時期の見通しを示すよう努めるものとする。

　なお、回答に対する事業主体からの応答は、任意とする。

(3) 事前相談内容の記録及び進行管理

　事前相談で聴取した内容及び対応状況については、その内容が事業主体からの情報提供にとどまるものを除き、別紙様式２を参考として記録するとともに、その進行管理に努め、事務処理の一層の迅速化を図るものとする。

2 申請

　保安林解除申請があった場合には、都道府県知事は、次により対処するものとする。

(1) 申請書類の形式の確認

法第27条第１項の規定に基づき申請書類の提出があった場合には、別表に基づき、申請書類に所定の添付書類が具備されていること及び申請書の記載事項に不備がないことを確認するものとし、申請の形式上の要件に適合しないときは、遅滞なく、申請をした者（以下「申請者」という。）に対してその補正を指示し、補正することができないものであるときは、当該申請を却下するものとする。

　　なお、申請を却下する場合にあっては、申請者に対する当該申請を却下する旨の通知は、理由を付した書面により行うものとする。

(2)　申請書類の内容の審査等

　ア　申請書類の形式の確認後は、遅滞なく当該申請書類の内容の審査等を開始するものとし、審査等の結果、事業計画が具体的で申請書類の内容について不備のないことが確認できるものについては、現地調査等所要の保安林解除調査を速やかに実施するものとする。

　イ　申請書類の内容に不備がある場合において、当該不備が補正することができるものであるときは、遅滞なく、申請者に対してその補正を指示するものとし、補正することができないものであるときは、次により対処するものとする。

　　（ア）農林水産大臣の権限に係る保安林の指定の解除に当たっては、都道府県知事は、法第27条第３項の規定に基づき、当該申請書類にその旨を記載した意見書を付して、農林水産大臣に進達するものとする。

　　（イ）都道府県知事の権限に係る保安林の指定の解除に当たっては、都道府県知事は、当該保安林の指定の解除をしない旨の処分をするものとする。

　ウ　保安林解除申請に係る事業の実施につき法令等に基づく行政庁の免許、許可、認可その他の処分（以下「許認可」という。）を併せて必要とする保安林の指定の解除については、当該許認可に係る行政庁と緊密な連絡を取りつつ、極力それらと並行的に審査を行うよう努めるものとする。なお、当該事業の実施につき許認可を必要とするものであって、いまだ当該行政庁に対する許認可の申請がされていないものについては、速やかに当該申請手続を行うよう助言するとともに、当該申請を行った場合には、その許認可の種類、申請先行政庁及び申請年月日を報告するよう申請者に指示するものとする。

(3)　申請の進行管理及び進行状況の開示

　ア　申請に対する補正の指示の内容及び対応状況については、別紙様式３を参考として記録するとともに、相当期間対応が遅延している申請者に対しては、適宜補正の指示に対する対応状況を確認すること等により、その進行管理に努め、事務処理の一層の迅速化を図るものとする。

　イ　申請者の求めに応じ、当該申請に係る審査の進行状況及び当該申請に対する処分の時期の見通しを示すよう努めるものとする。

(4)　理由の提示

　ア　審査の結果、解除をしない旨の処分をするときは、申請者に対し、同時にその理由を示すものとする。

　　ただし、当該理由を示さないで処分をすべき差し迫った必要がある場合は、この限りでない。

　イ　アのただし書の場合にあっては、申請者の所在が判明しなくなったときその他処分後にお

いて理由を示すことが困難な事情があるときを除き、処分後相当の期間内に、アの理由を示すものとする。

ウ　ア及びイの理由は、書面により示すものとする。

3　林野庁への情報提供

　都道府県知事は、1又は2の事案の対象地が農林水産大臣の権限に係る保安林又は法第26条の2第4項の規定による農林水産大臣協議を必要とする民有保安林であって、利害関係者との調整が難航している等、解除の要件等を満たすことが困難な事案があった場合にあっては、別紙様式1から3までを参考として整理した書面をもって、適宜林野庁に情報提供を行うものとする。

4　添付書類の簡素化等

　申請書に添付する事業計画等の添付書類等については、別表によるほか、次に定めるところによるものとし、その簡素化を図るものとする。

(1)　令第2条の3に定める規模以下の事業のうち、「公益上の理由」（法第26条の2第2項）によるものであって、土地の形質を変更する行為の態様等が軽微であると認められるものに係る保安林解除申請については、次によることを認めるものとする。

　　ア　縦横断面図は、それぞれの標準的切土及び盛土の断面を同一の図面に表示した標準断面図（法面の高さ、土質別の勾配等を表示した断面図をいう。）とする。

　　イ　現況写真は、全景の写真のみとする。

(2)　国等（国、地方公共団体、地方公共団体の組合、独立行政法人、地方独立行政法人、地方住宅供給公社、地方道路公社及び土地開発公社をいう。以下同じ。）が事業主体となる事業であって、「公益上の理由」によるものに係る保安林解除申請については、当該事業等の遂行に当たり十分な信用、資力及び技術を有することを証する書類並びに利害関係者の意見の添付を要しないものとする。

(3)　国等又は成田国際空港株式会社、東日本高速道路株式会社、首都高速道路株式会社、中日本高速道路株式会社、西日本高速道路株式会社、阪神高速道路株式会社若しくは本州四国連絡高速道路株式会社が事業主体となる事業に係る保安林解除申請又は規則第5条に定める事業に係る保安林解除申請については、資金の調達方法を証する書類の添付を要しないものとする。

(4)　全体計画に基づき期別実施計画に従って保安林解除申請を継続して行おうとする場合であって、初回の申請の際、全体計画及び当該申請に係る実施計画の内容について審査を了し、都道府県森林審議会の意見を聴いたものについては、第2回目以降の申請に係る用地事情等の解除の要件の審査及び審議会への諮問は省略することができるものとする。ただし、当該実施計画の内容が全体計画と異なることとなる場合は、この限りでない。

(5)　市町村が事業主体となる事業に係る保安林解除申請については、当該市町村の長の同意書の添付を要しないものとする。

(6)　専ら道路（高速自動車国道を除く。）の新設又は改良に係る保安林解除申請については、次に掲げる書類の添付を要しないものとする。

書類等の名称	備　　考
事業計画書関係	
予算書又は予算議決書の写し	その他資金調達方法を証する書類（残高証明書、融資証明書等）も省略することができる。
縦横断面図	
土量計算書	
土捨場平面図	
土捨場容量計算書	
代替施設計画書関係	
予算書又は予算議決書の写し	その他資金調達方法を証する書類（残高証明書、融資証明書等）も省略することができる。
代替施設安定計算書	
排水計画平面図	
排水施設流量計算書	
流出十砂貯留施設平面図	
流出土砂貯留施設計算書	
集水区域図	
構造図	
申請者に関する書類	
直接利害関係者の証書	例えば、土地登記簿謄本、土地売買契約書、土地売買契約書の写し、証書、固定資産台帳証明書、土地等に対する権限を有する証明書等
解除要件を備えていることを確認できる書類	
利害関係者の意見のうち直接利害関係者の同意書	土捨場用地の使用承諾を含む。

5　標準処理期間

(1)　農林水産大臣の権限に係る保安林の指定の解除

　ア　国有保安林（国有林野又は官行造林地）

　　国有林野の管理経営に関する法律（昭和26年法律第246号）第2条に規定する国有林野又は旧公有林野等官行造林法（大正9年法律第7号）第1条の契約に係る森林、原野その他の土地についての保安林の指定の解除については、森林管理局長等が関係書類を受理してから森林管理局長が農林水産大臣に上申するまでの標準処理期間は2か月（60日）以内とし、農林水産大臣が森林管理局長から上申書類を受理してから都道府県知事への解除予定通知を施行するまでの標準処理期間は3か月（90日）以内とする。また、都道府県知事が農林水産大臣から解除予定通知を受理してから解除予定告示を行うまでの標準処理期間は2週間（14日）以内に定めるようお願いする。

　イ　国有保安林（ア以外の国有林）又は民有保安林（重要流域内に存する1～3号民有保安林）

　　ア以外の国有保安林又は法第25条第1項第1号から第3号までに掲げる目的を達成するために指定された民有保安林のうち、重要流域内に存するものについての保安林の指定の解除

については、都道府県知事が申請書類を受理してから農林水産大臣に進達するまでの標準処理期間は2か月（60日）以内に定めるようお願いする。農林水産大臣が都道府県知事から進達書類を受理してから都道府県知事への解除予定通知を施行するまでの標準処理期間は3か月（90日）以内とする。また、都道府県知事が農林水産大臣から解除予定通知を受理してから解除予定告示を行うまでの標準処理期間は2週間（14日）以内に定めるようお願いする。

(2) 都道府県知事の権限に係る保安林の指定の解除

ア 農林水産大臣協議を必要とする民有保安林

法第26条の2第4項の規定による協議を必要とする民有保安林の指定の解除については、都道府県知事が申請書類を受理してから農林水産大臣に協議書を提出するまでの標準処理期間は3か月（90日）以内に定めるようお願いする。農林水産大臣が都道府県知事から協議書を受理してから都道府県知事に協議結果通知を施行するまでの標準処理期間は2か月（60日）以内（同項第1号に該当するもの（同項第2号に該当するものを除く。）にあっては、1か月（30日）以内）とする。また、都道府県知事が農林水産大臣から協議結果通知を受理してから解除予定告示を行うまでの標準処理期間は2週間（14日）以内に定めるようお願いする。

イ 民有保安林（ア以外）

ア以外の民有保安林の指定の解除については、都道府県知事が申請書類を受理してから解除予定告示を行うまでの標準処理期間は3か月（90日）以内に定めるようお願いする。

(3) 標準処理期間に算入しない期間

次に掲げる期間については、標準処理期間に算入しないものとする。

ア 保安林の指定の解除の申請等をした者が、都道府県又は林野庁（森林管理局、森林管理署又は森林管理署の支署を含む。）の指示により関係書類等の補正に要した期間

イ (1)のアの保安林の指定の解除について、森林管理局長からの意見照会に対し、当該保安林の所在地を管轄する都道府県知事が回答に要した期間

6 森林管理局長が行う転用を目的とした保安林の指定の解除の手続

(1) 森林管理局長が行う転用を目的とした保安林の指定の解除の手続については、1から4までを準用するほか、「森林管理局長が行う保安林及び保安施設地区の指定、解除等の手続について」（昭和45年8月8日付け45林野治第1552号林野庁長官通知）によるものとする。

(2) 森林管理局長が、国有林野の管理経営に関する法律第2条第2項に規定する国有林野事業以外の用に供する転用のための保安林の指定の解除に当たって、農林水産大臣に所要の書類を上申する場合にあっては、国有林野の貸付け等に係る書類及び利害関係者の意見のうち土地所有者の同意書の添付を要しないものとする。

7 都道府県と森林管理局及び森林管理署との連絡体制の強化

事業主体又は申請者（以下「事業主体等」という。）から都道府県に対し、転用しようとする区域が民有保安林と国有保安林にまたがる事案に係る事前相談又は保安林解除申請（以下「事前相談等」という。）があった場合には、都道府県の担当者は、森林管理局、森林管理署又は森林管理署の支署（以下「森林管理局等」という。）の相談窓口や申請窓口（以下「相談窓口等」と

いう。）を事業主体等に教示するとともに、森林管理局等に対して事前相談等があった旨を連絡するものとする。また、事業主体等から森林管理局等に対し同様の事案に係る事前相談があった場合には、森林管理局等の担当者は、都道府県の相談窓口等を事業主体等に教示するとともに、都道府県に対して事前相談があった旨を連絡するものとする。

　また、事案の処理に当たっては、都道府県と森林管理局等の処理状況や結果に齟齬をきたすことがないよう、双方の間で密に連絡を取り合うものとする。

様式1　事前相談申出書
様式2　事前相談整理票
様式3　保安林解除申請に係る対応状況整理票
別　表　申請書類一覧

参考1　農林水産大臣の権限に係る保安林の指定の解除手続図と標準処理期間
参考2　都道府県知事の権限に係る保安林の指定の解除手続図と標準処理期間

様式1

事 前 相 談 申 出 書

提出日：　　　　　年　　月　　日

相 談 者	住 所：
	氏 名：
	連絡先：

事 業 主 体	住 所：
	氏 名：

保 安 林 の 所 在 場 所	市　　　　　　　町 　　　　　　　　　　大字　　　字　　　　番地 郡　　　　　　村

保 安 林 の 森 林 所 有 者	国（　　　　　）都道府県　　市町村　　　法人（　　　　　　　） 個人（　　名）財産区、　　共有等（　　　　　名）

事 業 計 画 区 域 面 積	ha	うち 保 安 林 面 積	ha

保 安 林 の 転 用 の 目 的	

関 係 法 令 の 許 認 可 状 況	

対 象 項 目	□解除の要件について　　　　□級地区分　　　□用地事情 　　　　　　　　　　　　　　□面積　　□実現の確実性 　　　　　　　　　　　　　　□利害関係者の意見 　　　　　　　　　　　　　　□代替施設、残置森林について □申請書類の作成について □その他（　　　　　　　　　　　　　　　　　　　　　　　）

相 談 内 容	
	（必要により継紙等を使用）

添 付 書 類	□位置図　　　　□事業計画図　　　　□その他（　　　　　　　）

※　各項目は、現時点における事業計画の具体化の程度に応じて可能な範囲で記載し、必要により図
　面等の参考書類を添付すること。

様式2

事 前 相 談 整 理 簿

ＮＯ.

相　　談　　者	
事　業　主　体	
所　　在　　地	
保　安　林　種	

事 業 区 域 面 積		うち保安林面積	

転　用　の　目　的	
他 法 令 と の 関 係	

対　応　状　況

相　談 年　月　日	相　談　内　容	回　　答 年　月　日	回　答　内　容

様式3

<h1>保安林解除申請に係る対応状況表</h1>

書類の到達日		終了年月日	
事　業　主　体			
所　在　地			
保　安　林　種			
事業区域面積	ha	解除予定面積	ha
転　用　の　目　的			
他法令との関係			

<table>
<tr><td colspan="4" align="center">補　正　指　示　等　の　状　況</td></tr>
<tr><td>指　示　等
年　月　日</td><td>指　示　等　内　容</td><td>対　応
年　月　日</td><td>対　応　状　況</td></tr>
<tr><td></td><td></td><td></td><td></td></tr>
</table>

別表

申請書類一覧

書類等の名称	留 意 事 項	通知本文上、簡素化等が可能な場合	関係法令等
保安林解除申請書			法第27条、規則第48条第1項、様式告示12
保安林解除図	原則として実測図とすること。		規則第48条第1項、様式告示12
事業計画書関係			規則第48条第2項第1号
予算書又は予算議決書の写し	資金調達方法を証する書類（残高証明書、融資証明書等）を含む。	・4の(3)の場合、資金調達方法を証する書類の添付は要しない。 ・同(6)の場合、添付は要しない。	運用通知第1の2の(5)及び(6)
事業施設配置図	・事業施設及び代替施設の配置は、同一の図面に表示して差し支えない。 ・残置又は造成する森林の配置が明確に判断可能であるもの		運用通知第1の2
現況写真	解除予定区域を表示すること。	4の(1)の場合は、全景の写真のみとする。	基本通知第2の3の(5)で準用する同通知第1の3の(6)のウ
縦横断面図		・それぞれの標準的切土及び盛土の断面を同一の図面に表示した標準断面部（法面の高さ、土質別の勾配等を表示した断面図をいう。）とする。 ・同(6)の場合、添付は要しない。	運用通知第1の2
土量計算書	切土、盛土及び残土のそれぞれの総量並びにその処理方法についてのみ記載することとして差し支えない。	4の(6)の場合、添付は要しない。	運用通知第1の2
土捨場位置図		4の(6)の場合、添付は要しない。	運用通知第1の2
土捨場平面図		4の(6)の場合、添付は要しない。	運用通知第1の2
土捨場容量計算書	取りまとめ表についてのみ記載することとして差し支えない。	4の(6)の場合、添付は要しない。	運用通知第1の2
面積計算図			運用通知第1の2
面積計算書	取りまとめ表についてのみ記載することとして差し支えない。		運用通知第1の2
工事工程表			運用通知第1の2の(7)

代替施設計画書関係			規則第48条第2項第2号
予算書又は予算議決書の写し	資金調達方法を証する書類（残高証明書、融資証明書等）を含む。	・4の(3)の場合、資金調達方法を証する書類の添付は要しない。 ・同(6)の場合、添付は要しない。	運用通知第1の3の(2)のイ及びウ
代替施設配置図	・事業施設及び代替施設の配置は、同一の図面に表示して差し支えない。 ・残置又は造成する森林の配置が明確に判断可能であるもの。		運用通知第1の3の(2)
代替施設安定計算書	取りまとめ表（箇所毎に因子、計算値、安全率等及び公式を記載すること。）についてのみ記載することとして差し支えない。	4の(6)の場合、添付は要しない。	運用通知第1の3
排水施設平面図		4の(6)の場合、添付は要しない。	運用通知第1の3
排水施設流量計算書	取りまとめ表（箇所毎に因子、計算値、安全率等及び公式を記載すること。）についてのみ記載することとして差し支えない。	4の(6)の場合、添付は要しない。	運用通知第1の3
流出土砂貯留施設平面図		4の(6)の場合、添付は要しない。	運用通知第1の3
流出土砂貯留施設計算書	取りまとめ表（箇所毎に因子、計算値、安全率等及び公式を記載すること。）についてのみ記載することとして差し支えない。	4の(6)の場合、添付は要しない。	運用通知第1の3
洪水調節施設等平面図			運用通知第1の3
洪水調節施設等計算書	取りまとめ表（箇所毎に因子、計算値、安全率等及び公式を記載すること。）についてのみ記載することとして差し支えない。		運用通知第1の3
集水区域図		4の(6)の場合、添付は要しない。	運用通知第1の3
構造図	土工定規図を含む。	4の(6)の場合、添付は要しない。	運用通知第1の3
工事工程表			運用通知第1の3の(2)のエ
許認可に係る申請の状況を記載した書類又は許認可証書の写し	・申請に係る事業又は代替施設の設置について許認可を必要とする場合に限る。 ・環境アセスメントの実施状況も含む。		規則第48条第2項第3号

申請者に関する書類			法第27条第1項 規則第48条第2項
（法人） 法人登記事項証明書			規則第48条第2項第4号
（法人でない団体）団体の代表者の氏名、規約、組織運営に関する書類	（添付例） ・定款 ・営業報告書		規則第48条第2項第4号
直接利害関係者の証書	（添付例） ・土地登記簿謄本 ・土地売買契約書 ・固定資産台帳証明 ・土地等に対する権限を有する証書　等	4の(6)の場合、添付は要しない。	規則第48条第2項 処理基準第2の2の(1)のイ（第1の3の(1)のイ）
解除要件を備えていることを確認できる書類			処理基準第2の1の(3)
級地区分に係る書類	当該地の傾斜等が判断できる図面等		処理基準第2の1の(3)のアの（ア）、イの①の（ア）、②の（ア）
用地事情に係る書類	・地域の公的土地利用計画等 ・その土地以外に適地を求めることができないことを示す書類		処理基準第2の1の(3)のアの（イ）、イの①の（イ）、②の（イ）
面積に係る書類	転用に係る土地の面積が、必要最小限度である根拠を示す通知や計算書等		処理基準第2の1の(3)のアの（ウ）、イの①の（ウ）、②の（ウ）
実現の確実性に係る書類	・信用、資力及び技術力を証明する書類 （添付例） 　・企業概要 　・取引実績 　・財務諸表 　・当該保安林と併せて使用する土地がある場合、当該土地を使用する権利を取得している又は取得することが確実であることを示す書類	4の(2)の場合、信用、資力及び技術力を証明する書類の添付は要しない。	処理基準第2の1の(3)のアの（エ）のe、イの②の（エ）
利害関係者の意見	・市町村長の同意書 ・直接利害関係者の範囲を示す図面等 ・直接利害関係者の同意書 　（土捨場用地の使用承諾を含む。）	・4の(2)の場合、添付は要しない。 ・同(5)の場合、市町村長の同意書の添付は要しない。 ・同(6)の場合、直接利害関係者の同意書の添付は要しない。	処理基準第2の1の(3)のアの（オ）

※書類の調製が難しい場合については、適宜担当者に確認すること。

※関係法令等の呼称は次のとおりとする。

　　法　　　　：森林法（昭和26年法律第249号）

　　規　　則：森林法施行規則（昭和26年農林省令第54号）

　　様式告示：森林法施行規則の規定に基づき、申請書等の様式を定める件

　　　　　　　　（昭和37年農林省告示第851号）

　　処理基準：森林法に基づく保安林及び保安施設地区関係事務に係る処理基準について

　　　　　　　　（平成12年4月27日付け12林野治第790号農林水産事務次官依命通知）

　　運用通知：保安林及び保安施設地区に関する改正森林法施行規則の運用について

　　　　　　　　（昭和43年12月14日付け43林野治第2482号林野庁長官通知）

　　基本通知：保安林及び保安施設地区の指定、解除等の取扱いについて

　　　　　　　　（昭和45年6月2日付け45林野治第921号林野庁長官通知）

(参考1) 農林水産大臣の権限に係る保安林の指定の解除手続図と標準処理期間

ア 国有保安林（国有林野又は官行造林地）

イ 国有保安林（ア以外の国有林）又は民有保安林（重要流域内に在する1〜3号長有安林）

（参考2）　都道府県知事の権限に係る保安林の指定の解除手続図と標準処理期間

ア　農林水産大臣協議を必要とする民有保安林

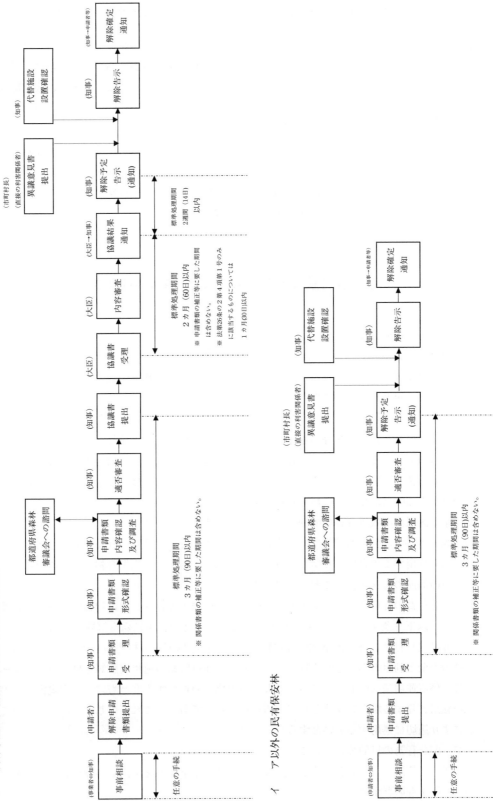

イ　ア以外の民有保安林

改正許可基準等の運用に当たっての留意事項について

平成2年7月3日付け2-20
林野庁治山課長から各都道府県林務担当部長
営林（支）局経営、業務部長あて
最終改正：令和3年6月30日3林整治第487号

　先般、保安林及び保安施設地区の指定、解除等の取扱いについての一部改正並びに保安林の転用に係る解除の取扱い要領の制定及び開発行為の許可基準の運用細則の一部改正について（平成2年6月11日付け2林野治第1868号林野庁長官通知）が通知されたところであるが、今後、これらの適用に当たっては、別紙に留意の上、遺憾のないようにされたい。

別紙

改正許可基準等の運用に当たっての留意事項

1　転用許可等の要件について
(1)　事業区域について
　　事業区域は、当該開発行為と直接的に関連する森林、緑地その他の土地であって、森林の開発行為の許可及び保安林の転用解除（以下「転用許可等」という。）に当たっての残置森林等の割合、配置等の基準の適用及び代替施設の設置等の確認を行う対象区域であり、事業終了後も事業者に対し残置森林等の適正な保全、必要な森林施業の実施等善良な維持管理を義務付けするものであることから、事業者がそれらの土地の全てについて所有権又は使用及び収益を目的とする権利を取得しているか、又はその権利の取得若しくは当該土地の所有者等から使用の同意を得ることができる区域とされたものである。
(2)　事業区域内の残置森林等の割合及び配置等の基準について
　　森林の有する公益的機能には、施設の配置によって代替補完されないものもあるため、森林を開発転用する場合には長年かかって形成された土壌を含め現況森林をできるだけ保全し、それらの機能の確保を図ることが必要である。
　　開発行為の許可基準の運用細則について（平成14年5月8日付け14林整治第25号林野庁長官通知。以下「運用細則」という。）の表4及び保安林の転用に係る解除の取扱い要領（平成2年6月11日付け2林野治第1868号林野庁長官通知。以下「取扱要領」という。）の別表は、森林の保全と利用の調整を図る観点にたって、各都道府県の運用実態等を勘案の上、森林の残置等に係る運用基準の取扱いについてより明確化、適正化するとともに、一定規模以上の保安林を転用解除する場合の要件として定められたものである。これらの基準の適用については、次により適切に運用するものとする。
ア　開発行為の目的等について
①　別荘地とは、保養等非日常的な用途に供する家屋等を集団的に設置しようとする土地を指すものとする。

② ゴルフ場とは、地方税法等によるゴルフ場の定義以外の施設であっても、利用形態等が通常のゴルフ場と認められる場合は、これに含め取扱うものとする。

③ 宿泊施設とは、ホテル、旅館、民宿、ペンション、保養所等専ら宿泊の用に供する施設及びその付帯施設を指すものとする。なお、リゾートマンション、コンドミニアム等所有者等が複数となる建築物等もこれに含め取扱うものとする。

④ レジャー施設とは、総合運動公園、遊園地、動・植物園、サファリパーク、レジャーランド等の体験娯楽施設その他の観光、保養等の用に供する施設を指すものとする。

⑤ 工場、事業場とは、製造、加工処理、流通等産業活動に係る施設を指すものとする。

イ　運用細則の表4及び取扱要領の別表に掲げる以外の開発行為の目的のうち、学校教育施設、病院、廃棄物処理施設等は工場・事業場の基準を、ゴルフ練習場はゴルフ場と一体のものを除き宿泊施設・レジャー施設の基準をそれぞれ適用するものとする。

　　また、企業等の福利厚生施設については、その施設の用途に係る開発行為の目的の基準を適用するものとする。

ウ　1事業区域内に異なる開発行為の目的に区分される複数の施設が設置される場合には、それぞれの施設ごとに区域区分を行い、それぞれの開発行為の目的別の基準を適用するものとする。

　　この場合、残置森林等は区分された区域ごとにそれぞれ配置することが望ましいが、施設の配置計画等からみてやむを得ないと認められる場合には、施設の区域界に所定の林帯幅（運用細則に係るものにあってはおおむね30メートル、取扱要領に係るものにあってはおおむね50メートル）の残置森林等を配置するものとする。

エ　工場・事業場及びレジャー施設の設置については、1箇所当たりの面積がそれぞれおおむね20ヘクタール以下、おおむね5ヘクタール以下とされているが、施設の性格上施設の機能を確保することが著しく困難と認められる場合には、その必要の限度においてそれぞれ20ヘクタール、5ヘクタールを超えて設置することもやむを得ないものとする。

オ　工場・事業場及び住宅団地の「1箇所当たりの面積」とは、当該施設又はその集団を設置するための開発行為に係る土地の区域面積を指すものとする。

カ　残置森林率は、若齢林を除いて算定することとされたが、これは森林を残置することの趣旨からして森林機能が十全に発揮されるにいたらないものを同等に取扱うことが適切でないことによるものである。

　　森林率は、残置森林（若齢林を含む。）及び造成森林を対象とするものである。この場合、森林以外の土地に造林する場合も算定の対象として差し支えないが、土壌条件、植栽方法、本数等からして林叢状態を呈していないと見込まれるものは対象としないものとする。ただし、住宅地の造成の場合には、これらの土地についても緑地として取扱って差し支えない。

キ　森林の配置については、残置森林によることを原則とし、極力基準を上回る林帯幅で適正に配置されるよう事業者に対し指導するとともに、造成森林の配置は、土地の形質を変更することがやむを得ないと認められる箇所に限って適用する等その運用については厳正を期するものとする。

(3) 残置森林等の適正な管理等について

事業区域内の残置森林及び造成森林（以下「残置森林等」という。）は、保安林制度等の適切な運用によりその保全又は形成に努めることとされているが、具体的には、地域森林計画の対象とすることを原則とする。さらに、市町村に対しては、残置森林等が市町村森林整備計画において適切な公益的機能別施業森林区域に設定されるよう指導するとともに、事業者に対しては、市町村等との維持管理協定等の締結、除間伐等の保育、疎林地への植栽等適切な施業の実施等について指導するものとする。また、残置森林等の立地条件、保全上の特性等を踏まえ、必要に応じて保健保安林等の指定を進めるとともに、都市緑地部局、環境部局等の関係部局とも連携し、残置森林等の保全又は形成に資する関係制度の活用についても検討するものとする。

　さらに、残置森林率等の基準は、施設の増設、改良を行う場合にも適用されるものであり、事後において事業者から施設の増設等に係る転用許可等の申請があった場合は、残置森林等の面積等が基準を下回らないと認められるものに限って転用許可等を行うものとする。

　なお、別荘地の造成等、開発完了後に売却・分譲等が予定される開発における残置森林等については、分譲後もその機能が維持されるよう適切に管理すべきことを売買契約に当たって明記するなどの指導を行うものとする。

(4)　植栽本数について

　造成森林は、運用細則の表5を標準とし、森林機能が早期に回復、発揮されるよう自然条件に適した高木性の樹種で原則として樹高1メートル以上のものを植栽することとされたが、住宅団地、宿泊施設等の間、ゴルフ場のホール間等で修景効果、保健休養機能の発揮等を併せ期待する造成森林については、樹種の特性、土壌条件等を勘案し、植栽する樹木の規格に応じ500本／ヘクタール～1,000本／ヘクタールの範囲で植栽本数を定めることとして差し支えないものとする。

(5)　土工量について

　スキー場の滑走コースの造成に係る切土総量は、滑走コースの面積に1,000立方メートル／ヘクタールを乗じて得た土量以下とすることとされた。滑走コースは傾斜地を利用するものであることから、切土を行う区域はスキーヤーの安全性の確保等やむを得ないと認められる場合に限るものとし、土砂の移動量を極力縮減するよう事業者に対し指導するものとする。

(6)　許可制の適用のない開発行為について

　国及び地方公共団体並びに公団、公社等の行う開発行為が許可制の適用対象外とされているのは、制度運用の当事者又は行政組織を通じ制度趣旨等が貫徹されるものであることによる。このため、市町村、公社等については特に改正許可基準の内容等を周知せしめるとともに、それらが事業主体となる事案については民間事業体の模範となる適正な事業実施計画となるよう連絡調整段階で緊密な指導等を行うものとする。

(7)　改正基準の適用に係る経過措置について

　改正基準は、通達施行日（6月11日）以降に転用許可等の申請を行うものに適用されるが、既に保安林の解除事務の迅速化及び簡素化について（昭和60年12月24日付け60林野治第3992号林野庁長官通知）に基づく事前相談を了しているもの、又は都道府県の要綱等に基づく事前協議等をおおむね了しているもの（林務担当部局として事業計画の内容審査を了しており、残置森林等の割合、配置等について具体的に指導、調整等がなされている事案）であって、通知施

行日以降2年以内に転用許可等の申請手続きを行うものについては、従前の例により取扱うものとする。

　なお、上記の経過措置の運用については、転用に係る保安林の面積が1ヘクタール以上のもの又は開発行為に係る森林の面積が20ヘクタール以上のものは、別紙により、通達施行日以降6ヶ月以内の間に林野庁治山課と協議するものとする。

2　保安林の転用に係る解除の取扱い要領について
(1)　代替施設の設置等の措置について
　　都道府県知事は、代替施設の設置等の確認に当たっては、単に、当該保安林種ごとの指定目的に係る機能の代替施設だけでなく、防災施設、造成森林等の設置状況を確認するとともに、これらの代替施設以外にも、事業等に係る転用に伴う土砂の流出又は崩壊その他災害の防止、周辺の環境保全等の観点から措置すべき事項についても厳正に確認を行うこととする。
(2)　第1級保安林の取扱いについて
　ア　治山事業の施行地については、特に国土保全等公益を確保する上で厳正な取扱いを必要とするものである。このため、治山事業施行地は従来から原則として解除を行わないこととされているが、治山事業施行地が介在する保安林については開発転用を極力避けるよう指導するものとする。
　イ　海岸保安林は、その立地特質等からして多様な役割を果たすことが期待されているものである。また、その林帯幅が縮減又は分断された場合には全体として機能の減退をもたらすこととなることから、原則として解除は行わないものとされたが、第1級地の林帯幅以上の保安林にあっても開発転用は極力避けるよう指導するものとする。
　ウ　事業区域に残置し又は造成することとされた森林は、その目的等からして将来にわたって厳正に保全・管理し、機能の維持増進を図るべきものである。このため、転用許可等に際して相当規模のまとまりのあるものについて保安林の指定、保安林種の変更等を検討し、適切に措置するものとする。
(3)　代替保安林等の指定について
　　保安林の転用解除に伴う代替保安林等の指定は、当該保安林の指定の目的の達成に支障を及ぼすことがないよう代替施設の設置と併せて措置する必要がある場合に適用されるものである。
　　この取扱いについては、次により適切に対処するものとする。
　ア　水源かん養保安林の転用解除に係る代替保安林の指定は、受益の対象及び保安林配備の状況、森林現況等に配意して、同一の単位区域内の森林を対象として行うものとする。ただし、転用に係る保安林の面積が小さく、かつ、貯水池又は導水路の設置等水の確保の措置が適切に講じられる場合には、この限りでない。
　イ　生活環境の保全・形成等の目的で指定された保健保安林の転用解除に係る代替保安林の指定は、周辺の土地利用及び保安林の配備状況、当該森林の現況等に配意して、原則として受益の対象がおおむね同一の区域の森林を対象として行うものとする。
　ウ　ア、イ以外であって、大規模な森林の開発転用に際して生活環境の保全・形成等の機能を確保するため必要があると認められる場合には、当該事業区域の周辺部等に保健保安林等が

適切に配備されるよう努めるものとする。

(4) 利害関係者の同意等の的確な把握について

保安林の転用解除は、実現の確実性及び利害関係者の意見がより重要となるものであることから、転用解除の申請があった場合には、用地の取得状況、他法令等の許認可の見通し、事業者の信用、資力等事業実施の確実性について厳正に審査するとともに、直接の利害関係者等の同意の有無、地域住民の動向等を的確に把握の上、解除申請書の進達等を行うものとする。

また、解除予定保安林について森林法（以下「法」という。）第34条第2項の許可をするに際して、事業者に対し監督処分、解除予定の取消し及び事業計画の変更等を行う当該事項について的確に通告するものとする。

3 保安林内の作業許可の取扱いについて

(1) 許可基準について

保安林内における土石の採掘、施設の設置、物件の堆積その他の土地の形質を変更する行為に係る法第34条第2項による都道府県知事の許可（森林法施行規則（昭和26年農林省令54号）第63条第5号に基づく協議同意を含む。以下「作業許可」という。）は、当該保安林の指定の目的、地質、土壌等の条件及び行為の目的、態様、規模等を踏まえ、個別的に適否等の判断を行うこととなるものであるが、森林の機能を維持した状態での利用を促進し、その運用についての全国的な均衡を確保するため、作業許可の対象とする行為の範囲等許可基準が明確化されたものである。

(2) 林道等について

林道については、車道幅員（路肩を除く）が4メートル以下であって、森林の施業・管理の用に供するため周囲の森林と一体として管理することが適当と認められる場合に作業許可の対象とするものとする。

農道、市町村道その他の道路については、森林内に設置され、その規格・構造が林道に類するものであって、森林の施業・管理に資すると認められるものに限り林道と同様に取扱うものとする。

なお、森林の施業・管理の用に供する、又は資するとは、林道等の沿線の森林において、施業の実施予定がある場合や施業を行う対象であることが森林施業に関する各種計画から明らかである場合、山火事防止等森林保全のための巡視や境界管理、森林に関する各種調査等の実施が見込まれる場合とする。

(3) 保安機能を維持・代替する施設について

作業許可の対象とする森林の保安機能の維持・強化に資する施設とは、その設置目的・構造からみて保安機能を持つことが明らかであって、周囲の森林と一体となって管理することが保安林の指定の目的の達成に寄与すると認められるものをいい、例えば道路に附帯する保全施設等がこれに該当する。保安林の転用に伴い設置する代替施設で転用に係る区域内に設置する施設については、本体施設と一体となって管理されるべきものであり、作業許可の対象としないこととする。また、転用に係る区域外に設置する施設であっても、洪水調節池等の森林を改変する程度が大きいものについては、作業許可の対象としないこととする。

(4) 物件の堆積等に係る作業許可について

土砂捨て、しいたけ原木等の堆積、仮設構造物の設置等の一時的な変更行為に係る作業許可は、土壌の性質、林木の生育に及ぼす影響が微小であると認められるものに限って行うものとする。

(5) 切土又は盛土の高さについて

　　切土の高さとして示すおおむね1.5メートルとは、樹木の根系が一般的に分布し、変更行為によっても保安機能の維持に支障を及ぼさない範囲として目安を示したものである。このため、現地の樹種や土壌等の調査等を行い、根系が密に分布する深さを明らかにすることで、その深さを限度として差し支えないものとする。

　　また、盛土の高さとして示すおおむね1.5メートルとは、切土を流用土として現地処理することを前提に目安を示したものであるが、一般に、切土に比べて盛土の体積は増加することとなるため、一定の厚さで締固めを行うなど適切な施工を行う上で、1.5メートルを超えることは差し支えないものとする。なお、切土又は盛土の高さについて、現場での施工上必要な場合には、1.5メートルを2割の範囲内で超えることも、「おおむね」の範囲内であるとして差し支えないものとする。

(6) 一時的な変更行為に係る作業許可の期間について

　　一時的な変更行為に係る作業許可の期間については、作業許可基準が森林の機能を維持した状態を前提としていることから、伐採後の植栽義務の履行期間と同様に2年を原則としている。ただし、事業実施後の遅延に合理的な理由がある場合には、確実な原状回復を前提に、その期間を5年まで延長することを可能とする。

(7) 変更行為に係る区域の一箇所の考え方について

　　変更行為に係る区域（以下、変更区域という。）が連続しない場合であっても、相隣する変更区域間の距離が20メートル未満に接近している場合は、これら変更区域は連続しているものとし一箇所として扱うこととする。

(8) その他許可基準に係る留意事項について

　　作業許可申請の内容が許可基準に適合するものであっても、当該保安林の指定の目的、指定施業要件、現況等からみて保安機能の維持に支障を及ぼすおそれがある次のような場合には、画一的に許可を行うことは適当でなく、慎重に判断するものとする。

ア　急傾斜地である等個々の保安林の地形、土壌又は気象条件等により、変更行為が周囲の森林に与える影響が大きくなるおそれがある場合。

イ　風致保安林内での景観を損なう施設の設置等その態様が保安林の指定の目的に適合しない場合。許可する場合には、形状に配慮するなどの条件を付すこととする。

ウ　変更行為が立木の伐採を伴う場合において、その態様が当該保安林の指定施業要件に定める伐採の方法、限度に適合しない場合。

エ　変更行為により、当該保安林の大部分が森林でなくなる等保安林としての機能を発揮できなくなるおそれがある場合。

関 係 通 知
〈林地開発許可関係〉

関係通知

林地開発許可関係

関係通知

林地開発許可関係

開発行為の許可制に関する事務の取扱いについて

平成14年３月29日付け13林整治第2396号

農林水産事務次官から各都道府県知事・各森林管理局（分局）長あて

最終改正：平成29年３月９日付け28林整治第2173号

　この度、地方自治法（昭和22年法律第67号）第245条の４の規定による技術的助言として、別紙のとおり、開発行為の許可制に関する事務の取扱いに係る留意事項が定められ、平成14年４月１日から適用することとされたので、御了知の上、その適正かつ円滑な実施につき特段の御配慮をお願いする。

　なお、下記の通知は、廃止することとされ、下記の７に掲げる通知の一部が別紙２の新旧対照表のとおり改正されたので、御留意願いたい。

　おって、貴管下の市町村その他関係者への周知方よろしくお願いしたい。

　以上、命により通知する。

記

1　「森林施業の合理化に関する基準の運用について」（昭和43年８月６日付け43林野計第304号農林事務次官依命通知）

2　「森林法及び森林組合合併助成法の一部を改正する法律の公布施行について」（昭和49年５月30日付け49林野企第41号農林事務次官依命通知）

3　「森林法及び森林組合合併助成法の一部を改正する法律の施行について」（開発行為の許可制及び伐採の届出制関係）（昭和49年10月31日付け49林野企第82号農林事務次官依命通知）

4　「森林法及び分収造林特別措置法の一部を改正する法律の施行について」（市町村森林整備計画制度関係）（昭和58年10月１日付け58林野計第468号農林水産事務次官依命通知）

5　「森林法等の一部を改正する法律の施行について」（森林法等の一部を改正する法律の施行に伴う森林計画制度の改善等について）（平成３年７月25日付け３林野企第88号農林水産事務次官依命通知）

6　「森林法等の一部を改正する法律の施行について」（平成10年11月13日付け10林野企第112号農林水産事務次官依命通知）

7　「木材の安定供給の確保に関する特別措置法の施行について」（平成８年11月１日付け８林野流第105号農林水産事務次官依命通知）

別紙

開発行為の許可制に関する事務の取扱いについて

第1　森林法第10条の２第１項関係事項

1　開発行為の許可制の対象となる森林

開発行為の許可制の対象となる森林は、森林法（昭和26年法律第249号。以下「法」という。）第５条の規定によりたてられた地域森林計画の対象民有林（公有林を含む。）であるが、このうち法第25条又は法第25条の２の規定により指定された保安林並びに法第41条の規定により指定された保安施設地区の区域内及び海岸法（昭和31年法律第101号）第３条の規定により指定された海岸保全区域内の森林は対象外とされている。

2　許可制の対象となる開発行為

都道府県知事の許可を必要とする開発行為は、「土石又は樹根の採掘、開墾その他の土地の形質を変更する行為で、森林の土地の自然的条件、その行為の態様等を勘案して政令で定める規模をこえるもの」である。

(1)　開発行為の規模は、この許可制の対象となる森林における土地の形質を変更する行為で、実施主体、実施時期又は実施箇所の相異にかかわらず一体性を有するものの規模をいう。

(2)　「森林の土地の自然的条件、その行為の態様等を勘案して政令で定める規模」は、森林法施行令（昭和26年政令第276号。以下「令」という。）第２条の３において、「法第10条の２第１項の政令で定める規模は、専ら道路の新設又は改築を目的とする行為で、その行為に係る土地の面積が１ヘクタールを超えるものにあっては道路（路肩部分及び屈曲部又は待避所として必要な拡幅部分を除く。）の幅員３メートル、その他の行為にあっては土地の面積１ヘクタールとする。」と定められているが、これは森林の有する公益的機能の維持に相当の影響を与えるものを規制するとともに、通常の管理行為又はこれに類する軽易な行為は許可不要とする趣旨で定められたものである。

ア　この「土地の面積」は、この許可制の対象となる森林において実際に形質を変更する土地の面積であって、道路の新設又は改築にあっても単に路面の面積だけでなく法面等の面積を含むものである。

なお、形質を変更する土地の周辺部に残置される森林の面積又はこの許可制の対象外の土地における形質を変更する土地の面積は、規模の算定には含まれない。

イ　「専ら道路の新設又は改築を目的とする行為」には、一体とした開発行為のうちに道路の新設又は改築以外を目的とする土地の形質の変更は含まない。

ウ　「路肩部分又は屈曲部又は待避所として必要な拡幅部分」のうち、「路肩部分」は路端から車道寄りの0.5メートルの幅の道路の部分をいい、「屈曲部又は待避所として必要な拡幅部分」はそれぞれの機能を維持するため必要最小限度のものをいう。

なお、地域森林計画の計画事項である「森林の土地の保全に関する事項」（法第５条第２項第11号）に対応して、「地域森林計画に従って森林の土地の使用又は収益をすることを旨としなければならない」（法第８条）こととされており、開発行為の許可を要しないものについても森林の土地の適正な利用が確保されるよう周知することが望ましい。

3　許可制の適用のない開発行為

　(1)　「国又は地方公共団体が行なう場合」は、法第10条の２第１項の許可制は適用されない（法第10条の２第１項第１号）。

　　　なお、独立行政法人都市再生機構（独立行政法人都市再生機構法（平成15年法律第100号）以下「機構法」という。）附則第12条第１項第１号又は第２号の業務（同号の業務にあっては、公的資金による住宅及び宅地の供給体制の整備のための公営住宅法等の一部を改正する法律（平成17年法律第78号）第３条の規定による改正前の機構法第11条第２項第１号又は第２号の業務に限る。）として行う場合に限る。）、国立研究開発法人森林研究・整備機構及び独立行政法人水資源機構並びに地方住宅供給公社、地方道路公社及び土地開発公社は、法第10条の２第１項第１号の国又は地方公共団体とみなされる。

　(2)　「火災、風水害その他の非常災害のために必要な応急措置として行う場合」は、許可制は適用されない（法第10条の２第１項第２号）。

　　　これは、いわば緊急避難的な必要性に対応するものとして定められたものである。伐採及び伐採後の造林の届出制及び保安林制度のように事後届出制が定められていないのは、政令で定められた規模を超えて非常災害のために必要な応急措置として行う場合は、都道府県において当然知り得ると考えられるからであるが、必要な応急措置として行われた後において法第10条の２第２項各号に該当するような事態の発生をみることのないように適切な事後措置がとられるように周知することが望ましい。

　(3)　「森林の土地の保全に著しい支障を及ぼすおそれが少なく、かつ、公益性が高いと認められる事業で農林水産省令で定めるものの施行として行う場合」は許可制は適用されない（法第10条の２第１項第３号）。この事業は、森林法施行規則（昭和26年農林省令第54号。以下「規則」という。）第５条に定められたとおりである。

　(4)　許可制の適用のない(1)及び(3)の場合であっても法第10条の２第２項及び第３項の規定の趣旨に沿って開発行為が行われなければならないことは当然であり、国及び国とみなされる法人が開発行為を行おうとするときは、あらかじめ都道府県知事と連絡調整をとりつつ、本制度の趣旨に即して行われるように関係行政庁において周知することが望ましい。

　　　都道府県が実施する場合にあっては、都道府県の林務部局と事業実施担当部局との間で連絡調整を密接に行うとともに、都道府県以外の地方公共団体及び地方公共団体とみなされる法人が開発行為を行うに当たっては、あらかじめ都道府県知事と連絡調整をするよう周知することが望ましい。

　　　また、規則第５条の事業を実施しようとするときにあっても、当該事業を実施しようとする者が、あらかじめ都道府県知事と連絡調整をするよう周知することが望ましい。

第２　森林法第10条の２第２項及び第３項関係事項

１　許可基準

　(1)　「都道府県知事は、法第10条の２第１項の許可の申請があった場合において、同条第２項各号のいずれにも該当しないと認めるときは、これを許可しなければならない」ものとされた（法第10条の２第２項）が、これは同項各号のいずれかに該当すると認められる場合に限り許可しないという趣旨である。

具体的には、以下のような許可基準が定められている。

ア 「当該開発行為をする森林の現に有する土地に関する災害の防止の機能からみて、当該開発行為により当該森林の周辺の地域において土砂の流出又は崩壊その他の災害を発生させるおそれがあること」（法第10条の2第2項第1号）

これは、開発行為をする森林の植生、地形、地質、土壌、湧水の状態等から土地に関する災害の防止の機能を把握し、土地の形質を変更する行為の態様、防災施設の設置計画の内容等から周辺の地域において土砂の流出又は崩壊その他の災害を発生させるおそれの有無を判断する趣旨である。

「その他の災害」としては、土砂の流出又崩壊の原因となる洪水、いっ水のほか、飛砂、落石、なだれ等が考えられる。

「当該森林の周辺の地域」と規定されているが、周辺の地域に影響が及ぶことを防止する観点から、開発行為の実施地区内における防災措置についても、審査を行うことが望ましい。

イ 「当該開発行為をする森林の現に有する水害の防止の機能からみて、当該開発行為により当該機能に依存する地域における水害を発生させるおそれがあること」（法第10条の2第2項第1号の2）

これは、開発行為をする森林の植生、地質及び土壌の状態並びに流域の地形、流域の土地利用の実態、流域の河川の状況、流域の過去の雨量、流域における過去の水害の発生状況等から水害の防止の機能を把握し、土地の形質を変更する行為の態様、防災施設の設置計画の内容等から森林の有する水害の防止の機能に依存する地域において水害を発生させるおそれの有無を判断する趣旨である。

ウ 「当該開発行為をする森林の現に有する水源のかん養の機能からみて、当該開発行為により当該機能に依存する地域における水の確保に著しい支障を及ぼすおそれがあること」（法第10条の2第2項第2号）

これは、開発行為をする森林の植生、土壌の状態、周辺地域における水利用の実態及び開発行為をする森林へ水利用を依存する程度等から水源かん養機能を把握し、貯水池、導水路等の設置計画の内容等から水源のかん養機能に依存する地域の水の確保に著しい支障を及ぼすおそれの有無を判断する趣旨である。

エ 「当該開発行為をする森林の現に有する環境の保全の機能からみて、当該開発行為により当該森林の周辺の地域における環境を著しく悪化させるおそれがあること」（法第10条の2第3項第3号）

これは、開発行為をする森林の樹種、林相、周辺における土地利用の実態等から自然環境及び生活環境の保全の機能を把握し、森林によって確保されてきた環境の保全の機能は森林以外のものによって代替されることが困難であることが多いことにかんがみ、開発行為の目的、様態等に応じて残置管理する森林の割合等からみて、周辺の地域における環境を著しく悪化させるおそれの有無を判断する趣旨である。

(2) 法第10条の2第2項の許可基準の配慮規定として同条第3項において「前項各号の規定の適用につき同項各号に規定する森林の機能を判断するに当たっては、森林の保続培養及び森林生産力の増進に留意しなければならない」旨規定されている。

これは、開発行為を許可基準に照らして審査する場合、災害の防止、水源のかん養及び環境の保全のそれぞれの公益的機能からみて行うことになっているが、これら森林の現に有する公益的機能を判断するに当たっては、これらの機能は、森林として利用されてきたことにより確保されてきたものであって、森林資源の整備充実を通じてより高度に発揮されることになることに留意すべきであるという趣旨である。

2　開発行為の許可基準の運用について

　　開発行為の許可基準の運用については、別記「開発行為の許可基準の運用について」に準じて行うことが望ましい。

3　許可の審査等

　⑴　開発行為の許可を受けようとする者は、申請書に必要な図面及び書類を添えて、都道府県知事に提出することを要する（規則第４条）が、許可を受けた開発行為について計画変更を行う場合は、再度これと同様の手続を経ることが必要である。

　⑵　都道府県知事は、開発行為の許可の申請があった場合には、原則として現地調査を行うことにより当該開発行為が与える影響を適確に判断することが望ましい。

　⑶　都道府県知事は、許可した開発行為が申請書及び添付書類の記載内容並びに許可に付した条件に従って行われているか否かにつき開発行為の施行中において必要に応じ調査を行うとともに、その開発行為の完了後において速やかに完了確認を行うことが望ましい。

第３　森林法第10条の２第４項及び第５項関係事項

　法第10条の２第１項の許可には、条件を付することができることとされた（法第10条の２第４項）が、その内容は、森林の現に有する公益的機能を維持するために必要最小限度のもので、かつ、その許可を受けた者に不当な義務を課することとならないものに限られる（法第10条の２第５項）。

　条件として付する事項は具体的事案に即して判断されることとなるが、開発行為の施行中において防災等のため適切な措置をとること、当該開発行為を中止し又は廃止する場合に開発行為によって損なわれた森林の機能を回復するために必要な措置をとること、本制度の適正な施行を確保するために必要な事項を届け出ること等であり、許可に当たって具体的かつ明確に付することが望ましい。

第４　森林法第10条の２第６項関係事項

　都道府県知事は、法第10条の２第１項の許可をしようとするときは、都道府県森林審議会及び関係市町村長の意見を聴かなければならないこととされたが、これは、開発行為に伴う当該森林の有する公益的機能の低下がどのような影響を及ぼすかの技術的、専門的判断を適正に行うとともに、地域住民の意向を十分に反映した適正な判断を行うためである。

第５　森林法第10条の３関係事項

　「森林の有する公益的機能を維持するため必要があると認めるとき」に監督処分を行うことができることとされたが、これは、違反行為に起因して法第10条の２第２項各号に該当するような事態の発生を防止する趣旨であり、その必要性については、具体的事案に即して判断することが望ましい。

　監督処分を行う必要があると認められる場合は、速やかに対処することが必要であり、また「復旧に必要な行為」とは原形に復旧することのほか造林その他の措置により当該森林が従前有していた公

益的機能を復旧することを含むものであり、復旧に必要な行為の命令に当たっては、命令の内容及び期間を具体的かつ明確に定めて行うことが望ましい。

　なお、復旧に必要な行為の命令については、行政代執行法（昭和23年第43号）による代執行ができる。

第6　その他

1　本制度の運営に際しては、開発行為の施行に係る事業による土地利用が、地域における公的な各種土地利用計画に即した合理的なものである等地域の健全な発展に支障を及ぼすことのないものとなるように十分配意することが望ましい。

2　開発行為の許可制の対象となる森林は、都道府県知事がたてる地域森林計画の対象となる民有林（保安林等を除く。）であり、その対象面積は広大なものとなる一方、審査の観点も災害の防止等地域社会にとって極めて重要な事項に関するものであることから、事務の執行体制を整備するとともに、地域住民等関係者に対し、本制度について周知することが望ましい。

別記

開発行為の許可基準の運用について

　開発行為の許可は、許可の申請書及び添付書類の記載事項が次の要件を満たすか否かにつき審査して行うものとする。なお、地域森林計画において林産物の搬出方法を特定する必要があるものとして定められている森林及び市町村森林整備計画において公益的機能別施業森林区域（法第5条第2項第6号に規定する公益的機能別施業森林区域をいう。）内に存する森林における開発行為は、法第10条の2第2項各号のいずれかに該当する場合が多いと考えられるので、その審査は特に慎重に行うこと。

第1　一般的事項

1　次の事項のすべてに該当し、申請に係る開発行為を行うことが確実であること。

⑴　開発行為に関する計画の内容が具体的であり、許可を受けた後遅滞なく申請に係る開発行為を行うことが明らかであること。

⑵　開発行為に係る森林につき開発行為の施行の妨げとなる権利を有する者の相当数の同意を申請者が得ていることが明らかであること。

⑶　開発行為又は開発行為に係る事業の実施について法令等による許認可等を必要とする場合には、当該許認可等がなされているか又はそれが確実であることが明らかであること。

⑷　申請者に開発行為を行うために必要な信用及び資力があることが明らかであること。

2　開発行為に係る土地の面積が、当該開発行為の目的実現のため必要最小限度の面積であること（法令等によって面積につき基準が定められているときには、これを参酌して決められたものであること）が明らかであること。

3　開発行為の計画が大規模であり長期にわたるものの一部についての許可の申請である場合には、全体計画との関連が明らかであること。

4　開発行為により森林を他の土地利用に一時的に供する場合には、利用後における原状回復等の事後措置が適切に行われることが明らかであること。

5　開発行為が周辺の地域の森林施業に著しい支障を及ぼすおそれがないように適切な配慮がなされていることが明らかであること。

6　開発行為に係る事業の目的に即して土地利用が行われることによって周辺の地域における住民の生活及び産業活動に相当の悪影響を及ぼすことのないように適切な配慮がなされることが明らかであること。

7　開発行為をしようとする森林の区域（開発行為に係る土地の区域及び当該土地に介在し又は隣接して残置することとなる森林又は緑地で開発行為に係る事業に密接に関連する区域をいう。以下同じ。）内に残置し又は造成した森林又は緑地が善良に維持管理されることが明らかであること。

第2　法第10条の2第2項第1号関係事項

1　開発行為が原則として現地形に沿って行われること及び開発行為による土砂の移動量が必要最小限度であることが明らかであること。

2　切土、盛土又は捨土を行う場合には、その工法が法面の安定を確保するものであること及び捨土が適切な箇所で行われること並びに切土、盛土又は捨土を行った後に法面を生ずるときはその法面の勾配が地質、土質、法面の高さからみて崩壊のおそれのないものであり、かつ、必要に応じて小段又は排水施設の設置その他の措置が適切に講ぜられることが明らかであること。

3　切土、盛土又は捨土を行った後の法面の勾配が2によることが困難である若しくは適当でない場合又は周辺の土地利用の実態からみて必要がある場合には、擁壁の設置その他の法面崩壊防止の措置が適切に講ぜられることが明らかであること。

4　切土、盛土又は捨土を行った後の法面が雨水、渓流等により浸食されるおそれがある場合には、法面保護の措置が講ぜられることが明らかであること。

5　開発行為に伴い相当量の土砂が流出し下流地域に災害が発生するおそれがある場合には、開発行為に先行して十分な容量及び構造を有するえん堤等の設置、森林の残置等の措置が適切に講ぜられることが明らかであること。

6　雨水等を適切に排水しなければ災害が発生するおそれがある場合には、十分な能力及び構造を有する排水施設が設けられることが明らかであること。

7　下流の流下能力を超える水量が排水されることにより災害が発生するおそれがある場合には、洪水調節池等の設置その他の措置が適切に講ぜられることが明らかであること。

8　飛砂、落石、なだれ等の災害が発生するおそれがある場合には、静砂垣又は落石若しくはなだれ防止柵の設置その他の措置が適切に講ぜられることが明らかであること。

第3　法第10条の2第2項第1号の2関係事項

開発行為をする森林の現に有する水害の防止の機能に依存する地域において、当該開発行為に伴い増加するピーク流量を安全に流下させることができないことにより水害が発生するおそれがある場合には、洪水調節池の設置その他の措置が適切に講ぜられることが明らかであること。

第4　法第10条の2第2項第2号関係事項

1　他に適地がない等によりやむを得ず飲用水、かんがい用水等の水源として依存している森林を開発行為の対象とする場合で、周辺における水利用の実態等からみて必要な水量を確保するため必要があるときには、貯水池又は導水路の設置その他の措置が適切に講ぜられることが明らかであること。

2　周辺における水利用の実態等からみて土砂の流出による水質の悪化を防止する必要がある場合には、沈砂池の設置、森林の残置その他の措置が適切に講ぜられることが明らかであること。

第5　法第10条の2第2項第3号関係事項

1　開発行為をしようとする森林の区域に開発行為に係る事業の目的、態様、周辺における土地利用の実態等に応じ相当面積の森林又は緑地の残置又は造成が適切に行われることが明らかであること。

2　騒音、粉じん等の著しい影響の緩和、風害等から周辺の植生の保全等の必要がある場合には、開発行為をしようとする森林の区域内の適切な箇所に必要な森林の残置又は必要に応じた造成が行われることが明らかであること。

3　景観の維持に著しい支障を及ぼすことのないように適切な配慮がなされており、特に市街地、主要道路等から景観を維持する必要がある場合には、開発行為により生ずる法面を極力縮小するとともに、可能な限り法面の緑化を図り、また、開発行為に係る事業により設置される施設の周辺に森林を残置し若しくは造成し又は木竹を植栽する等の適切な措置が講ぜられることが明らかであること。

開発行為の許可基準の運用細則について（抄）

平成14年5月8日付け14林整治第25号
林野庁長官から各都道府県知事、森林管理局長あて
最終改正：令和元年12月24日付け元林整治第690号

　この度、「開発行為の許可制に関する事務の取扱いについて」（平成14年3月29日付け13林整治第2396号農林水産事務次官依命通知）の別記「開発行為の許可基準の運用について」（以下「運用基準」という。）の細則を別紙1のとおり定めたので、御了知の上、その適正かつ円滑な実施につき特段の御配慮をお願いする。

　また、これに伴い下記の1に掲げる通知を廃止し、下記の2及び3に掲げる通知の一部を別紙2及び3の新旧対照表のとおり改正したので、御留意願いたい。

　おって、貴管下の市町村その他関係者への周知方よろしくお願いしたい。

記

1　開発行為の許可基準の運用細則について
　（昭和49年10月31日付け49林野治第2521号林野庁長官通知）

2　林地開発許可事務実施要領の制定について
　（昭和49年12月17日付け49林野治第2705号林野庁長官通知）

3　保安林の転用に係る解除の取扱い要領について
　（平成2年6月11日付け2林野治第1868号林野庁長官通知）

別紙1

開発行為の許可基準の運用細則について

第1 運用基準第1関係事項

1 運用基準第1の1の(2)関係事項

「相当数の同意」とは、開発行為に係る森林につき開発行為の妨げとなる権利を有するすべての者の3分の2以上の者から同意を得ており、その他の者についても同意を得ることができると認められる場合を指すものとする。

2 運用基準第1の4関係事項

「原状回復等の事後措置」とは、開発行為が行われる以前の原状に回復することに固執することではなく、造林の実施等を含めて従前の効用を回復するための措置をいう。

3 運用基準第1の5関係事項

運用基準第1の5の要件としては、例えば、開発行為により道路が分断される場合には、代替道路の設置計画が明らかであり、開発行為の対象箇所の奥地における森林施業に支障を及ぼすことのないように配置されていること等が該当する。

4 運用基準第1の6関係事項

運用基準第1の6の要件としては、例えば、地域住民の生活への影響の関連でみて開発行為に係る事業の実施に伴い地域住民の生活環境の保全を図る必要がある場合には、申請者が関係地方公共団体等と環境の保全に関する協定を締結していること等が該当する。

5 運用基準第1の7関係事項

「善良に維持管理されることが明らかである」とは、残置し又は造成する森林又は緑地につき申請者が権原を有していることを原則とし、地方公共団体との間で森林又は緑地の維持管理につき協定が締結されていること等をいうが、この場合において、開発行為をしようとする森林の区域内に残置し又は造成した森林については、原則として将来にわたり保全に努めるものとし保安林制度等の適切な運用によりその保全又は形成に努めることが望ましい。

第2 運用基準第2関係事項

1 運用基準第2の1関係事項

運用基準第2の1の運用に当たっては、その利用形態からみて土砂の移動が周辺に及ぼす影響が比較的大きいと認められるスキー場の滑走コースに係る切土量は1ヘクタール当たりおおむね1,000立方メートル以下、ゴルフ場の造成に係る切土量、盛土量はそれぞれ18ホール当たりおおむね200万立方メートル以下とする。

2 運用基準第2の2関係事項

運用基準第2の2の技術的細則は、次の(1)から(4)に掲げるとおりとする。

(1) 工法等は、次によるものであること。

ア 切土は、原則として階段状に行う等法面の安定が確保されるものであること。

イ 盛土は、必要に応じて水平層にして順次盛り上げ、十分締め固めが行われるものであること。

ウ　土石の落下による下斜面等の荒廃を防止する必要がある場合には、柵工の実施等の措置が講ぜられていること。

エ　大規模な切土又は盛土を行う場合には、融雪、豪雨等により災害が生ずるおそれのないように工事時期、工法等について適切に配慮されていること。

(2)　切土は、次によるものであること。

ア　法面の勾配は、地質、土質、切土高、気象及び近傍にある既往の法面の状態等を勘案して、現地に適合した安定なものであること。

イ　土砂の切土高が10メートルを超える場合には、原則として、高さ5メートルないし10メートルごとに小段が設置されるほか、必要に応じ排水施設が設置される等崩壊防止の措置が講ぜられていること。

ウ　切土を行った後の地盤に滑りやすい土質の層がある場合には、その地盤にすべりが生じないように杭打ちその他の措置が講ぜられていること。

(3)　盛土は、次によるものであること。

ア　法面の勾配は、盛土材料、盛土高、地形、気象及び近傍にある既往の法面の状態等を勘案して、現地に適合した安全なものであること。

イ　一層の仕上がり厚は、30センチメートル以下とし、その層ごとに締め固めが行われるとともに、必要に応じて雨水その他の地表水又は地下水を排除するための排水施設の設置等の措置が講ぜられていること。

ウ　盛土高が5メートルを超える場合には、原則として5メートルごとに小段が設置されるほか、必要に応じて排水施設が設置される等崩壊防止の措置が講ぜられていること。

エ　盛土がすべり、ゆるみ、沈下し、又は崩壊するおそれがある場合には、盛土を行う前の地盤の段切り、地盤の土の入れ替え、埋設工の施工、排水施設の設置等の措置が講ぜられていること。

(4)　捨土は、次によるものであること。

ア　捨土は、土捨場を設置し、土砂の流出防止措置を講じて行われるものであること。この場合における土捨場の位置は、急傾斜地、湧水の生じている箇所等を避け、人家又は公共施設との位置関係を考慮の上設定されているものであること。

イ　法面の勾配の設定、小段の設置、排水施設の設置等は、盛土に準じて行われ、土砂の流出のおそれがないものであること。

3　運用基準第2の3関係事項

「周辺の土地利用の実態からみて必要がある場合」とは、人家、学校、道路等に近接し、かつ、次の(1)又は(2)に該当する場合をいう。ただし、土質試験等に基づき地盤の安定計算をした結果、法面の安定を保つために擁壁等の設置が必要でないと認められる場合には、これに該当しない。

(1)　切土により生ずる法面の勾配が30度より急で、かつ、高さが2メートルを超える場合。
　　ただし、硬岩盤である場合又は次のア若しくはイのいずれかに該当する場合はこの限りではない。

ア　土質が表1の左欄に掲げるものに該当し、かつ、土質に応じた法面の勾配が同表中欄の角度以下のもの。

イ　土質が表1の左欄に掲げるものに該当し、かつ、土質に応じた法面の勾配が同表中欄の角度を超え、同表右欄の角度以下のもので、その高さが5メートル以下のもの。この場合において、アに該当する法面の部分により上下に分離された法面があるときは、アに該当する法面の部分は存在せず、その上下の法面は連続しているものとみなす。

表1

土　　質	擁壁等を要しない勾配の上限	擁壁等を要する勾配の下限
軟岩（風化の著しいものを除く。）	60度	80度
風化の著しい岩	40度	50度
砂利、真砂土、関東ローム、硬質粘土、その他これに類するもの	35度	45度

(2)　盛土により生ずる法面の勾配が30度より急で、かつ、高さが1メートルを超える場合。

4　運用基準第2の3関係事項

擁壁の構造は、次の技術的細則によるものであること。

(1)　土圧、水圧及び自重（以下「土圧等」という。）によって擁壁が破壊されないこと。

(2)　土圧等によって擁壁が転倒しないこと。この場合において、安全率は1.5以上であること。

(3)　土圧等によって擁壁が滑動しないこと。この場合において、安全率は1.5以上であること。

(4)　土圧等によって擁壁が沈下しないこと。

(5)　擁壁には、その裏面の排水を良くするため、適正な水抜穴が設けられていること。

5　運用基準第2の4関係事項

法面保護は、次の技術的細則により行われるものであること。

(1)　植生による保護（実播工、伏工、筋工、植栽工等）を原則とし、植生による保護が適さない場合又は植生による保護だけでは法面の侵食を防止できない場合には、人工材料による適切な保護（吹付工、張工、法枠工、柵工、網工等）が行われるものであること。工種は、土質、気象条件等を考慮して決定され、適期に施行されるものであること。

(2)　表面水、湧水、渓流等により法面が侵食され又は崩壊するおそれがある場合には、排水施設又は擁壁の設置等の措置が講ぜられるものであること。この場合における擁壁の構造は、4によるものであること。

6　運用基準第2の5関係事項

えん提等の設置は、次の技術的細則によるものであること。

(1)　えん提等の容量は、次のア及びイにより算定された開発行為に係る土地の区域からの流出土砂量を貯砂し得るものであること。

ア　開発行為の施行期間中における流出土砂量は、開発行為に係る土地の区域1ヘクタール当たり1年間におおむね200立方メートルないし400立方メートルを標準とするが、地形、地質、気象等を考慮の上適切に定められたものであること。

イ　開発行為の終了後において、地形、地被状態等からみて、地表が安定するまでの期間に相当量の土砂の流出が想定される場合には、別途積算するものであること。

(2)　えん提等の設置箇所は、極力土砂の流出地点に近接した位置であること。

(3)　えん堤等の構造は、「治山技術基準」（昭和46年3月13日付け46林野治第648号林野庁長官通達）によるものであること。

7　運用基準第2の6関係事項

　　排水施設の能力及び構造は、次の技術的細則によるものであること。

(1)　排水施設の断面は、次によるものであること。

　ア　排水施設の断面は、計画流量の排水が可能になるように余裕をみて定められていること。この場合計画流量は次の（ア）及び（イ）により、流量は原則としてマニング式により求められていること。

　　（ア）　排水施設の計画に用いる雨水流出量は、原則として次式により算出されていること。ただし、降雨量と流出量の関係が別途高い精度で求められている場合には、単位図法等によって算出することができる。

$$Q=1/360 \cdot f \cdot r \cdot A$$

　　　　Q：雨水流出量（m^3/sec）
　　　　f：流出係数
　　　　r：設計雨量強度（mm/hour）
　　　　A：集水区域面積（ha）

　　（イ）　前式の適用に当たっては、次のaからcまでによるものであること。

　　　　a　流出係数は、表2を参考にして定められていること。

　　　　b　設計雨量強度は、次のcによる単位時間内の10年確率で想定される雨量強度とされていること。

　　　　c　単位時間は、到達時間を勘案して定めた表3を参考として用いられていること。

表2

地表状態＼区分	浸透能小	浸透能中	浸透能大
林地	0.6〜0.7	0.5〜0.6	0.3〜0.5
草地	0.7〜0.8	0.6〜0.7	0.4〜0.6
耕地	−	0.7〜0.8	0.5〜0.7
裸地	1.0	0.9〜1.0	0.8〜0.9

表3

流域面積	単位時間
50ヘクタール以下	10分
100ヘクタール以下	20分
500ヘクタール以下	30分

　イ　雨水のほか土砂等の流入が見込まれる場合又は排水施設の設置箇所からみていっ水による影響の大きい場合にあっては、排水施設の断面は、必要に応じてアに定めるものより大きく定められていること。

(2) 排水施設の構造等は、次によるものであること。

ア　排水施設は、立地条件等を勘案して、その目的及び必要性に応じた堅固で耐久力を有する構造であり、漏水が最小限度となるよう措置されていること。

イ　排水施設のうち暗渠である構造の部分には、維持管理上必要なます又はマンホールの設置等の措置が講ぜられていること。

ウ　放流によって地盤が洗掘されるおそれがある場合には、水叩きの設置その他の措置が適切に講ぜられていること。

エ　排水施設は、排水量が少なく土砂の流出又は崩壊を発生させるおそれがない場合を除き、排水を河川等又は他の排水施設等まで導くように計画されていること。

ただし、河川等又は他の排水施設等に排水を導く場合には、当該河川等又は他の排水施設等の管理者の同意を得ているものであること。

8　運用基準第2の7関係事項

洪水調節池等の設置は、次の技術的細則によるものであること。

(1) 洪水調節容量は、下流における流下能力を考慮の上、30年確率で想定される雨量強度における開発中及び開発後のピーク流量を開発前のピーク流量以下にまで調節できるものであること。また、流域の地形、地質、土地利用の状況等に応じて必要な堆砂量が見込まれていること。

(2) 余水吐の能力は、コンクリートダムにあっては100年確率で想定される雨量強度におけるピーク流量の1.2倍以上、フィルダムにあってはコンクリートダムのそれの1.2倍以上のものであること。

(3) 洪水調節の方式は、原則として自然放流方式であること。

第3　運用基準第3関係事項

運用基準第3の洪水調節池等の設置は、次の技術的細則によるものであること。

1　洪水調節容量は、当該開発行為をする森林の下流において当該開発行為に伴いピーク流量が増加することにより当該下流においてピーク流量を安全に流下させることができない地点が生ずる場合には、当該地点での30年確率で想定される雨量強度及び当該地点において安全に流下させることができるピーク流量に対応する雨量強度における開発中及び開発後のピーク流量を開発前のピーク流量以下までに調節できるものであること。また、流域の地形、土地利用の状況等に応じて必要な堆砂量が見込まれていること。

なお、安全に流下させることができない地点が生じない場合には、第2の8の(1)によるものであること。

2　余水吐の能力は、第2の8の(2)によるものであること。

3　洪水調節の方式は、第2の8の(3)によるものであること。

第4　運用基準第4関係事項

運用基準第4の1により導水路の設置その他の措置が講ぜられる場合には、取水する水源に係る河川管理者等の同意を得ている等水源地域における水利用に支障を及ぼすおそれのないものであること。

第5　運用基準第5関係事項

1　運用基準第5の1関係事項

　運用基準第5の1は、次によるものであること。

(1)　「相当面積の森林又は緑地の残置又は造成」とは、森林又は緑地を現況のまま保全すること
を原則とし、止むをえず一時的に土地の形質を変更する必要がある場合には、可及的速やかに
伐採前の植生回復を図ることを原則として森林又は緑地が造成されるものであること。

　この場合において、残置し、若しくは造成する森林又は緑地の面積の事業区域（開発行為を
しようとする森林又は緑地その他の区域をいう。以下同じ。）内の森林面積に対する割合は、
表4の事業区域内において残置し、若しくは造成する森林又は緑地の割合によるものとする。

　また、残置し、若しくは造成する森林又は緑地は、表4の森林の配置等により開発行為の規
模及び地形に応じて、事業区域内の周辺部及び施設等の間に適切に配置されていること。

　なお、表4に掲げる開発行為の目的以外の開発行為については、その目的、態様、社会的経
済的必要性、対象となる土地の自然的条件等に応じ、表4に準じて適切に措置されていること。

表4

開発行為の目的	事業区域内において残置し、若しくは造成する森林又は緑地の割合	森林の配置等
別荘地の造成	残置森林率はおおむね60パーセント以上とする。	1　原則として周辺部に幅おおむね30メートル以上の残置森林又は造成森林を配置する。 2　1区画の面積はおおむね1,000平方メートル以上とし、建物敷等の面積はおおむね30パーセント以下とする。
スキー場の造成	残置森林率はおおむね60パーセント以上とする。	1　原則として周辺部に幅おおむね30メートル以上の残置森林又は造成森林を配置する。 2　滑走コースの幅はおおむね50メートル以下とし、複数の滑走コースを並列して設置する場合はその間の中央部に幅おおむね100メートル以上の残置森林を配置する。 3　滑走コースの上、下部に設けるゲレンデ等は1箇所当たりおおむね5ヘクタール以下とする。また、ゲレンデ等と駐車場との間には幅おおむね30メートル以上の残置森林又は造成森林を配置する。
ゴルフ場の造成	森林率はおおむね50パーセント（残置森林率おおむね40パーセント）以上とする。	1　原則として周辺部に幅おおむね30メートル以上の残置森林又は造成森林（残置森林は原則としておおむね20メートル以上）を配置する。 2　ホール間に幅おおむね30メートル以上の残置森林又は造成森林（残置森林はおおむね20メートル以上）を配置する。
宿泊施設、レジャー施設の設置	森林率はおおむね50パーセント（残置森林率おおむね40パーセント）以上とする。	1　原則として周辺部に幅おおむね30メートル以上の残置森林又は造成森林を配置する。 2　建物敷の面積は事業区域の面積のおおむね40パーセント以下とし、事業区域内に複数の宿泊施設を設置する場合は極力分散させるものとする。 3　レジャー施設の開発行為に係る1箇所当たりの面積はおおむね5ヘクタール以下とし、事業区域内にこれを複数設置する場合は、その間に幅おおむね30メートル以上の残置森林又は造成森林を配置する。

工場、事業場の設置	森林率はおおむね25パーセント以上とする。	1　事業区域内の開発行為に係る森林の面積が20ヘクタール以上の場合は原則として周辺部に幅おおむね30メートル以上の残置森林又は造成森林を配置する。これ以外の場合にあっても極力周辺部に森林を配置する。 2　開発行為に係る1箇所当たりの面積はおおむね20ヘクタール以下とし、事業区域内にこれを複数造成する場合は、その間に幅おおむね30メートル以上の残置森林又は造成森林を配置する。
住宅団地の造成	森林率はおおむね20パーセント以上。（緑地を含む）	1　事業区域内の開発行為に係る森林の面積が20ヘクタール以上の場合は原則として周辺部に幅おおむね30メートル以上の残置森林又は造成森林・緑地を配置する。これ以外の場合にあっても極力周辺部に森林・緑地を配置する。 2　開発行為に係る1箇所あたりの面積はおおむね20ヘクタール以下とし、事業区域内にこれを複数造成する場合は、その間に幅おおむね30メートル以上の残置森林又は造成森林・緑地を配置する。
土石等の採掘		1　原則として周辺部に幅おおむね30メートル以上の残置森林又は造成森林を配置する。 2　採掘跡地は必要に応じ埋め戻しを行い、緑化及び植栽する。また、法面は可能な限り緑化し小段平坦部には必要に応じ客土等を行い植栽する。

(注)　1．「残置森林率」とは、残置森林（残置する森林）のうち若齢林（15年生以下の森林）を除いた面積の事業区域内の森林の面積に対する割合をいう。

　　　2．「森林率」とは、残置森林及び造成森林（植栽により造成する森林であって硬岩切土面等の確実な成林が見込まれない箇所を除く。）の面積の事業区域内の森林の面積に対する割合をいう。

　　　3．「ゲレンデ等」とは、滑走コースの上、下部のスキーヤーの滞留場所であり、リフト乗降場、レストハウス等の施設用地を含む区域をいう。

(2)　造成森林については、必要に応じ植物の成育に適するよう表土の復元、客土等の措置を講じ、地域の自然的条件に適する原則として樹高1メートル以上の高木性樹木を、表5を標準として均等に分布するよう植栽する。なお、修景効果を併せ期待する造成森林にあっては、できるだけ大きな樹木を植栽するよう努めるものとする。

表5

樹高	植栽本数（1ヘクタール当たり）
1メートル	2,000本
2メートル	1,500本
3メートル	1,000本

2　運用基準第5の2関係事項

　　「周辺の植生の保全等」には、貴重な動植物の保護を含むものとする。また、「必要に応じた造成」とは、必要に応じて複層林を造成する等安定した群落を造成することを含むものとする。

3　運用基準第5の3関係事項

　　運用基準第5の3の運用に当たっては、特に土砂の採取、道路の開設等の開発行為について景観の維持上問題を生じている事例が見受けられるので、開発行為の対象地（土捨場を含む）の選定、法面の縮小又は緑化、森林の残置又は造成、木竹の植栽等の措置につき慎重に審査し指導すること。

第6　太陽光発電施設の設置を目的とした開発行為について

　太陽光発電施設の設置を目的とした開発行為については、第1から第5までによるほか、「太陽光発電施設の設置を目的とした開発行為の許可基準の運用細則について」（令和元年12月24日付け元林整治第686号林野庁長官通知）によられたい。

太陽光発電施設の設置を目的とした開発行為の許可基準の運用細則について

令和元年12月24日付け元林整治第686号
林野庁長官から各都道府県知事宛て

　森林法（昭和26年法律第249号。以下「法」という。）第10条の２の開発行為の許可の審査については、これまで、「開発行為の許可制に関する事務の取扱いについて」（平成14年３月29日付け13林整治第2396号農林水産事務次官依命通知。以下「事務次官依命通知」という。）、「開発行為の許可基準の運用細則について」（平成14年５月８日付け14林整治第25号林野庁長官通知。以下「運用細則」という。）その他関係通知に基づいて行ってきたところである。

　電気事業者による再生可能エネルギー電気の調達に関する特別措置法（平成23年法律第108号）に基づく固定価格買取制度が平成24年７月に創設されて以降、太陽光発電施設の設置を目的とした林地開発許可等の案件が増加しており、また、これを目的とした開発には、切土、盛土をほとんど行わなくても現地形に沿った設置が可能であるなど、他の開発目的とは異なる特殊性が見受けられる。

　これらの状況に鑑み、この度、運用細則第６のとおり、事務次官依命通知の別記「開発行為の許可基準の運用について」（以下「運用基準」という。）の細則（太陽光発電施設の設置を目的とした開発行為の許可基準の運用細則）を別紙のとおり定めたので、御了知の上、その適正かつ円滑な実施につき特段の御配慮をお願いする。

　なお、法第10条の２第１項の許可を要しない規模の開発についても、本通知を踏まえ、森林の土地の適切な利用が確保されるよう周知することが望ましい。

（別紙）

太陽光発電施設の設置を目的とした開発行為の許可基準の運用細則について

第1　運用基準第1の4関係事項（事業終了後の措置について）

　林地開発許可において、太陽光発電事業終了後の土地利用の計画が立てられており、太陽光発電事業終了後に開発区域について原状回復等の事後措置を行うこととしている場合は、当該許可を行う際に、植栽等、設備撤去後に必要な措置を講ずることについて、申請者に対して指導するものとするとともに、土地所有者との間で締結する当該土地使用に関する契約に、太陽光発電事業終了後、原状回復等する旨を盛り込むことを申請者に対して促すものとする。

　以上の措置は、太陽光発電施設に係る開発区域が太陽光発電事業終了後に原状回復等したときに、当該区域の地域森林計画対象森林への再編入を検討することをあらかじめ考慮して行うものとする。

第2　運用基準第2関係事項

1　運用基準第2の1関係事項（自然斜面への設置について）

　　運用基準第2の1の規定に基づき、開発行為が原則として現地形に沿って行われること及び開発行為による土砂の移動量が必要最小限度であることが明らかであることを原則とした上で、太陽光発電施設を自然斜面に設置する区域の平均傾斜度が30度以上である場合には、土砂の流出又は崩壊その他の災害防止の観点から、可能な限り森林土壌を残した上で、擁壁又は排水施設等の防災施設を確実に設置することとする。ただし、太陽光発電施設を設置する自然斜面の森林土壌に、崩壊の危険性の高い不安定な層がある場合は、その層を排除した上で、防災施設を確実に設置することとする。

　　なお、自然斜面の平均傾斜度が30度未満である場合でも、土砂の流出又は崩壊その他の災害防止の観点から、必要に応じて、適切な防災施設を設置することとする。

2　運用基準第2の6関係事項（排水施設の能力及び構造等について）

　　太陽光パネルの表面が平滑で一定の斜度があり、雨水が集まりやすいなどの太陽光発電施設の特性を踏まえ、太陽光パネルから直接地表に落下する雨水等の影響を考慮する必要があることから、雨水等の排水施設の断面及び構造等については、以下のとおりとする。

（1）　排水施設の断面について

　　　地表が太陽光パネル等の不浸透性の材料で覆われる箇所については、運用細則の表2によらず、排水施設の計画に用いる雨水流出量の算出に用いる流出係数を0.9から1.0までとする。

（2）　排水施設の構造等について

　　　排水施設の構造等については、運用細則第2の7(2)の規定に基づくほか、表面流を安全に下流へ流下させるための排水施設の設置等の対策が適切に講ぜられていることとする。また、表面侵食に対しては、地表を流下する表面流を分散させるために必要な柵工、筋工等の措置が適切に講ぜられていること及び地表を保護するために必要な伏工等による植生の導入や物理的な被覆の措置が適切に講ぜられていることとする。

第3　運用基準第5の1関係事項（残置し、若しくは造成する森林又は緑地について）

　開発行為をしようとする森林の区域に残置し、若しくは造成する森林又は緑地の面積の、事業区域（開発行為をしようとする森林又は緑地その他の区域をいう。）内の森林面積に対する割合及び森林の配置等は、開発行為の目的が太陽光発電施設の設置である場合は、運用細則の表4によらず、以下の表のとおりとする。

開発行為の目的	事業区域内において残置し、若しくは造成する森林又は緑地の割合	森林の配置等
太陽光発電施設の設置	森林率はおおむね25パーセント（残置森林率はおおむね15パーセント）以上とする。	1　原則として周辺部に残置森林を配置することとし、事業区域内の開発行為に係る森林の面積が20ヘクタール以上の場合は原則として周辺部におおむね幅30メートル以上の残置森林又は造成森林（おおむね30メートル以上の幅のうち一部又は全部は残置森林）を配置することとする。また、りょう線の一体性を維持するため、尾根部については、原則として残置森林を配置する。 2　開発行為に係る1か所当たりの面積はおおむね20ヘクタール以下とし、事業区域内にこれを複数造成する場合は、その間に幅おおむね30メートル以上の残置森林又は造成森林を配置する。

　なお、運用基準第1の7において、残置森林又は造成森林は、善良に維持管理されることが明らかであることを許可基準としていることから、当該林地開発許可を審査する際、林地開発許可後に採光を確保すること等を目的として残置森林又は造成森林を過度に伐採することがないよう、あらかじめ、樹高や造成後の樹木の成長を考慮した残置森林又は造成森林及び太陽光パネルの配置計画とするよう、申請者に併せて指導することとする。

第4　その他配慮事項

　このほか、以下の事項について配慮することとする。
1　住民説明会の実施等について

　　太陽光発電施設の設置を目的とした開発行為については、防災や景観の観点から、地域住民が懸念する事案があることから、申請者は、林地開発許可の申請の前に住民説明会の実施等地域住民の理解を得るための取組を実施することが望ましい。

　　特に、採光を確保する目的で事業区域に隣接する森林の伐採を要求する申請者と地域住民との間でトラブルが発生する事案があることから、申請者は、採光の問題も含め、長期間にわたる太陽光発電事業期間中に発生する可能性のある問題への対応について、住民説明会等を通じて地域住民と十分に話し合うことが望ましい。

　　このため、当該林地開発許可の審査に当たり、以上の取組の実施状況について確認することとする。
2　景観への配慮について

　　太陽光発電施設の設置を目的とした開発行為をしようとする森林の区域が、市街地、主要道路等からの良好な景観の維持に相当の悪影響を及ぼす位置にあり、かつ、設置される施設の周辺に森林を残置し又は造成する措置を適切に講じたとしてもなお更に景観の維持のため十分な配慮が

求められる場合にあっては、申請者が太陽光パネルやフレーム等について地域の景観になじむ色彩等にするよう配慮することが望ましい。

このため、当該林地開発許可の審査に当たり、必要に応じて、設置する施設の色彩等を含め、景観に配慮した施工に努めるよう申請者に促すこととする。

開発行為を伴う国有林野事業の実施上の取扱いについて

昭和49年10月31日付け49林野計第483号
林野庁長官から各営林局長あて
最終改正：令和元年12月24日付け元林整治第690号

　国民生活の安定及び地域社会の健全な発展にとって森林の果たす役割が重要となっていることにかんがみ、森林の有する多角的機能の高度発揮を図る観点から、森林の土地の適正な利用を確保するため、「森林法及び森林組合合併助成法の一部を改正する法律（昭和49年法律第39号）」により開発行為の許可制が導入されることとなった。

　開発行為の許可制においては、森林法（昭和26年法律第249号）第5条の規定に基づく地域森林計画の対象となっている民有林（森林法第25条又は第25条の2の規定により指定された保安林並びに森林法第41条の規定により指定された保安施設地区の区域内及び海岸法（昭和31年法律第101号）第3条の規定により指定された海岸保全区域内の森林を除く。）について、昭和49年10月31日以降開発行為をしようとする者は、森林法第10条の2第1項の規定により都道府県知事の許可を受けなければならないことになっている。

　国有林については、国の管理権限に基づいて適正な管理経営が確保され、開発行為の許可制の趣旨が徹底され得ることから、開発行為の許可制の対象森林にはされていない。

　以上の趣旨にかんがみ、今後の国有林野事業の実施に伴う開発行為については、民有林における場合の模範となり得るよう本制度の趣旨に沿って行うものとし、特に下記事項に留意の上適切に措置し遺憾のないようにされたい。

記

1　国有林野内において国自ら開発行為を伴う事業を行う場合は開発行為の許可制の趣旨に沿って実施することは言うまでもなく、国以外の者に開発行為の実施を目的として貸付、使用をさせる場合又は国以外の者に開発行為を前提とした事業を目的として譲渡をする場合にも開発許可制の趣旨に沿って条件を付する等必要な措置を講じるものとし、いやしくも森林法の施行につき指導監督の責務を有する林野庁として批判を受けることのないよう十分配慮するものとする。

2　特に開発行為を伴う各種事業の計画の作成及びその承認に当たっては民有林に係る都道府県知事に対する次に掲げる通達（関係市町村長及び都道府県森林審議会の意見聴取に係る規定を除く。）に準じて取り扱うものとする。

　また、開発行為を伴う国有林野事業を実施する場合、国有林野内において国以外の者に開発行為の実施を目的とした貸付、使用をさせる場合又は国以外の者に開発行為を前提とした事業を目的として譲渡をする場合には、当該開発行為を行おうとする森林の土地を管轄する市町村の長及び当該開発行為によって直接影響を受けると見込まれる市町村の長の意見を聴くなどにより、関係市町村長の意向を把握するものとする。

(1)　開発行為の許可制に関する事務の取扱いについて
　　（平成14年3月29日付け13林整治第2396号農林水産事務次官依命通知）

(2)　開発行為の許可基準の運用細則について

（平成14年5月8日付け14林整治第25号林野庁長官通知）

  (3) 開発行為の許可申請書に添付する位置図、区域図及び計画書について

    （昭和49年10月31日付け49林野治第2522号林野庁長官通達）

  (4) 開発行為の許可と他の制度による許認可との調整等について

    （昭和49年10月31日付け49林野治第2523号林野庁長官通達）

  (5) 宅地造成事業に係る開発行為の審査等について

    （昭和49年10月31日付け49林野治第2524号林野庁長官通達）

  (6) 太陽光発電施設の設置を目的とした開発行為の許可基準の運用細則について

    （令和元年12月24日付け元林整治第686号林野庁長官通知）

3   国有林野内の開発行為で他省庁実施に係るもの又は法令等に基づくものについては事前に関係省庁と密接な連携を図り、その制度の趣旨に沿って調整を図るものとする。

4   民有林内において開発行為を伴う国有林野事業を実施しようとする場合は、この制度の趣旨に沿い、事前に都道府県と連絡調整を行い、適正な事業の実施を図るものとする。

5   開発行為を伴う国有林野の管理処分について国有林野管理審議会の意見を聴く場合には、民有林における開発許可の要件からみた当該開発行為の妥当性について審議するものとする。

この図書は、国有保安林に関する理解を促進するために平成6年に発刊、平成25年に改正された「保安林制度」をベースに、令和元年度に、「保安林制度の手引き」として発刊してまいりました。

　　このたび、収録法令等の改訂に伴う見直し及び林地開発許可制度の法令や盛土規制法等を新たに追加して、令和4年版として発刊しました。

　　「保安林制度の手引き」（令和4年）は、令和4年9月30日現在における各種法令等に基づき編集しています。

　　ただし、令和4年9月に改正された法令（森林法施行令及び森林法施行規則）に関する部分であっても、具体の通知が出されていないものについては、本文（第1節〜第8節）の解説に反映しておりませんので御留意下さい。

令和4年11月30日　　第1版第1刷発行
令和5年1月11日　　第1版第2刷発行
令和6年2月21日　　第1版第3刷発行

ほあんりんせいど　　てび
保安林制度の手引き
　　　—令和4年—

編　者 ──────── 一般財団法人　日本森林林業振興会
　　　　　　　　　　　　　〒112-0004
　　　　　　　　　　　　　東京都文京区後楽1−7−12（林友ビル6階）
　　　　　　　　　　　　　TEL 03（3816）2471　FAX 03（3818）7886
　　　　　　　　　　　　　http://www.center-green.or.jp/

発行所 ──────── 森と木と人のつながりを考える
　　　　　　　　　　　　　㈱日本林業調査会
　　　　　　　　　　　　　〒162-0822
　　　　　　　　　　　　　東京都新宿区下宮比町2-28　飯田橋ハイタウン204
　　　　　　　　　　　　　TEL 03-6457-8381　FAX 03-6457-8382
　　　　　　　　　　　　　https://www.j-fic.com/
　　　　　　　　　　　　　J-FIC（ジェイフィック）は、日本林業
　　　　　　　　　　　　　調査会（Japan Forestry Investigation
　　　　　　　　　　　　　Committee）の登録商標です。

印刷所 ──────── 藤原印刷㈱

ISBN978-4-88965-272-7